风景名胜区总体规划

FENGJING MINGSHENGQU ZONGTI GUIHUA

唐 军·编著

东南大学出版社
SOUTHEAST UNIVERSITY PRESS
·南京·

图书在版编目（CIP）数据

风景名胜区总体规划 / 唐军编著 . -- 南京：东南
大学出版社，2024. 12. --ISBN 978-7-5766-1668-2

Ⅰ. TU984.181

中国国家版本馆 CIP 数据核字第 2024QM7233 号

责任编辑：许　进　责任校对：张万莹　封面设计：王　玥　责任印制：周荣虎

风景名胜区总体规划
Fengjing Mingshengqu Zongti Guihua

编　　著：唐　军
出版发行：东南大学出版社
出　版　人：白云飞
社　　址：南京四牌楼 2 号　邮编：210096
网　　址：http://www.seupress.com
电子邮件：press@seupress.com
经　　销：全国各地新华书店
印　　刷：广东虎彩云印刷有限公司
开　　本：787 毫米 ×1092 毫米　1/16
印　　张：18
字　　数：360 千
版　　次：2024 年 12 月第 1 版
印　　次：2024 年 12 月第 1 次印刷
书　　号：ISBN 978-7-5766-1668-2
定　　价：108.00 元

本社图书若有印装质量问题，请直接与营销部联系。电话（传真）：025-83791830

前言
REFACE

  2022年，我国风景名胜区迎来了40周年庆，从1982年第一批国家重点风景名胜区的设立开始，至2017年3月29日，国务院总共公布了9批、244处国家级风景名胜区。这些风景名胜区类型多样、分布广泛。

  与我国自然保护区、森林公园等自然保护地相比，风景名胜区是唯一将自然景观和文化景观融合保护作为首要保护目标的保护地类型，是我国特有的自然风景与历史文化融为一体的山水文化的延续，是以"天人合一"思想认识人与自然关系的载体。因此，我国风景名胜区中的人地关系多样，利益相关者多元，在我国各类自然保护地中其规划工作内容相较最为复杂难解。经过40年的实践，风景名胜区建立了一系列的法规和管理制度，在规划、管理和建设上取得了丰富的成果和经验。

  从国务院2015年提出建立国家公园体制，改革各部门分头设置自然保护区、风景名胜区、文化自然遗产、地质公园、森林公园的问题，到中共中央办公厅、国务院办公厅2017年印发《建立国家公园体制总体方案》和2019年印发《关于建立以国家公园为主体的自然保护地体系的指导意见》，再到2021年首批5个国家公园正式设立，风景名胜区的建设走入了新的阶段。

  从一开始对标国外的国家公园，到今天成为我国国家公园为主体的自然保护地体系中的独特一员，数十年来，风景名胜区规划实践是随着社会背景和风景区的建设需求不断发展变化，从早期的注重视觉景观保护和游赏开发，忽视居民社会问题，服务于建设开发需求为主，到后来的综合景观资源、文化遗产、自然生态系统等方面的保护与居民社会发展、国土空间管控等协调需求，成了一种格式规范、内容全面的法定规划，在各类自然保护地规划实践中成绩斐然。如今，自然保护地体系的建立赋予了风景名胜区规划新的社会需求和任务。新的定位使得风景名胜区的规划、建设和管理又面临许多需要探索和思考的新问题。

  此外，2018年颁布的《风景名胜区总体规划标准》和《风景名胜区详细规划标准》取代了1999年的《风景名胜区规划规范》，2015年颁布的《国家级风景名胜区总体规划编制要求（暂行）》和2023年出台的《国家级风景名胜区总体规划编制大纲指南》等管理文件对风景名胜区总体规划也提出了新的要求，规划实践也因为技术的发展有了相当多的新变化。

作为风景园林学科研究和教育中的重要一环，风景名胜区总体规划的课程教学必须体现其突出的实践性和时效性，积极面对风景名胜区规划、建设和管理中的改变，做出与规划实践同步的调整。

以往的风景名胜区规划原理等教材多以旧有的规范为依照，以阐述和拓展解释规范的条文为主，缺乏规划实践的例证。标准条文是学习风景名胜区总体规划的必需，但是只有条文的阐释对于教学而言却难以实现良好的效果。尤其对于建筑背景学生的教学，标准条文更容易显得枯燥和缺乏吸引力。与此同时，网络时代的信息获取不是难题，因此如果这个时代的教学目的只是传授知识的话，给学生构建一个该领域的框架似乎即可。一个相对全面、作为教学背景资料的教材，可以让师生在受到课时局限的课堂上多些时间来对实践案例做研讨，从而更深入地分析和探讨背后的思维逻辑和价值选择，这是我这些年教学的迫切需要。

本教材的编写就是在上述教学需要的牵引之下，期望从风景名胜区保护和发展的历程概况入手，首先以国际上相关保护地管理和实践的梳理，以及与其他保护地的规划实践案例的对比揭示风景名胜区在我国国家公园为主体的自然保护地体系中的地位、价值和特色，其次通过完整的规划框架的阐释，结合规划各项内容的实践案例分析来总结风景名胜区规划的经验和成果，最终形成有利于风景名胜区规划相关知识和思想顺利传达的辅助材料。

本教材的编写以大量的风景名胜区总体规划新的实践数据和成果为基础，以2018年颁布的《风景名胜区总体规划标准》为基准，以风景名胜区管理部门的一系列管理文件为补充，突出风景名胜区总体规划的实际问题和特色需求，通过大量实践成果的举例，从理论方法和实践做法两个层面阐述风景名胜区总体规划复杂多样的各专项内容和法规要求等各层面的发展，使课程教学能够更好地面对风景名胜区总体规划的时效性和实践性，填补目前国内该课程方向教材的部分空白。

风景名胜区总体规划不是单纯的物质空间的开发规划，而是涉及各种自然和社会因素的综合规划，其本身内容上天下地、包罗万象、纷繁复杂、莫衷一是。并且，作为国家公园为主体的自然保护地体系中一员的风景名胜区，其总体规划的编制在新的管理体制中不断调整，不久的将来，新的风景名胜区条例的出台会给风景名胜区总体规划带来新的要求和改变。正因如此，风景名胜区规划一直是与时代追求、科技发展和社会需求息息相关，针对真实问题和需求持续演进的。

这一大背景下，期望教材的写作能够执两用中、阄中肆外显然超越了个人的力所能及，书中的缺失和不妥之处难免多多，个中谬误敬请指正。这本教材收集资料和写作的过程也是一个回顾风景名胜区40年发展、向前辈和同行们致敬和学习的过程，也仿佛树木看到了自己的年轮，心情尤为殊样。

唐　军

写于风景名胜区40周年之际

课程导引

教学目的

在梳理国内外国家公园发展历程的基础上,对于在自然保护地体系中的风景名胜区的风景资源保护与利用观念有理性的认知;

通过对风景名胜区发展及其规划历史和现状实践的阐述,树立风景名胜区规划的正确的价值取向;

通过风景名胜区总体规划编制的框架、步骤和技术的讲解,建立对风景名胜区规划方法的基本认知;

结合实际规划案例的分析和学习,了解风景名胜区规划编制面对现实问题的处理方式及其发展特点。

教材特点

在理论上适度讨论的基础上,综合编制程序和《风景名胜区总体规划标准》等最新的编制管理要求确定章节设置,强调风景名胜区规划统筹协调意识的培养,解决风景名胜区规划是什么的问题;

在讲解风景名胜区规划编制框架的基础上,着重于规划各部分内容的实践处理,培养学生综合运用知识的技能以及解决实际问题的能力,解决风景名胜区规划应该做什么以及怎么做的问题;

在分析风景名胜区规划普遍共性的基础上,通过案例的举证,突出地域的资源特征和经济社会条件的不同,加深学生对规划针对性和可实施性的理解,解决具体的风景名胜区规划为什么要这样做的问题。

C 目 录
ONTENTS

第一章 >>>
我国风景名胜区的发展和现状

1.1 风景名胜区的概念

中国的风景名胜区源于古代的名山大川和邑郊游憩地,历经数千年的不断发展,荟萃了自然之美和人文之胜,是祖国壮丽山河的精华,成为我们中华民族宝贵的遗产,优美的大自然和优秀的历史文化的综合是我国风景名胜区的突出特点。

风景名胜区(简称"风景区")是我国自然山水变迁与人类精神活动的集合区,是我国自然与人文精神的寄托地,也是我国国家和民族认同的象征,更是一个不可替代的、爱国主义教育的大课堂。在这里,国家和民族的自然景观遗存与历史文化积淀都得到了集中的体现。

风景名胜区给人的客观印象和主观感受往往是因时而异、因人而异的。有人认为风景名胜区是自然风光丰富且集中的区域,可发挥观光、游乐功能;有人认为风景名胜区是自然风景资源和历史文物资源二者都很丰富并且相互穿插、交相辉映的游览环境,是自然资源与人文资源不相上下、二者相互协调发展的地区;也有人认为风景名胜区是以典型的具有美感的自然风景为基础,同时又渗透着人文景观美的、主要满足人们精神文化生活需求的、多功能的地域空间综合体。

从20世纪50年代杭州西湖的保护和建设开始,到1982年首批国家重点风景名胜区的颁布,再到建立以国家公园为主体的自然保护体系,我国对风景名胜区的认识、定位和规划管理工作也在不断发展变化,风景名胜区保护和建设的相关决策的科学化、规范化、制度化仍然是一项具有强烈自身特点和有待研究完善的工作。

风景名胜区内涵丰富,具有多种功能和角色,主要表现在以下几个方面:

1)以优美的自然风景为基础的生态环境优良的地域。从审美视角看,自然风景美主要包括自然风景的宏观形象美、色彩美、线条美、动态美、静态美、听觉美、视觉美、嗅觉美等,具有自然美学价值。

2)有代表性、典型性自然景观,具有较高的科学价值。

3)有悠久的历史和丰富的文化内涵。风景名胜都有成百上千年的历史,留下了与自然风景融为一体的人文景观,具有较高的历史文化价值。

4)是一种特殊用地。风景名胜区是从人类作为谋取物质生产和生活资料的土地中分离出来,成为专门用来满足人们精神文化需要的场所。

5)有多种功能。在风景名胜区可开展游览参观、科普教育、科学研究、文学创作、艺术审美、休闲度假、康体健身以及爱国主义教育等活动(图1-1)。

图1-1　各类风景名胜区

相关法规、规范和标准给出风景名胜区的定义:"风景名胜区是指具有观赏、文化或者科学价值,自然景观、人文景观比较集中,环境优美,可供人们游览或者进行科学、文化活动的区域。"(《风景名胜区条例》和《风景名胜区总体规划标准》)。

风景名胜区,常简称为"风景区"。但严格来讲,正式文本中的使用二者是有区别的。它们的区别主要可以从两个方面来理解。一方面,风景名胜区是"风景名胜"资源集中的地区,而不仅仅是一般"风景"资源集中的地区,风景区内的风景资源并不等于就是名胜资源;另一方面,风景名胜区是按照法定程序,依据相关法律法规划定的地域,具有法定的范围界限,风景区则没有设立上的严格要求。不过,在实际工作中也常用其简称,即风景区。

1.2　风景名胜区的设立与分级

分级

风景名胜区划分为国家级风景名胜区和省级风景名胜区。

1）国家级风景名胜区:自然景观和人文景观能够反映重要自然变化过程和重大历史文化发展过程,基本处于自然状态或保持历史原貌,具有国家代表性的,可以申请设立国家级风景名胜区。国家级风景名胜区由国务院批准公布。

2）省级风景名胜区:具有区域代表性的,可以申请设立省级风景名胜区。省级风景名胜区,由省、自治区、直辖市人民政府批准公布。

设立

《风景名胜区条例》规定设立国家级风景名胜区,由省、自治区、直辖市人民政府提出申请,国务院建设主管部门会同国务院环境保护主管部门、林业主管部门、文物主管部门等有关部门组织论证,提出审查意见,报国务院批准公布。由于主管部门的调整,这一条定义有待新的条例来修订。

省级则是由县级人民政府提出申请,省级主管部门组织论证,相应地由省、自治区、直辖市人民政府批准公布(表1-1)。

表1-1　江苏省的风景名胜区

江苏省的国家级风景名胜区（批次）	江苏省省级风景名胜区名单
南京钟山风景名胜区（1）	雨花台风景名胜区
太湖风景名胜区（1）	夫子庙—秦淮风光带风景名胜区
云台山风景名胜区（2）	云龙湖风景名胜区
蜀冈瘦西湖风景名胜区（2）	马陵山风景名胜区
镇江三山风景名胜区（5）	艾山风景名胜区
	茅山风景名胜区
	虎丘山风景名胜区
	枫桥风景名胜区
	濠河风景名胜区

江苏省的国家级风景名胜区（批次）	江苏省省级风景名胜区名单
	狼山风景名胜区
	第一山风景名胜区
	九龙口风景名胜区
	南山风景名胜区
	九龙山风景名胜区
	溱湖风景名胜区
	骆马湖—三台山风景名胜区
	古黄河—运河风光带风景名胜区

1.3 我国风景名胜区发展历程

1.3.1 风景名胜区在新中国的发展历程

无序阶段（1949—1977年）

在国家财政十分困难的新中国成立初期,党和国家就拨出资金抢修古迹,疏浚西湖,保护、建设了一些风景名胜区。作为热爱祖国山河与历史的具体承载,风景名胜区发挥了爱国主义教育功能,也为我国的对外旅游事业做出了贡献。但是,受经济社会发展水平的局限,风景资源所特有的自然、历史、文化、科学、审美等价值一直未受到人们的充分认识和重视。从新中国成立至1977年的数十年间,除一些城市的风景名胜、名山和重要古迹由城市建设、园林、文物部门和当地政府设立专门管理机构进行管理外,如西湖等,全国大多数自然风景和名胜古迹并没有相应的国家及地方各级政府的管理体系来进行有序的保护和建设。

肇始阶段（1978—1998年）

自1978年国务院召开第三次全国城市工作会议和全国城市园林绿化工作会议,《中共中央关于加强城市建设工作的意见》(中发〔78〕13号)文件提出要加强名胜、古迹和风景名胜区的管理之后,建设部门及国内一批有识之士、专家学者,从抢救珍贵风景资源、继承和保护人类历史遗留给我们的自然与文化遗产认识的历史高度,考察了国外的国家公园,提出建立风景名胜区体系。1981年3月,国务院批复了国家城建总局、国家环保领导小组、国家文物局和旅游总局《关于加强风景名胜区保护管理工作的报告》,对风景名胜区资源调查、管理体制、机构设置、规划建设和保护管理的方针政策做了明确规定。1982年国务院批转了城乡建设环境保护部、文化部等部门《关于审定第一批国家重点风景名胜区的请示的通知》(国发〔1982〕136号),从22个省、市、自治区上报的55处风景名胜区中审定批准了我国首批44个国家重点风景名胜区。这标志着风景名胜区正式纳入了国家管理的序列。

1985年6月7日,国务院发布了《风景名胜区管理暂行条例》,明确指出,"风景名胜区依法设立人民政府,全面负责风景名胜区的保护、利用、规划和建设",进一步确立了我国风景名胜区的法律地位。风景名胜区内开始了实行统一规划、统一管理的历程。至1992年《国务院办公厅转发建设部关于加强风景名胜区工作报告的通知》(国办发〔1992〕50号)发布的10年期间,我国初步建立了国家、省和县(市)三级风景名胜区管理体系,并在实践过程中初步形成了我国风景名胜区的理论基础。随着20世纪90年代中期我国双休日制度的实施,人们的闲暇时间增多,风景名胜区的建设和发展也走上了快车道。

受当时国民经济总体发展水平的局限,各级风景名胜区的保护和建设主要依靠国家和地方政府财政,保护工作受重视程度和资金普遍不足。各地风景名胜区这一阶段的工作多以设施建设和旅游开发为主,风景名胜区的资源保护出现了让位于旅游开发的现象和城市化、商业化、现代化等问题。与此同时,由于风景名胜区类型多样、规模大小差异巨大、面临的问题也千差万别,风景名胜区规划的编制内容各异,水平良莠不齐。

规范发展阶段(1999年以后)

为适应风景区保护、利用、管理和发展的需要,提高风景区规划设计水平和规范化程度,1999年建设部和国家技术质量监督局联合颁布了强制性国家标准《风景名胜区规划规范》(GB 50298—1999),该标准于2000年1月1日起开始实施。风景名胜区规划编制的规范性和科学性得到了加强。

2003年4月11日,建设部发布了《关于做好国家重点风景名胜区核心景区划定与保护工作的通知》(建城〔2003〕77号)。该通知进一步提高了风景名胜区对划定核心景区及其保护工作的认识,规定必须将生态保育区、自然景观保护区和史迹保护区划入核心景区的范畴,强调需要保护的地区需实现应有的保护。2003年11月18日,中国风景名胜区协会、中国旅游协会在河南省信阳市鸡公山风景名胜区举办了"全国风景名胜区保护与发展战略研讨会",发表了《鸡公山宣言》。宣言总结了我国风景名胜区管理中几十年来的经验和教训,将"保护与发展"定为风景名胜区的永恒主题。2006年,国务院颁布了《风景名胜区条例》,对风景名胜区的设立、规划、保护、利用和管理等各个环节都作出了规定,明确了风景名胜区管理实行科学规划、统一管理、严格保护和永续利用的原则。标志着我国风景名胜区事业进入了一个旨在平衡保护与利用的发展阶段。

自然保护地体系中定位逐步清晰阶段(2015年以后)

2015年1月,国家发改委、中央编办、财政部、国土部、环保部、住建部、水利部、农业部、林业局、旅游局、文物局、海洋局、法制办等13个部门联合印发了《建立国家公园体制试点方案》,提出解决我国自然保护地交叉重叠、多头管理的碎片化问题。

2017年9月,中共中央办公厅、国务院办公厅印发了《建立国家公园体制总体方案》,提出构建以国家公园为代表的自然保护地体系,研究自然保护区、风景名胜区等自然保护地的功能定位。

2019年6月,中共中央办公厅、国务院办公厅印发了《关于建立以国家公园为主体的自然保护地体系的指导意见》,提出建立分类科学、布局合理、保护有力、管理有效的以国家公园为主体的自然保护地体系。自然保护地按生态价值和保护强度高低依次分为国家公园、自然保护区、自然公园3类。

风景名胜区在自然保护地体系中面临新的角色定位,并于一开始归为自然公园中的一类。但是,随着《自然保护地整合优化实施办法(征求意见稿)》的下发,以及《风景名胜区整合优化规则》的出台,风景名胜区作为自然与人文资源相嵌、较为特殊的一类自然保护地的特殊性逐渐被认知。

几十年来,我国的风景名胜区事业经过努力摸索,在实践中积累经验,陆续建立起了风景名胜区的保护法规、规范和管理系统,形成了科学化、规范化和社会化的规划编制技术与方法。如今,风景名胜区在国家公园为主体的自然保护地体系中的特殊定位也达成了共识,风景名胜区走入了新的发展阶段。

1.3.2 风景名胜区概念的发展变化

1999年颁布的《风景名胜区规划规范》指出风景名胜区也称风景区,海外的国家公园相当于国家级风景区。国务院于2006年9月19日公布并自2006年12月1日起施行的《风景名胜区条例》将"国家重点风景名胜区"正式更名为"国家级风景名胜区",强调了国家级风景名胜区内的自然景观与人文景观的国家代表性。由此可以看出,此时的风景名胜区主管部门比照国外的国家公园来规划和建设我国的风景名胜区的(表1-2)。

表1-2 风景名胜区的概念

实施时间	法规及文件	概念与内涵
1985	《风景名胜区管理暂行条例》	凡是具有观赏、文化或科学价值,自然景物、人文景物比较集中,环境优美,有一定规模和范围,可供人们游览、休息或进行科学、文化活动的地区,应当划为风景名胜区
1987	《风景名胜区管理暂行条例实施办法》	风景名胜区系指风景名胜资源集中、自然环境优美、具有一定规模和游览条件,经县级以上人民政府审定命名、划定范围,供人游览、观赏、休息和进行科学文化活动的地域

续表

实施时间	法规及文件	概念与内涵
1994	《中国风景名胜区形式与展望》	确定风景名胜区的标准是具有观赏、文化或科学价值,自然景物、人文景物比较集中,环境优美,可供人们游览、休息,或进行科学文化教育活动,具有一定的规模和范围
2000	《风景名胜区规划规范》	风景名胜区也称风景区,海外的国家公园相当于国家级风景区。风景名胜区指风景资源集中、环境优美、具有一定规模和游览条件,可供人们游览欣赏、休憩娱乐或进行科学文化活动的地域
2006	《风景名胜区条例》	风景名胜区,是指具有观赏、文化或者科学价值,自然景观、人文景观比较集中,环境优美,可供人们游览或者进行科学、文化活动的区域

1.3.3 国家级风景名胜区的设立分析

1982年,国务院批转了城乡建设环境部等部门《关于审定第一批国家重点风景名胜区的请示的通知》(国发〔1982〕136号),审定批准了我国首批44处国家重点风景名胜区。至2017年,国务院先后审定公布了9批国家级风景名胜区名单,中国国家级风景名胜区已达244处,省级风景名胜区达到698处,总面积占国土面积的1%以上。

国家级风景名胜区[1]批次

批次如下:

1)第一批国家重点风景名胜区44处(1982年)。

2)第二批国家重点风景名胜区40处(1988年)。

3)第三批国家重点风景名胜区35处(1994年)。

4)第四批国家重点风景名胜区32处(2002年)。

5)第五批国家重点风景名胜区26处(2004年)。

6)第六批国家重点风景名胜区10处(2005年)。

7)第七批国家级风景名胜区21处(2009年)。

8)第八批国家级风景名胜区17处(2012年)。

9)第九批国家级风景名胜区19处(2017年)。

图1-2 国家级风景名胜区徽志

---

① 中华人民共和国国务院于2006年9月19日公布并自2006年12月1日起施行的《风景名胜区条例》,使用国家级风景名胜区的名称(《风景名胜区管理暂行条例》、"国家重点风景名胜区"的名称废止)。

《国务院关于发布第九批国家级风景名胜区名单的通知》(国函〔2017〕40号)中第九批国家级风景名胜区名单(共19处)如下:

1)内蒙古自治区:额尔古纳风景名胜区。

2)黑龙江省:大沾河风景名胜区。

3)浙江省:大盘山风景名胜区、桃渚风景名胜区、仙华山风景名胜区。

4)安徽省:龙川风景名胜区、齐山—平天湖风景名胜区。

5)福建省:九龙漈风景名胜区。

6)江西省:瑞金风景名胜区、小武当风景名胜区、杨岐山风景名胜区、汉仙岩风景名胜区。

7)山东省:千佛山风景名胜区。

8)湖北省:丹江口水库风景名胜区。

9)湖南省:九嶷山—舜帝陵风景名胜区、里耶—乌龙山风景名胜区。

10)四川省:米仓山大峡谷风景名胜区。

11)甘肃省:关山莲花台风景名胜区。

12)新疆维吾尔自治区:托木尔大峡谷风景名胜区。

对比首批44处国家重点风景名胜区,四川(含重庆)有6处,浙江有3处,江苏有2处,而江苏9批一共仅有5处,在第五批前均申报设立完成。首批中,自然风景资源丰富的西藏、内蒙古一处都没有,新疆也仅有1处天山天池。

风景名胜区分布的地域特色

从前后共9批国家级风景名胜的地域分布情况看来,不仅体现了风景资源丰富性的差异,也体现了所在省份经济发展程度的不同。

经济同样发达的江苏和浙江,风景名胜区数量的不同体现了风景资源丰富度的不同(表1-3)。

表1-3 江苏与浙江的国家级风景名胜区

江苏(批次)(5处)	浙江(批次)(22处)
南京钟山风景名胜区(1)	杭州西湖风景名胜区(1)
太湖风景名胜区(1)	富春江—新安江风景名胜区(1)
云台山风景名胜区(2)	雁荡山风景名胜区(1)
蜀冈瘦西湖风景名胜区(2)	普陀山风景名胜区(1)
	天台山风景名胜区(2)
	嵊泗列岛风景名胜区(2)
	楠溪江风景名胜区(2)

续表

江苏(批次)(5处)	浙江(批次)(22处)
镇江三山风景名胜区(5)	莫干山风景名胜区(3)
	雪窦山风景名胜区(3)
	双龙风景名胜区(3)
	仙都风景名胜区(3)
	江郎山风景名胜区(4)
	仙居风景名胜区(4)
	浣江—五泄风景名胜区(4)
	方岩风景名胜区(5)
	百丈漈—飞云湖风景名胜区(5)
	方山—长屿硐天风景名胜区(6)
	天姥山风景名胜区(7)
	大红岩风景名胜区(8)
	大盘山风景名胜区(9)
	桃渚风景名胜区(9)
	仙华山风景名胜区(9)

　　北京虽然有巨大的旅游需求,但是风景名胜区数量较少则体现了区域风景资源的匮乏,也体现了风景名胜区相对保护为主的性质(表1-4)。

表1-4　北京与贵州的国家级风景名胜区

北京(批次)(2处)	贵州(批次)(18处)
八达岭—十三陵风景名胜区(1)	黄果树风景名胜区(1)
石花洞风景名胜区(4)	织金洞风景名胜区(2)
	潕阳河风景名胜区(2)
	红枫湖风景名胜区(2)
	龙宫风景名胜区(2)
	荔波樟江风景名胜区(3)
	赤水风景名胜区(3)
	马岭河风景名胜区(3)
	都匀斗篷山—剑江风景名胜区(5)
	九洞天风景名胜区(5)
	九龙洞风景名胜区(5)
	黎平侗乡风景名胜区(5)
	紫云格凸河穿洞风景名胜区(6)
	平塘风景名胜区(7)
	榕江苗山侗水风景名胜区(7)
	石阡温泉群风景名胜区(7)
	沿河乌江山峡风景名胜区(7)
	瓮安县江界河风景名胜区(7)

表1-5　西藏与湖南的国家级风景名胜区

西藏（批次）（4处）	湖南（批次）（21处）
雅砻河风景名胜区（2）	衡山风景名胜区（1）
纳木措—念青唐古拉山风景名胜区（7）	武陵源（张家界）风景名胜区（2）
唐古拉山—怒江源风景名胜区（7）	岳阳楼—洞庭湖风景名胜区（2）
土林—古格风景名胜区（8）	韶山风景名胜区（3）
	岳麓风景名胜区（4）
	崀山风景名胜区（4）
	猛洞河风景名胜区（5）
	桃花源风景名胜区（5）
	紫鹊界梯田—梅山龙宫风景名胜区（6）
	德夯风景名胜区（6）
	苏仙岭—万华岩风景名胜区（7）
	南山风景名胜区（7）
	万佛山—侗寨风景名胜区（7）
	虎形山—花瑶风景名胜区（7）
	东江湖风景名胜区（7）
	凤凰风景名胜区（8）
	沩山风景名胜区（8）
	炎帝陵风景名胜区（8）
	白水洞风景名胜区（8）
	九嶷山—舜帝陵风景名胜区（9）
	里耶—乌龙山风景名胜区（9）

西部地区虽然风景资源丰富，但是相比较而言，由于经济发展的缘故，国家级风景名胜区的数量却相对较少，体现了风景名胜区设立申报体制与经济社会的关联（表1-5）。从9批国家级风景名胜区的设立名单变化可以看出，非发达省区的国家级风景名胜区逐渐增加，体现了风景名胜区"自下而上"的申报设立体制的结果，反映了风景名胜区的建设受到各地经济社会发展的制约（图1-3）。

各省份的风景名胜区数量体现了山水人文资源丰富度和社会经济发展二者的共同作用。而东部地区风景名胜区早期数量众多和西部非发达地区后期数量的增加趋势体现了风景名胜区的自然和社会经济双重属性，呈现出各地域不同的自然和人文特征，也体现出风景名胜区的自然和历史的双重属性。

1.3.4　我国风景名胜区地域特色

除了山岳、湖泊、河川、瀑布、海滨、森林、草原峡谷、历史古迹等等不同主体资源特征的风景名胜区分类之外，由于我国各个地区气候和植被条件不同，形成了各风景名胜

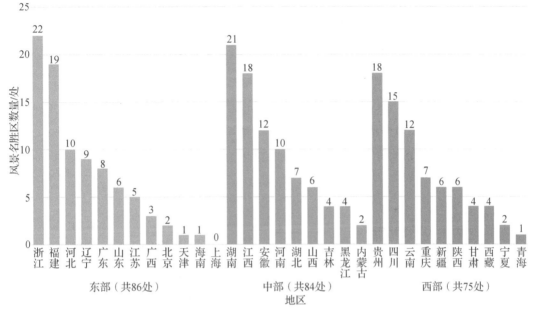

图1-3　国家级风景名胜区数量和分布

区不同的生态本底和植物景观。丁文魁、许耀明、林源祥等学者在《风景名胜研究》一书中,从植被与生态角度将我国风景名胜区分为:温带针阔叶混交林区域,如东北的镜泊湖和五大连池风景区;暖温带落叶阔叶林区域,如千山、五台山、泰山、华山、嵩山、麦积山等风景区;亚热带常绿阔叶林区域,如太湖、黄山、杭州西湖、普陀山、武夷山、九寨沟、武当山、黄果树瀑布、桂林漓江等风景区;热带雨林和季雨林区域,如西双版纳风景区;温带荒漠区域,如天山天池、库木塔格沙漠等风景区。

马永立和谈俊忠所著的《风景名胜区管理学》一书则依据自然环境、社会条件、地域特色等方面的差异,将我国风景名胜区分为以下十个特色景观区:

1)东北雪原火山特色景观区。该区景观特色主要为林海雪原、火山地貌。主要包括辽宁、吉林、黑龙江三省全境及内蒙古大兴安岭林区部分。如黑龙江省的五大连池、松花湖、镜泊湖、青山沟、医巫闾山、仙景台、鸭绿江等。

2)华北古迹名山景观区。该区的景观特色主要是名山古迹。主要包括陕西、河南、河北、山西、山东省和北京、天津二市,是中华民族主要发祥地和历史文化摇篮,如八达岭—十三陵、承德避暑山庄、黄河壶口瀑布、临潼骊山—秦兵马俑、北戴河、泰山、青岛崂山等。

3)东南山水园林景观区。该区的景观特色主要是名山胜水和私家园林。主要包括江苏、浙江、安徽三省和上海一市,如南京钟山、杭州西湖、太湖、黄山、九华山、仙都、琅琊山天柱山等。

4)华中名山峡谷古迹景观区。该区的景观特色主要是名山和峡谷。主要包括江西、湖南、湖北、重庆、四川大部,这里山地广布,多名山峡谷,如三清山、武当山、衡山、嵩山、青城山—都江堰、峨眉山、岳阳楼—洞庭湖、龙门石窟等。

5)华南海湾海岛景观区。该区的景观特色主要是海湾和海岛。主要包括福建、台湾、广东、海南四省和广西南部沿海,以及香港和澳门特别行政区。这里广泛分布着热带雨林、季风林景观和亚热带常绿阔叶林景观,椰林挺立,郁郁葱葱,终年开花挂果,四季飘香,如三亚热带海滨、鼓浪屿—万石山、武夷山、太姥山、鸳鸯溪、冠豸山等。

6)西南喀斯特民俗景观区。该区的景观特色主要是喀斯特地貌和民俗风情。主要包括贵州、云南东部,广西大部分地区。这里分布着大量的喀斯特地貌景观,如路南石林、黄果树、织金洞、榕江苗山侗水、龙宫等。

7)西南的高山峡谷民俗景观区。该区的景观特色主要是高山峡谷和民俗风情。主要包括西藏东部边缘、四川西南和云南西部,及金沙江、怒江、澜沧江这三江两岸地区。如大理、玉龙雪山、贡嘎山、西双版纳等。这里聚居的十多个少数民族的风情使得山水风景愈加独具特色。

8)北方草原民俗景观区。该区的景观特色主要是草原风情。主要包括除大兴安岭针叶林区以外的内蒙古自治区全境,主要为蒙古族的聚集地,如额尔古纳、扎兰屯等。

9)西北荒漠绿洲古迹景观区。该区的景观特色主要是荒漠、绿洲、古迹。主要包括新疆、宁夏全境,甘肃大部,如鸣沙山—月牙泉、麦积山、天山天池、罗布人村寨、博斯腾湖等。

10)西北高原雪山宗教景观区。该区的景观特色主要是高原、雪山和宗教风情。主要包括西藏和青海的全部、四川西部、新疆南部及甘肃、云南部分地区,如青海湖、三江并流、纳木措—念青唐古拉山等。

我国地域辽阔,地形地貌复杂,从南到北跨越热带、亚热带、暖温带、温带、寒温带等五个气候带,从东到西横跨平原、丘陵、台地、高原和山地等多种地貌类型,海拔高差超过8 000 m,不同的气候、地貌和水热组合条件,孕育了风景名胜区极其丰富的自然景观本底。但是在大的区域条件下,地域小气候和生境却会塑造出独树一帜的风景环境,如被誉为西藏的西双版纳的雅砻河风景名胜区的河谷地区带季雨林。

与此同时,悠久的历史使得我国众多著名的人类古迹与自然山水紧密融为一体,形成中国风景名胜区的显著特征。人文景观使同样自然本底的风景名胜区呈现出不同的特征识别,如同属北亚热带常绿、落叶阔叶混交林地带的九寨沟和武当山的不同文化景观和风貌。李白曾写出"龙楼凤阙不肯住,飞腾直欲天台去"的名句,三处分别位于浙江天台、陕西宝鸡和四川邛崃的天台山国家级风景名胜区,自然地貌特征并不相同,而名称相同的天台山则反映了人们对山水景观同源的人文背景和认知理想(图1-4)。

图1-4　不同的天台山风景名胜区

1.4　自然保护地体系设立之前的各类资源保护安排

自然保护地体系设立之前,除了风景名胜区之外,我国对于自然和文化资源的保护还有数种制度安排,分别从不同的观念、角度和要求对于资源进行保护、管理和利用。据2019年相关统计,经过60余年努力,我国已建立包括自然保护区、风景名胜区、森林公园、地质公园、湿地公园、海洋公园等等各级、各类自然保护地超过1.18万个,保护面积覆盖我国陆域面积的18%、领海的4.6%。各类自然保护地在维护国家生态安全、保护生物多样性、保存自然遗产和改善生态环境质量等方面发挥了重要作用。

由于长期以来存在的顶层设计不完善、空间布局不合理、分类体系不统一、管理体制不顺畅、法律法规不健全、产权责任不清晰等问题,我国自然保护地建设管理出现交叉重叠、多头管理等问题,俗称"九龙治水"。(图1-5)对于某个风景名胜区而言,内部常常出现多个管理部门、多类管理区域和多种保护地名号共存共管的现象。这种多头管理造成了一定程度的"公用地"悲剧。

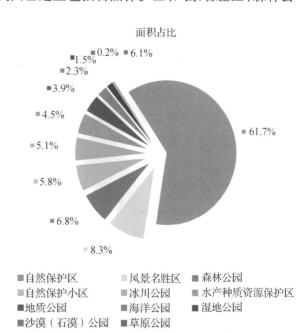

面积占比

0.2% 6.1%
1.5%
2.3%
3.9%
4.5%
5.1%
5.8%
6.8%
8.3%
61.7%

■自然保护区　　■风景名胜区　　■森林公园
■自然保护小区　■冰川公园　　　■水产种质资源保护区
■地质公园　　　■海洋公园　　　■湿地公园
■沙漠(石漠)公园　■草原公园

图1-5　自然保护地整合前各类保护地占比

1.4.1 与风景名胜区相关的各类管理制度简述

自然保护区

1. 历史、概念与分类

1956年，全国人民代表大会通过一项提案，提出了建立自然保护区的问题。同年10月林业部草拟了《天然森林禁伐区（自然保护区）划定草案》，并在广东省肇庆建立了中国的第一个自然保护区——鼎湖山自然保护区。

1994年出台的《中华人民共和国自然保护区条例》将自然保护区定义为对有代表性的自然生态系统、珍稀濒危野生动植物物种的天然集中分布区、有特殊意义的自然遗迹等保护对象所在的陆地、陆地水体或者海域，依法划出一定面积予以特殊保护和管理的区域。

经过60余年的发展，截至2016年，我国已建立各级自然保护区2 750处，按管理级别我国自然保护区分为国家级和地方级两级自然保护区。截至2021年，我国共有国家级自然保护区474处，省级、地市级、县级在内的地方级保护区中自然保护区2 294处。总面积近150万 km²，约占中国陆地领土面积的14.99%。其中，34处国家级自然保护区已被联合国教科文组织的"人与生物圈计划"列为国际生物圈保护区。初步形成法规比较健全、类型比较齐全、布局比较合理的全国自然保护区体系。

根据国家标准《自然保护区类型与级别划分原则》（GB/T 14529—93），我国自然保护区有3个大类别、9个小类型。

第一类是以保护完整的综合自然生态系统为目的自然生态系统类，包括森林生态系统类型、草原与草甸生态系统类型、荒漠生态系统类型、内陆湿地和水域系统类型、海洋和海岸生态系统类型自然保护区。例如，长白山自然保护区以保护温带山地生态系统及自然景观为主，武夷山自然保护区以保护亚热带生态系统为主，云南西双版纳自然保护区则以保护热带自然生态系统为主。

第二类是以保护某些珍贵动物资源为主和以保护珍稀孑遗植物及特有植被类型为目的的野生生物类，包括野生动物类型和野生植物类型自然保护区。例如，以保护大熊猫为主的四川卧龙和王朗等自然保护区，以保护丹顶鹤为主的黑龙江扎龙和吉林向海等自然保护区和以保护梅花鹿为主的四川铁布自然保护区。此外，广西花坪自然保护区以保护银杉和亚热带常绿阔叶林为主，黑龙江丰林自然保护区及凉水自然保护区则以保护红松林为主。

第三类是保护特有的地质剖面及特殊地貌类型为主的自然遗迹类，包括地质遗迹类型和古生物遗迹类型自然保护区。例如，以保护火山遗迹和自然景观为主的黑龙江五大连池自然保护区，保护珍贵地质剖面的天津蓟州区地质剖面自然保护区，保护重要化石产地的山东临朐山旺万卷生物化石保护区,等等。

整体而言,中国自然保护区体系的特点是级别高、法规全、管理严,但是也存在面积小的保护区多,超过10万hm²的保护区不到50个;保护区管理多元化;多数保护区管理级别低,县市级保护区数量占46%,面积占50.3%等问题。

2. 国家级自然保护区的分布分析

与风景名胜区相同,由于浙江西部山地的丰富生境,浙江的国家自然保护区不论种类和数量均远超江苏(表1-6)。

表1-6 江苏与浙江的国家级自然保护区

江苏国家级自然保护区(3个)	浙江国家级自然保护区(11个)
盐城沿海滩涂珍禽国家级自然保护区	清凉峰国家级自然保护区
大丰麋鹿国家级自然保护区	天目山国家级自然保护区
泗洪洪泽湖湿地国家级自然保护区	南麂列岛海洋国家级自然保护区
	乌岩岭国家级自然保护区
	大盘山国家级自然保护区
	古田山国家级自然保护区
	凤阳山—百山祖国家级自然保护区
	九龙山国家级自然保护区
	长兴地质遗迹国家级自然保护区
	象山韭山列岛海洋生态国家级自然保护区
	安吉小鲵国家级自然保护区

内蒙古国家级自然保护区与风景名胜区数量的巨大差异,以及经济发展较为落后的西藏、青海、宁夏、甘肃等省份均存在国家级自然保护区远多于国家级风景名胜区的现状,反映出自然保护区和风景名胜区在前期发展中对于保护和利用,对于经济社会发展条件依赖的差异以及对于自然风景和人文风景资源不同的价值认知(表1-7)。

表1-7 内蒙古的国家级自然保护区和国家级风景名胜区

内蒙古国家级自然保护区(29个)	内蒙古国家级风景名胜区(2个)
赛罕乌拉国家级自然保护区	扎兰屯风景名胜区
达里诺尔国家级自然保护区	额尔古纳风景名胜区*
白音敖包国家级自然保护区	
黑里河国家级自然保护区	
大兴安岭汗马国家级自然保护区	
红花尔基樟子松林国家级自然保护区	
辉河国家级自然保护区	
达赉湖国家级自然保护区	

续表

内蒙古国家级自然保护区（29个）	内蒙古国家级风景名胜区（2个）
科尔沁国家级自然保护区	
图牧吉国家级自然保护区	
大青沟国家级自然保护区	
锡林郭勒草原国家级自然保护区	
鄂尔多斯遗鸥国家级自然保护区	
西鄂尔多斯国家级自然保护区	
乌拉特梭梭林—蒙古野驴国家级自然保护区	
贺兰山国家级自然保护区	
额济纳胡杨林国家级自然保护区	
阿鲁科尔沁草原国家级自然保护区	
哈腾套海国家级自然保护区	
额尔古纳国家级自然保护区	
鄂托克恐龙遗迹化石国家级自然保护区	
大青山国家级自然保护区	
罕山国家级自然保护区	
青山国家级自然保护区	
毕拉河国家级自然保护区	
乌兰坝国家级自然保护区	
高格斯台罕乌拉国家级自然保护区	
古日格斯台国家级自然保护区	

注：*表示与自然保护区重叠的风景名胜区。

其他与风景名胜区相关的资源保护和利用类别

1. 地质公园

地质公园是为了响应联合国教科文组织建立"世界地质公园网络体系"的倡议，由自然资源部主持，于2000年开始设立的。地质公园是以具有特殊地质科学意义，稀有的自然属性、较高的美学观赏价值，具有一定规模和分布范围的地质遗迹景观为主体，并融合其他自然景观与人文景观而构成的一种独特的自然区域。截至2020年，国家林业和草原局和原国土资源部已正式命名国家地质公园219处（共10批），其中纳入联合国教科文组织世界地质公园计划（UNESCO Geoparks）的"世界地质公园"有41个。此外，我国还批准建立了省级地质公园300余处。

2. 森林公园

森林公园是以森林资源为依托，生态良好，具有优美的景色和科学教育、游览休息价值的一定规模的地域，经科学保护和适度建设，为人们提供旅游、观光、休闲和科学教育活动的特定场所。森林公园分为国家级森林公园，省级森林公园，以及市、县级森林公园

3个等级。自1982年我国第一个国家级森林公园——湖南张家界国家森林公园正式建立以来,截至2019年,由国家林业和草原局审核批准的国家级森林公园达897处。

3. 湿地公园

湿地公园是指天然或人工形成,具有湿地生态功能和典型特征,以保护湿地生态系统、合理利用湿地资源为目的,可供开展湿地保护、恢复、宣传、教育、科研、监测、生态旅游等活动的特定区域。湿地公园是国家湿地保护体系的重要组成部分,与湿地自然保护区、保护小区、湿地野生动植物保护栖息地以及湿地多用途管理区等共同构成了湿地保护管理体系。自2005年杭州西溪湿地成为我国首个国家湿地公园以来,截至2022年国家湿地公园共901处。全国各类湿地公园总数达1 600余处。

4. 水利风景区

水利风景区是指以水域(水体)或水利工程为依托,具有一定规模和质量的风景资源与环境条件,可以开展观光、娱乐、休闲、度假或科学、文化、教育活动的区域。水利风景区分为水库型、湿地型、自然河湖型、城市河湖型、灌区型和水土保持型六类和国家级水利风景区、省级水利风景区两级。2001—2022年,水利部批准设立的国家水利风景区共902家。

5. 文物保护单位

文物保护单位为我国对确定纳入保护对象的不可移动文物的统称,并对文物保护单位本体及周围一定范围实施重点保护的区域,包括具有历史、艺术、科学价值的古文化遗址、古墓葬、古建筑、石窟寺和石刻等。文物保护单位分为最高保护级别的全国重点文物保护单位,省级,市、县级四个级别。截至2022年,全国重点文物保护单位共有5 058处。由于自然与人文交织的特点,我国风景名胜区大多涉及各级文物保护单位,文物保护单位往往也是风景名胜区重要的风景资源之一。

此外,我国于2011年开始建设国家级海洋公园和国家级海洋特别保护区。2013年开始建设国家沙漠公园,分别对海洋生态系统和荒漠生态系统加以保护和利用。我国还于2007年开始设置了矿山公园。矿山公园用于在地质环境治理恢复后,展示矿产地质和矿业生产过程中探、采、选、冶、加工等活动的遗迹、遗址和史迹等。

表1-8　风景名胜区与城市公园、森林公园、自然保护区比较

类别	功能	景观	位置	面积
城市公园	日常游憩、娱乐	人工栽植	建成区	小
森林公园	周末、节假日休憩、娱乐	森林景观、人工景观	城市近、远郊	较大
风景名胜区	假期游览	自然景观、人文景观	远离城市为主	较大
自然保护区	科学研究物种保护	自然原始状态	远离城市	较大

6. 旅游景区

旅游景区是指可接待旅游者,以旅游及其相关活动为主要功能或主要功能之一的,能够满足游客参观游览、休闲度假、康乐健身等旅游需求,具备相应旅游服务设施并提供相应旅游服务的空间或地域。依据《旅游景区质量等级管理办法》景区级别分为五级,5A级为最高等级,代表着中国世界级精品的旅游风景区等级。截至2021年,全国共有A级景区14 196个,其中5A级景区318家。

从各省的5A级旅游景区的分布可以看出,其常依托风景名胜区的风景资源开展经营活动,并且与地方经济发展情况紧密相关(表1-9、表1-10)。

表1-9　江苏的国家级风景区与5A级旅游景区

国家级风景名胜区(批次)	国家5A级旅游景区
南京钟山风景名胜区(1)	苏州市苏州园林
太湖风景名胜区(1)	苏州市周庄古镇景区
云台山风景名胜区(2)	南京市钟山—中山陵风景名胜区*
蜀冈瘦西湖风景名胜区(2)	无锡市中央电视台无锡影视基地三国水浒城景区
镇江三山风景名胜区(5)	无锡市灵山大佛景区*
	苏州市同里古镇景区
	南京市夫子庙—秦淮河风光带#
	常州市环球恐龙城景区
	扬州市瘦西湖风景区*
	南通市濠河风景区#
	泰州市溱湖国家湿地公园#
	苏州市金鸡湖国家商务旅游示范区
	镇江市三山风景名胜区*
	无锡市鼋头渚旅游风景区*
	苏州市太湖旅游区*
	苏州市沙家浜—虞山尚湖旅游区
	常州市天目湖景区
	镇江市茅山景区#
	淮安市周恩来故里景区
	盐城市中华麋鹿园景区(国家级自然保护区)
	徐州市云龙湖景区#
	连云港市花果山景区*
	常州市春秋淹城旅游区
共计5处	共计23家

注:*表示与国家级风景名胜区相关,#表示与省级风景名胜区相关。

表1-10 贵州的国家级风景区与5A级旅游景区

国家级风景名胜区（批次）	国家5A级旅游景区
黄果树风景名胜区（1）	安顺市黄果树瀑布景区*
织金洞风景名胜区（2）	安顺市龙宫景区*
潕阳河风景名胜区（2）	毕节市百里杜鹃景区（国家森林公园）
红枫湖风景名胜区（2）	黔南荔波樟江景区*
龙宫风景名胜区（2）	贵阳市青岩古镇景区
荔波樟江风景名胜区（3）	铜仁市梵净山旅游区（世界遗产）
赤水风景名胜区（3）	黔东南州镇远古城旅游景区
马岭河风景名胜区（3）	遵义市赤水丹霞旅游区*
都匀斗篷山—剑江风景名胜区（5）	毕节市织金洞景区*
九洞天风景名胜区（5）	
九龙洞风景名胜区（5）	
黎平侗乡风景名胜区（5）	
紫云格凸河穿洞风景名胜区（6）	
平塘风景名胜区（7）	
榕江苗山侗水风景名胜区（7）	
石阡温泉群风景名胜区（7）	
沿河乌江山峡风景名胜区（7）	
瓮安县江界河风景名胜区（7）	
共计18处	共计9家

注：*表示与国家级风景名胜区相关。

从江苏省和贵州省的国家级风景名胜区和5A级旅游景区的数量对比来看，旅游景区对于经济社会条件及其带来的交通和服务等旅游基础设施的要求更高。而经济相对不发达地区的旅游景区发展的资源依托通常涉及国家和省级风景名胜区，或者森林公园、湿地公园、历史文化名城名镇等。

旅游景区并不属于保护地概念，但其通常依托上述各类保护地的景观资源来开展旅游活动。由于旅游活动开发的社会显性，旅游景区在社会经济生活中往往成为人们最熟悉和认知的名称，并且与风景名胜区相混淆，出现"旅游风景区""风景旅游区"乃至"旅游风景名胜区"等名词，导致各级部门领导并不一定清晰其中的区别，给风景资源的保护和利用带来了困扰。在专业领域内，厘清风景名胜区和旅游景区的概念和角色尤为基础且必要。

1.4.2 风景名胜区保护和发展中的突出问题

在自然保护体系建设之前，风景名胜区经过40多年的发展，取得了很多宝贵的经验，但也出现了一些突出的困难与问题。这些集中体现在以下三个方面：

1. 管理多元，权属不清晰

国家级风景名胜区往往由于其资源的丰富以及自身发展的需要，具有多种名号。例如福建武夷山风景名胜区的称号有世界文化与自然双重遗产、世界人与生物圈名录、全国重点文物保护单位（武夷山崖墓群）、国家重点风景名胜区、国家5A级旅游景区、国家级自然保护区、国家森林公园、国家水利风景区、国家旅游度假区、国家生态旅游示范区、全国文明风景旅游区示范点等。涉及的管理部门包括建设系统、林业系统、文物系统、宗教系统、旅游系统、商业系统等，条块分割矛盾很多，关系错综复杂。导致风景区在建设与管理过程中体制不明，政出多门，各行其是的现象比比皆是，时有管理者从部门利益和局部利益出发，造成资源破坏的问题。

风景名胜区的资源权属不清主要指的是三权（所有权、行政权、经营权）混淆，在地的风景资源的经营者或行政管理者实际上往往以行政权、经营权管理代替所有权管理，使国家对各地风景名胜区的主管权力受到了影响。国家作为风景资源所有者代表的地位模糊，同时，由于我国风景名胜区内居民点众多，区内国有土地、集体土地等各种产权关系缺乏明确的界定，各个利益主体之间的经济关系缺乏协调。各种利益的冲突的后果是在相互争夺利益的同时，珍贵的风景资源在消失、在退化。

2. 保护与利用的价值冲突

因为日常管理和建设投入的是所在地的地方政府，其工作的出发点往往不是保护，正如北京大学谢凝高教授2006年所指出的："最后造成的结果，就是地方政府的决策人说了算。而地方政府又往往存在其利益局限性，考虑问题时不是从全国出发，不是从遗产保护的角度出发，盲目地追求以旅游拉动经济发展，搞招商引资，搞房地产，以此作为自己的政绩。"保护和利用成为一对矛和盾，导致中央的保护要求与地方政府的发展诉求之间尖锐对立（图1-6）。

首先，这一现象的产生，一方面是由于风景区所在地方经济发展的压力，另一方面是因为对风景名胜区事业的性质认识模糊，把风景名胜区这一特殊的资源事业等同于经济

图1-6　风景名胜区的城市化现象（安徽省太平湖省级风景名胜区）

产业，单纯追求其旅游价值的发挥。其次，对风景资源是自然和历史文化的遗产是国家和全民的宝贵财富的认识不足，将风景名胜区的价值单一理解为满足人们游览观光的需求，乃至变相出让风景资源及其土地。再者，对风景名胜区的建设和管理内容认识片面，仅仅重视基础设施建设的投资，热衷于在风景区内大兴土木、筑路修桥、兴建娱乐设施，忽视对风景环境的监控、管理和恢复，最终也影响了风景资源的可持续利用。

3. 规划和建设水平有待提高

虽然数十年的风景名胜区规划、建设和管理取得了一些宝贵的经验。但是由于风景名胜区问题极其复杂、多元和综合，目前的风景名胜区规划设计理论方法在生态保护、居民社会和管理实施等方面的总结不足，而审批效率和规范性的要求又使得规划常常陷入千篇一律、针对性不足的境地。

与此同时，不少风景名胜区位于经济相对欠发达地区，资金的缺乏和开发的迫切导致设计和建造良莠不齐。一方面，规划设计套用城市中的设计方法和模式，盲目追求所谓现代化、国际化，与风景环境不协调，城市化倾向严重；另一方面，建构筑物的风貌不顾所在场所和功能，盲目采用传统官式建筑样式和轴线，追求所谓文化感，与时代需求不匹配，假古董横行。

多元的管理体制、中央和地方不一致的目标追求、保护与利用的尖锐矛盾，以及涉及问题极其复杂和广泛等因素造成了早期的风景名胜区的规划设计在保护景观资源、改善脆弱的生态环境的前提下，疏导经济发展要求对风景名胜区的保护造成巨大冲击这一核心问题上略显无奈。随着以国家公园为主体的自然保护地体系的建设，风景名胜区的发展走入了新的时代。

第二章 ⟫⟫⟫
国际保护地及保护机构的发展概况

2.1 各国国家公园的发展

2.1.1 美国国家公园

肇始

19世纪，美国进入大开发时期，对大自然的索取和土地私有化不断加剧，导致了日益严重的资源消耗与环境破坏问题，由此激发了美国人的资源危机意识和环境保护意识。1832年，画家、作家和旅行家乔治·卡特林（George Catlin）在旅行中目睹了美国西部大开发对当地土著（印第安人）文明、野生动植物和荒野所带来的毁灭性影响，就提出一个设想——政府通过保护政策，设立一个大公园、一个国家公园，其中有人也有野兽，所有一切都处于原生状态，体现着自然之美。1870年9月19日，毕业于耶鲁大学的律师科尼利厄斯·赫奇斯（Cornelius Hedges）参加了一支19人的探险队，为了寻找温水喷泉，他们来到黄石，在返程途中，意外地发现了先前探险队未曾遇见的上间歇泉盆地（The Upper Geyser Basin）。次日，他们围坐在营火旁展开了一场生动活泼的讨论。探险队员们都在仔细推敲，到底如何才能通过垄断性旅游业经营来获取潜在的财富。然而，赫奇斯提出了一个与众不同的想法："那个区域的任何一块地盘都不应该是私人所有，应该整块底盘划出来设为一座伟大的国家公园。"这是人类历史上第一个关于国家公园的构想。

1872年，美国国会取消了对黄石地区的公开拍卖，通过了《黄石国家公园保护法案》

（Yellowstone National Park Protection Act），规定"这片土地应该是属于这个新兴国家全体人民的国宝"，修建成"供人民游乐之用和为大众造福"的公众公园。1872年3月1日，时任美国第18任总统的尤利塞斯·S.格兰特（Ulysses S. Grant）于同年签署了建立黄石国家公园（Yellowstone National Park）的法令。至此，美国历史上第一个国家公园，也是世界上第一个"国家公园"——黄石国家公园就这样诞生了。

黄石国家公园位于美国中西部的怀俄明州、爱达荷州和蒙大拿州的交界处，地处号称"美洲脊梁"的落基山脉，面积约8 956 km²（图2-1）。这里有当今世界上最大的并仍处于活跃状态的超级火山；有超过10 000个温泉和300多个间歇泉、290多个瀑布；有包括7种有蹄类动物、2种熊和67种其他哺乳动物，322种鸟类，18种鱼类和跨境的灰狼等野生动物；有超过1 100种原生植物、200余种外来植物；也有长达超过500 km的环山公路，将各景区的主要景点联在一起，徒步路径则超过1 500 km（图2-2）。1978年黄石国家公园被列入世界自然遗产名录。

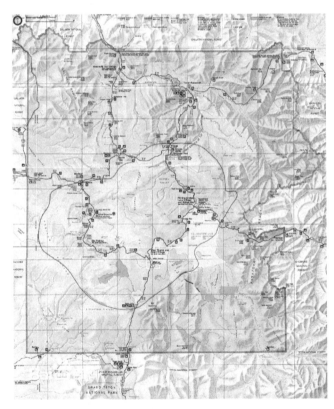

图2-1 黄石国家公园总平面图

图2-2 黄石国家公园早期的旅游活动

发展历程

1916年8月25日，伍德罗·威尔逊（Woodrow Wilson）总统批准设立了美国国家公园管理局（National Park Service，NPS），使黄石等国家公园有了统一的监管机构。经过百余年的发展,美国国家公园系统已成为管理着各类保护地和纪念地、遗产地的多元体系。在各历史阶段呈现出不同的建设发展速度、重点和成就。现在的NPS管理着63个国家公园,以及数百处各类保护地、纪念地(表2-1)。

表2-1　美国国家公园系统的分类

分　类	数量/个	占地面积/km²
1. 国家公园(National Parks)	51	191 763.13
2. 国家保护区(National Preserves)	13	89 663.30
3. 国家保留地(National Reserves)	2	135.20
4. 国家遗迹(National Monuments)	76	19 605.04
5. 国家历史遗址(National Historic Sites)	71	74.74
6. 国家历史公园(National Historical Parks)	32	613.66
7. 国家纪念馆(National Memorials)	26	32.17
8. 国家娱乐区(National Recreation Areas)	18	14 920.98
9. 国家战场遗址(National Battle fields)	11	51.69
10. 国家海滨(National Seashores)	10	2 416.45
11. 国家湖滨(National Lakeshores)	4	919.66
12. 国家军事公园(National Military Parks)	9	137.79
13. 国家原始风光河流及两岸(National Wild and Scenic Rivers and River Ways)	9	1 184.14
14. 国家河流(National Rivers)	7	1 459.47
15. 国家自然风光大路(Parkways)	4	682.40
16. 国家战场公园(National Battle field Parks)	3	35.48
17. 国家自然风光小路(National Scenic Trails)	3	696.91
18. 国际历史遗址(International Historic Sites)	1	0.14
19. 其他(Others)	11	162.37

资料来源:张晓,国外国家风景名胜区(国家公园)管理和经营评述[J].中国园林,15(5).
注:资料统计截至1995年。

美国国家公园体系准入标准

在设立目标和国家现实情况的共同作用下,美国国家公园的发展逐渐形成稳定的准入标准(图2-3)。

1. 全国代表性

具有全国代表性的自然、文化或欣赏价值的资源。

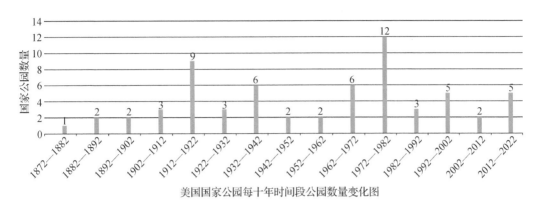

美国国家公园每十年时间段公园数量变化图

图2-3 美国国家公园每十年公园数量变化图

2. 适宜性

具有加入国家公园系统的适宜性。适宜性是指一个区域所反映的自然和文化资源类型没有包括在国家公园系统中并且没有由其他联邦机构、部落、州和地方政府及企业进行类似的表述和保护。

3. 可行性

具有加入国家公园系统的可行性。要有适当的规模和合适的布局;有潜力实施有效管理;还包括土地所有权和获得土地所有权所需费用、可进入性、对资源的威胁、工作人员和开发需求等。

4. 不可代替性

具有由国家公园管理局必须代替其他机构或私人企业等不同保护方式进行管理的要求,即不可代替性。

美国国家公园体系的发展评述

从一开始,美国的国家公园便主要是以"度假地""旅游地"的身份登上历史舞台的。在《黄石公园法案》中,国会声称该公园将成为"巨大的国家度假地"(place of great national resort),"必须服务于公共用途、度假和游憩"(public use, resort and recreation)。在1908年举行的白宫州长会议上,美国公民协会(American Civic Association)主席J. 霍雷斯·麦克法兰(J. Horace McFarland)强调,国家公园中"无与伦比的自然风景"是美国"最伟大的自然资源",具有休闲度假、培育公民爱国主义精神的作用,并蕴涵着巨大的经济价值。

美国国家公园游憩设施建设的阶段性总结

美国国家公园的设施建设历程可以看出,近百年修建大量的游憩设施,并经历了几个高潮阶段。

1. 20世纪初期

1916—1929年间马瑟(Mather)任国家公园署主任时期公园内修建了为了游憩、旅游和管理所必需的各种设施,包括2 088 km的道路、6 280 km的游道、2 611 km的电话电报线,大量的露营地、给排水系统、电力系统和建筑,甚至还修建高尔夫球场、动物园、赛马跑道等设施。

2. 20世纪30年代罗斯福新政时期(New Deal)

国家公园署仅在1933—1936年间就投入了1亿美元资金用于国家公园的建设,此时雇用了近10万人驻扎在457个营地里修建道路、游道、码头、博物馆、野营地、管理用房等。该时期的设施建设改善了国家公园的服务条件的同时,也通过公共投资带动了社会经济的复苏。

3. 1956—1966年的"66计划"(Mission 66)

国家公园署投入了10亿美元,为能每年接待8 000万游客而大兴土木,对2 526 km的公路进行了维修,新建了1 926 km公路,修缮了1 506 km游道,新建了2 417 km游道,修缮了容纳50 000个车位的330个停车场,新建了575个营地、535个给水系统、271个电力系统、521个排水系统、218个公用建筑、221栋管理用房、1 239个职工宿舍单元,重建和维修了458个历史建筑,新建了114个游客中心。

经历几个阶段的建设,设施基本满足了旅游的需求(表2-2)。几次建设高潮的出现和美国国家的经济发展息息相关。相对于服务设施建设,直到1964年美国《荒野条例》(Wildness Act)的通过才从真正意义上将科学保护提上了议事日程,而这一起也是基于美国那个年代的生态保护意识和学科的发展(图2-4)。

表2-2　美国国家公园发展阶段总结表

时间阶段	管理特点
1. 国家公园混乱时期:无序开发和生态干预(1872—1915年)	① 1872年第一座国家公园建立 ② 1883年军队开始监管公园道路的建设,1886年全面接管黄石 ③ 国家公园内建立酒店道路、小径以及行政设施 ④ 自然资源管理为旅游目标服务。培养受青睐物种以及抑制林火 ⑤ 采用自然资源,如伐木、采矿等。赫奇赫奇(Hetch Hetchy Valley)事件:在赫奇赫奇山谷修建水坝
2. 马瑟管理时代:注重休闲旅游(1916—1928年)	① 1916年NPS建立 ② 自然资源管理成为旅游管理的附属品。迎合游客的喜好,捕杀食肉动物,引进外来物种进行风景培育,繁殖受青睐物种 ③ 改善交通设施,提倡汽车旅游
3. 生态学意识的觉醒及反复(1929—1940年)	① 1929年乔治·莱特(George Wright)资助并进行公园野生动物调查 ② 1933年发表动物志1号(Fauna No. 1.)国家公园里动物区系关系的初步调查 ③ 1933年NPS建立野生动物部,莱特为领导人,1936年莱特意外去世,1940年野生动物学家被调出NPS

续表

时间阶段	管理特点
4. 旅游设施快速膨胀与公园领导者保护意识的觉醒(1941—1962年)	① "66计划"(Mission 66),平均每年花费1亿美元建立基础设施、游客中心以及数千英里的道路和小径 ② 1960年由高级委员会发布的内部报告称国家公园的研究工作非常匮乏,资源处于被忽视的危险 ③ 1961年内部报告指出研究有助于NPS明白"什么应该保护,什么应该抵制"
5. 生态保护快速发展,NPS采纳保护建议(1963—1979年)	① 1963年"利奥波德报告"(The 1963 Leopold Report)强调了加强生态管理的必要性 ② NPS采纳保护建议,开始抵制或者减少外来物种,采用科学方法处理林火以及昆虫 ③ 环境保护与立法。1969年《国家环境政策法》(National Environmental Policy Act)要求运用自然和社会科学指导规划和决策。《荒野法》(Wilderness Act)、《濒危物种法案》(Endangered Species Act)、《清洁空气法》(Clean Air Act)等法案都体现了这一时期对环境问题的关注
6. 科学指导旅游发展,基础设施向生态保护方向转化(1980年至今)	① 1980年国家公园管理局发布国家公园现状报告,系统列出了国家公园自然资源面临的威胁 ② 20世纪80年代早期设施改善,开始注重环保优先、可持续发展和人与自然和谐 ③ 1998年美国国会通过21世纪的运输权益法案,国家公园逐步实施可替代交通(alternative transportation systems) ④ 1998年的《国家公园综合管理法》(National Parks Omnibus Management Act)规定公园管理决策将适当考虑技术与科学研究的结果

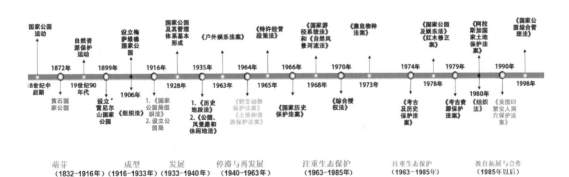

图2-4 美国国家公园重要事件轴图

应当指出,美国国家公园从一开始就倡导的"完好无损"地保护或者将国家公园保存在"自然状态"是针对传统自然资源开发而言的,意指在"国家公园土地上不能进行采矿、伐木、筑坝以及其他一些(直接消耗自然资源的)开发行为",重要成就是这些自然地的非私有化,并非如今生态学意义上自然环境的完整性和原初性。在生态保护上,黄石国家公园也经历过为了保护公园内游客偏爱的麋鹿等植食性动物,对公园内的北美灰狼进行了大规模猎杀的时期,但灰狼的消失导致公园内的麋鹿因失去天敌而数量剧增,麋鹿的过度啃食让黄石公园内的植被遭到严重破坏,植被被破坏后麋鹿反而因食物短缺而数量减少,最后不得不从加拿大重新引入灰狼,这才恢复了公园的生态平衡的弯路。

百年的发展让美国国家公园建立了较为完善的管理制度和原则,体现在:

1. 集中统一的管理体制

美国不仅形成了国家公园体系,而且形成了完整的国家公园管理体系由国家公园管理局独家打理,而国家公园管理局由美国内政部直接管辖,不受各州行政权力的干涉,这是一个国家所有、国家管理、单一管理、目的明确的垂直管理系统,它的好处是能够更好地实现设立国家公园的根本目的——自然保护和公众游乐。

2. 保护第一的管理原则

美国大多数国家公园平均面积广大,高山峻峰众多,但为了避免对环境大规模的破坏,国家公园修建时尽量完善道路网,但为了避免修建道路对生态环境造成的破坏,尽量采取各种补救措施,如为了使各种生物能使用道路两边的生态环境而设计出的"野生动物跨越道"(wild life crossing)。

3. 服务公众的原则

美国国家公园一开始确定的主要目的就是为公众保留一份乐土,而国家公园的日常开支主要来自联邦政府的拨款和社会公众机构的捐款,故而大部分公园是公益性的,不以经济效益为主要目的,门票比较低廉。另外,还针对不同类型的游客推出了各种优惠措施。

4. 丰富保护类型的原则

美国创立国家公园最初的目的是保护自然景观,但不久之后就出现了保存历史遗迹的国家公园。在国家公园系统中,国家历史公园、国家纪念地、国家军事公园、国家战场公园、国家历史遗迹、国家纪念物等均为保护历史遗产而设立。对于历史并不悠久的美国来说,保存历史遗迹亦十分重要。

1970年,罗德里克·纳什(Roderick Nash)把国家公园理念描写成"美国人的发明",他列举出美国之所以在国家公园领域领军全球的四大因素:

1)美国独特的荒野经历塑造了一种自然鉴赏观念。

2)民主的意识形态确保了国家公园的公有性而非私有性。

3)美国拥有大量未开发的土地可供建设国家公园。

4)美国财力雄厚,足以负担国家公园建设中的昂贵开支。

荒野文化的国家意义

应当指出,国家公园运动在美国的兴起并非一蹴而就,而是经历了一个较长时期的孕育和积淀,其目的也并非单纯自然保护,而是一个美国国家文化共识的形成历程。

在"脱离"欧洲而寻求文化独立与国家认同的过程中,荒野被美国知识精英塑造成了美国文化独特性的表征。他们认识到,虽然美国的历史和文化无法与欧洲相比,但"荒野却在旧世界里找不到相匹敌的对象",荒野是"美国景观中最具有代表性的特征"。诸如华盛顿·艾文(Washington Iving)、托马斯·科尔(Thomas Cole)、托马斯·莫兰(Thomas Moran)、阿尔伯特·比尔施塔特(Albert Bierstadt)等一大批美国的思想家、艺术家以极大的热情去讴歌美国的荒野风光,用自己的作品诠释了美国荒野的独特性(图2-5)。荒野被塑造成为美国民族文化赖以形成的基础和有别于旧大陆的独特之处,成为民族自豪感的源泉,从而荒野也有了一层民族主义色彩。对荒野在美学与文化层面的欣赏促成了一系列自然资源保护的行动,美国国家公园正是在地广人稀的地理条件和国家认同的社会需求这些独特的国家历史文化背景之下应运而生的。

图2-5　托马斯·莫兰(Thomas Moran)科罗拉多大峡谷(the Grand Canyon),1915年作

2.1.2　日本自然公园

肇始

日本是被太平洋环抱的岛国,由北海道、本州、九州、四国4个大岛以及数百个大小岛屿组成。南北狭长,跨越约3 000 km,包括从亚北极地区到亚热带的多元生态环境,自然风景秀美丰富。受美国黄石国家公园的启发,黄石公园设立的次年,1873年日本太政官发出"原来为民众所喜爱之社、寺、名胜古迹等上等土地划为官有免租之公园"的公告,从此正式开启了日本近代公园制度。1911年,野木恭一郎等人在第27届帝国会议上,首次倡议政府将富士山、日光一带开辟为"国设大公园"。

1921年,日本内务省开始对国立公园候补地进行调查。1929年日本成立了国立公园协会,次年确定了14处国立公园候补地。1931年颁布的《国立公园法》,标志着日本国家公园制度的创立。1934年3月,第一批濑户内海、云仙天草、雾岛屋久3个国立公园宣告确立。同年12月,日本增设了阿寒、大雪山、日光、中部山越、阿苏5个国立公园;1936年2月,又增设了十和田八幡平、富士箱根伊豆、吉野熊野、大山隐岐4个国立公园。直至"第二次世界大战"之前,日本共确立了12处国立公园。

发展历程

1946年，第二次世界大战中由国立公园协会改称的国土健民会被取消，国立公园研究会成立，国立公园建设工作得以复苏，并于1949年修订了《国立公园法》。随着战后人民生活的日趋稳定，旅游业也得到发展，国立公园的景观功能越来越受到重视，进入了一个全新的发展时期。但时至此时，对国立公园功能的主要认知是满足国民的休闲游憩需求为主，尚未形成严格的生态保护观念。

1957年，日本颁布了《自然公园法》以取代《国立公园法》（图2-6）。《自然公园法》确定了新的公园体系，将仅有国立公园的体系发展为由国立公园（拥有世界级的自然风景）、国定公园（拥有仅次于国立公园的国家级风景）、都道府县自然公园（拥有地区级风景）组成的三级自然公园体系并延续至今。

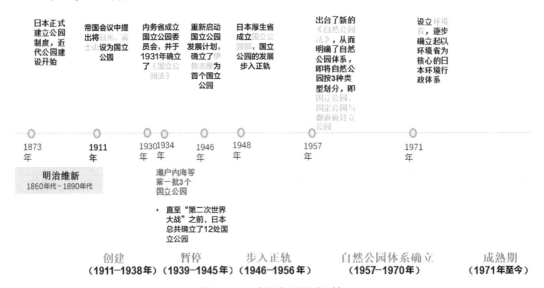

图2-6　日本国家公园时间轴

1964年，日本设置了厚生省国立公园局，并于1971年设立了环境厅，自然公园移交环境厅自然保护局管辖。另外，为保护浅海地区濒危生物及优美景观，作为国立公园和国定公园的扩展，自1970年起，从北海道积丹半岛到冲绳县八重山诸岛共设定了64处海上公园。

保护体系

1. 类别

至今，日本三级自然公园体系中被视为严格意义上国家公园的国立公园有34个，占国土面积5.794%；国定公园（被视为准国家公园）56个，占国土面积3.730%；都道府县立自然公园311个，占国土面积5.205%。合计自然公园数401个，占国土面积14.728%。

同时，在日本自然公园只是保护地中的一类，不同保护地保护主体和保护强度各不相同。自然环境保全地域、自然公园等以保护生态系统为主；鸟兽保护区、生息地保护区等则主要保护野生动物及其栖息地；保护林以森林为保护主体，天然纪念物的保护对象则是具有科学价值的植物。保护强度也有所区别，同样是保护生态系统，自然环境保全地域整体保护强度较高，其中又以原生自然环境保全地域为最严格保护，自然公园的保护强度则稍低一些。虽然并非保护强度最高的，但自然公园体系是日本自然保护地中占地规模最大的一类，覆盖了大部分重要的自然资源，是自然环境保护的主要手段。

在日本，这些自然保护地目前主要由环境省主管，但也涉及其他部门，如林野厅、文化厅等。

2. 规划分区

依据《自然公园法》，每一公园均要制定自然公园计划。公园计划（总体规划）大体分为保护计划和利用计划。保护计划包括保护方面的限制计划和设施计划。利用计划包括利用方面的限制计划和设施计划。都道府县自然公园无保护方面的限制计划。

日本自然公园采用统一的保护分区模式，将其陆地地域划分为特别地域与普通地域两类，在特别地域中又再划分为特别保护地区及第1、2、3类特别地域；海域则被划分为海域公园地区和普通地域。所有分区按照保护强度递减依次为特别保护地区、第1类特别地域、第2类特别地域、第3类特别地域和普通地域（海域公园地区近似于特别地域）。不同分区采取不同强度的限制和准入规定，不同公园同类分区规定相同。

对比三级自然公园各类分区占该级公园总面积的比例（表2-3），可以看出各级公园在保护管控上的差异。特别地域在国定公园中的占比最高，但其中保留有特别突出的自然景观和原始状态的特别保护地区仅占4.5%，而国立公园为13.3%。事实上，在国定公园特别地域中占比最高的是只对农林渔业活动进行稍许控制的第3类特别地域，因此整体上国立公园的保护管控强度更高，但两者并无多大区别。相比之下，都道府县立自然公园中特别地域占比仅为35.7%，且无特别保护地区。总体而言三级自然公园保护规制力呈逐级减弱的趋势。

表2-3　日本地域自然公园各类分区占比表

单位：%

公园类别	特别地域					普通地域
	特别保护地区	第1类特别地域	第2类特别地域	第3类特别地域	总计	
国立公园	13.3	13.2	23.6	23.7	73.8	26.2
国定公园	4.5	12.2	26.7	48.9	92.3	7.7
都道府县立自然公园	0	3.5	9.3	22.9	35.7	64.3

3. 游憩利用

不同于自然环境保全地域，日本自然公园建立的目的不仅在于保护自然环境，游憩利用也是其重要的目的之一。日本自然公园的游憩利用设施包括集团设施用地和单独利用设施。

集团设施用地是自然公园中的一类集中用地，目的是在不进行大的自然改造的情况下，容纳一定数量的使用者。在34个国立公园中，有29个公园指定了集团设施用地，比例为85.29%；在国定公园中有35个，指定比例为62.5%；在有明确公园计划的198个都道府县立自然公园中，则只指定了49个，比例为24.75%。从集团设施用地的总面积与平均面积来看，国立公园内的集团设施用地远大于国定公园与都道府县立自然公园，呈现国立公园>国定公园>都道府县立自然公园的状况。

单独设施是指所有除了集团设施用地之外的利用设施，在公园计划中单独设施大体上可被分为8大类。从①至⑧分别为户外游赏用地、住宿设施、信息服务设施、户外活动设施、交通相关设施、运输相关设施、公共服务便利设施以及文体展陈设施。在402个自然公园中，对有设施计划的共282个公园的单独利用设施进行分析（表2-4）。三级自然公园在单独设施总数上较为接近，但比较各级公园的平均设施数量，则明显呈逐级递减的规律，县立自然公园的在利用设施的建设上远低于国立、国定公园。

表2-4　日本自然公园单独利用设施统计表

公园分类	设施信息	
	数量/个	平均设施数量/个
国立公园	3 076	90.47
国定公园	3 624	63.58
都道府县立自然公园	3 273	17.14

详细对比八类设施在三级自然公园中的分布情况（图2-7），在游憩服务的定位上三者稍有不同。在第①、②、⑥类等与住宿、交通相关的设施中，呈国立公园>国定公园>都道府县立自然公园的规律，表明等级越高的公园提供了更多的长期停留游览可能。在③、⑤、⑦等提供公共便利服务的设施类别中，则正好相反，表明级别更低的自然公园如都道府县立自然公园更倾向于提供便民公共服务。在另外一些与户外活动、文体展陈相关的设施类别中，则是国定公园占主导。

在游憩人数统计上，2017年的利用者总数比前年增加了1.6%，达到9亿908万人。其中，国立公园年利用人数为36 747万，国定公园为29 321.9万，都道府县立自然公园为24 929.3万。三级自然公园的历年利用人数虽有变化，但国立公园的利用人数一直都是

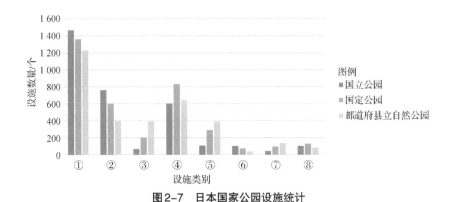

图2-7 日本国家公园设施统计

最多的,国定公园与都道府县立自然公园的年利用人数则差别不大,但从平均年游客量来看,县立自然公园的游客量仅为80.61万人次,远低于国定公园。

体系评述

由此可见,日本自然公园兼具保护与利用职能。自然公园体系并未将保护和利用完全对立起来。三级自然公园之间的关系并非简单的"保护越强、利用就越弱"。越宝贵的资源也越更吸引游人,也更加具有自然教育的价值。特别是承担着最重要保护职能的国立公园,同时也承担着比较突出的提供游憩服务的功能。

自然公园细化的保护地类别、尊重社会历史的保护规制、差异化的服务定位,确保了作为国土中"自然景观最独特、自然遗产最精华"部分的国家公园在培养国民自豪感和服务于国民自然教育和游憩等方面作用的发挥,也使得自然公园在吸纳大量游客且尚有原住民居住的情况下,还能保持着相对良好的自然环境。

2.1.3 英国国家公园

肇始

由于人地关系与美国的巨大差异,英国国家公园的设立和界定呈现出自身的特点。早在19世纪初,浪漫主义诗人拜伦(Byron)、柯勒律治(Coleridge)和华兹华斯(Wordsworth)等通过诗歌传达乡野之美,认为每个人都有权利享受自然风光。华兹华斯声称湖区是"一种国家财产","在这里每一个人都有权利和兴趣,每一个人都有自我的意识和心灵的愉悦"[《湖区指南》(Guide to the Lakes)]。这些诗中表现出来的对自然的深刻认识和对风景的热爱,促进了英国的自然保护和浪漫主义运动。但是由于土地私有制度和绝对所有权原则,要求进入乡村开展休闲游憩活动的公众和土地所有者之间的冲突激烈而持续。

1945年4月,当时国家公园常务委员会的成员之一,建筑师约翰·道尔(John Dower)受城乡规划部部长里思(Reith)勋爵的委托提出了关于《英格兰和威尔士的国家公园》

(National Parks of England and Wales)的报告,即"道尔报告",标志着国家公园思想走入政府施政。1949年,《国家公园与乡村进入法》(National Parks and Access to the Countryside Act)出台,将国家公园区域界定为"大片的国土"具有"自然美的特征",并且根据"提供开放空间和具有消遣的可能性、环境特质以及与人口稠密区的关系"进行区划,目的是"保存和增强它们的自然景色,增加其公共消遣性"。这一定义为公众进入自然景观的游憩权利提供了保障,并明确了国家公园的目标之一是为公众提供游憩机会。

国家公园通过审批申请、协议签订和奖励机制使土地所有者开放其私人土地,地方当局(Local Authority)和国家信托(National Trust)等机构也会通过购买或接受土地捐赠实现土地向公有性转换,以便公众进入更多的区域进行活动。1951年,湖区(Lake District)、峰区(Peak District)、达特穆尔(Dartmoor)和雪墩山(Snowdonia)被指定为英国的第一批国家公园。

发展历程

1951—1957年,英国确定了10个国家公园。英国的国家公园的土地并不都属于国家所有,包含了大面积的农业用地和私人的土地,公众没有权利随意进入或穿行所有区域,所以不太符合国际公认的国家公园标准。同时,国家公园的保护和游憩利用之间关系的定位难以形成共识,之后30年间,英国国家公园的设立趋于停滞。直至1989年,才新增了英格兰布罗兹(The Broads)这一个国家公园(图2-8)。

图2-8 英国国家公园设立时间轴

1995年《环境法》(The Environment Act)出台,修改完善国家公园的设立目标为:①保护和促进国家公园的自然美、野生动物和文化遗产;②提升公众对国家公园的认知和享受。如果以上2条有矛盾,保护的需求将优于休闲娱乐需求"。国家公园的管理重点在于景观保存、公共的可进入权和野生动植物和建筑遗存的保护。2000年《乡村与道路权利法》(Countryside and Rights of Way Act)直接创设了公民漫游权,界定了范围更广的"可进入土地",规定"任何人有权以善意的户外空间游憩为目的进入可进入土地",即可在私人土地上开辟公共游览路径,这些公共游览路径或穿过农田,或经过院子边,大众都有权进入。国家公园的角色定位渐趋明确。2000年,苏格兰颁布《国家公园法》(National Parks Act)之后,也开始设立国家公园(图2-9)。

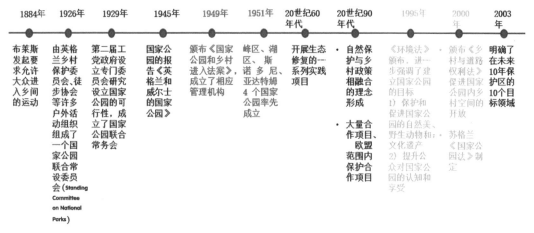

图2-9 英国国家公园政策时间轴

截至2024年,英国共有15个国家公园,其中英格兰有10个,威尔士有3个,苏格兰有2个,北爱尔兰尚无建制的国家公园;国家公园总面积占国土面积的12.7%,其中占英格兰国土面积的9.3%,威尔士国土面积的19.9%,苏格兰国土面积的7.2%。

管理体系

在管理体系上,则在联合王国层面由国家环境、食品和乡村事务部(Department for Environment, Food Rural Affairs, DEFRA)总体负责所有国家公园,成员国层面分别由英格兰自然署(Natural England)、威尔士乡村委员会(Countryside Council of Wales, CCW)和苏格兰自然遗产部(Scottish Natural Heritage)负责其国土范围的国家公园划定和监管,通过立法确定国家公园的目标、标准、管理建制和发展蓝图,为具体管理提供宏观指导。而每个国家公园均设立公园管理局,由英国DEFRA管理,由中央政府拨款,具体负责公园的主要管理事务。作为上述管理部门和一些非政府机构、利益相关者之间,如国家公园管理协会(Association of National Park Authorities, ANPA)、国家公园运动(Campaign for National Parks, CNP)、国家信托和林业委员会(National Trust and the Forestry Commission)、当地社区等利益相关主体之间,以及皇家鸟类保护协会(Royal Society for the Protection of Birds, RSPB)、野生生物信托(Wildlife Trusts)、森林信托(Woodland Trust)、英国遗产署(English Heritage)和历史英格兰(Historic Scotland)等保护相关的慈善机构的沟通、交流和协作平台,各国家公园管理局通过制定各自国家公园的管理计划书,协调各方利益,实现共同管理。

规划政策

英国国家公园规划可分2种：一是作为结构规划的国家公园管理规划，确定战略政策以及局部规划框架；二是在法定规划体系下的区域/地方规划，详细规定土地开发利用的框架和计划，地方规划必须符合结构规划。国家公园管理规划较少涉及空间规划的内容，主要包括：有关国家公园管理规划作用的描述、国家公园设立的目的和社会经济职责；国家公园的关键特征和特殊质量；国家公园面临的主要问题和趋势；实现愿景的方式——政策以及景观保护、旅游游憩、文化遗产、交通、社区合作、生物多样性等等各方面的行动计划；区域/地方规划则通过对于土地使用的许可和各类设计的指南来实现加强资源保护、提升公众体验、发展地方经济等目标的协调。

公园管理局有权审批公园范围内的规划申请，以此控制国家公园内的开发活动。一般的规划申请许可会在国家公园进行较长时间的公示。

英国国家公园规划管理的内容一般包括：

1）国家公园管理局联合区议会等机构及社区居民，制定土地开发计划，提供餐饮、野营地和停车场、户外游憩和其他设施。

2）制订规划时，应首先根据相关法案规则制订规划编制、修改和提交审批程序的要求和规定。

3）通过规划保护国家公园的土地和自然环境，禁止各种可能有损国家公园自然环境和文化遗产的行为。

4）国家公园管理局与土地所有者签订进入协议以规划管理国家公园。公园管理局负责规划和决策公园未来的发展措施，由地方区议会具体执行这些发展措施等。

体系评述

相对于世界自然保护联盟（International Union for Conservation Nature, IUCN）在各类保护地的定义中，界定国家公园的两个基本条件：① 国家公园应是纯自然的，具有美好的景观或具有特殊的科学价值，不得有人工的开发和改造。② 国家公园必须属国家所有，至少应由国家统一管理，保护是主要目的，在严格的控制下也可用于公众娱乐。英国的人文历史背景决定了其国家公园的景观特色和趣味既是自然赋予的，也有人们在千百年里劳动开发的痕迹，更多呈现的是乡村生活景观而非"荒野"的自身特色，属于半自然景观（图2-10）。

英国国家公园面对的主要矛盾是大部分国家公园土地主要掌控在私人手中，土地所有者为当地农户或国家信托等机构，以及住在村庄与城镇的数千居民。国家公园的管理则是通过法律、协商和合作来实现景观开放式的共管，进而实现国家公园设立的目标：保护与优化自然美景、野生生物和文化遗产、为公众理解和欣赏特殊品质提供机会和谋求促进当地社区经济和社会福祉。

图2-10 英国国家公园乡村景观

2.1.4 国家公园在世界的发展综述

发展历程概述

1. 从英语殖民国家首先开始

19世纪70年代至19世纪末，美国国家公园的理念和做法主要在澳大利亚、加拿大、新西兰等盎格鲁—撒克逊国家被接受。这些国家和美国同属于移民型国家，国土面积大且人口稀少，有着相同的文化价值观和语言体系，同样有新国家认同的需求，并且认同美国将自然景观视为新国家象征的"风景民族主义"观点，因此纷纷效仿黄石国家公园的模式，建立自己的国家公园。其中，1879年澳大利亚建立了皇家国家公园，加拿大于1885年建立了班夫国家公园，新西兰在1887年设立了汤加里罗国家公园。这时期的国家公园主要效仿美国黄石国家公园的荒野地形象，国家公园的自然特征大多为山岳景观，而且由于生态认知的局限，大多选择性地保护自然景观，开展相关的游憩活动，并没有对动植物系统性的保护，也未考虑国家公园的建立对原住民的影响。

2. 第二次世界大战前的传播

20世纪初至第二次世界大战前，国家公园理念传播到欧亚非及中南美洲的部分国家。欧洲一些国家在本土以及海外的殖民地开始建立国家公园。瑞典最早，随后西班牙、荷兰等国也相继在本土建立国家公园，而法国等国则在非洲殖民地建立国家公园。随后亚洲以及南美洲的独立国家也建立了国家公园。这时期各大洲建立国家公园的原因各不相同，西班牙等昔日欧洲强国希望借助国家公园激发民族认同和爱国情感，而瑞典等实力较弱的欧洲国家希望通过国家公园强调领土的主权完整；非洲等国的国家公园则沦为帝国列强的实验场地和宣扬帝国身份的工具,性质多为野生动物保护区。亚洲的日本则因为脱亚入欧的思潮,更多地把国家公园作为民族进步和认同的直观的象征物;南美洲主要受到旅游市场的影响,以获利为目的建立国家公园。

这时期的国家公园管理模式和保护措施较上一阶段进一步完善,保护范围和对象扩张到历史文化遗址和野生动植物等;国家公园围绕国家和公众利益的建设进一步强化。19世纪中后期至20世纪初,殖民者对非洲大举入侵,殖民者不仅掠夺了非洲的各种资源,也输入了政治意识和价值观念,国家公园的概念就是在这种背景下传播到了非洲。20世纪初,殖民者开始在非洲建立起国家公园,由于非洲野生动物资源丰富,因此大多数非洲国家公园的核心目标是保护野生动物。建于1926年的南非克鲁格国家公园(Kruger National Park)是南非第一个国家公园,也是非洲自然环境和野生动物保护管理水平最高的国家公园之一。

3. 全球化

从20世纪50年代开始,世界走入美国经济和文化影响越来越大的格局,国家公园在全球范围内快速传播发展。第二次世界大战之后的最初一段时间,亚非拉美洲大量独立的国家开始在各自的领土上建立国家公园,之后西欧等发达国家的国家公园数量也开始迅速增长。20世纪60年代世界自然保护联盟(International Union for Conservation of Nature, IUCN)世界自然保护地委员会(World Commission on Protected Areas, WCPA)的成立和第一届国家公园大会的召开,使得国家公园的数量迅速增长。随后的几十年里,地球环境和能源问题持续恶化、各国相关法案的健全、国际组织的呼吁以及生态保护等理论的成熟都促进了全球国家公园的迅速传播和发展。越来越多的国家开始认识到国家公园不仅对生态环境具有保护作用,对社会发展、经济振兴以及文化传承等方面也具有重要价值。随着经验的积累和建设国家背景越来越多元,这时期国家公园的保护重心开始向生态系统与生态过程倾斜,国家公园的原住民社区与国家公园的关系也得到重新认知。国家公园呈现出各国根据自身的背景和条件建设各具特色的概念体系和管理模式的景象(表2-5)。

表2-5　各国国家公园的定义

国家	定义	资料来源
美国	在保护风景、自然和文化物体以及野生动物资源,并在保证子孙后代能够欣赏不受损害的上述资源的前提下,给子孙后代留下未受损坏的可以用来欣赏的资源和提供子孙后代欣赏资源相同的机会	组织建制法 Organic Act
英国	包含美丽的乡村、野生动物和文化遗产的保护地。人们在国家公园里生活和工作,农场、村庄、城镇及其景观、野生动物同时被保护。国家公园欢迎游客,并为每个人提供体验、欣赏和了解国家公园的特别气质的机会	英国国家公园官网 National Parks UK official website

续表

国家	定义	资料来源
英国	一是保护与优化自然美景、野生生物和文化遗产；二是为公众理解和欣赏公园特殊品质提供机会	环境法 The Environment Act
新西兰	国家公园是公有土地，因为它们具有固有的价值和利益、公众的利用和享受而受永久保护。这样区域的独特风景、生态系统或自然要素使它们非常美丽、独特或在科学上具有重要意义，保护它们就是保护国家利益	汤加里罗国家公园规划 Tongariro National Park Management Plan
新西兰	国家公园的原则：公园保持为自然状态，公众有权进入，本地动植物得到保护保护区的大部	汤加里罗国家公园规划 Tongariro National Park Management Plan
德国	国家公园是指依法指定的保护地。一是面积大，未破碎化，具有特殊的属性；二是保护区的大部分地区满足作为自然保育区的要求；三是保护区的大部分地区基本没有人类干扰或者人类干扰程度在有限的范围内，保证自然过程和自然动态的不受干扰	联邦自然保护法 Federal Nature Conservation Act
澳大利亚	因其未被破坏的景观和动植物多样性而受到保护面积较大的土地	澳大利亚政府官网 Australian Government official website
澳大利亚	南澳：拥有野生动植物、土地的自然特征或土著及欧洲遗产而具有国家重要性的地区	南澳大利亚州国家公园官网 National Parks South Australian official website
澳大利亚	昆士兰：国家公园是一个面积比较大的区域，预留以保护未受破坏的自然景观和动植物，长期致力于让公众游憩、教育和激发灵感，并保护其自然属性不被干扰	澳大利亚自然保护部长理事会 Australia Council of Nature Conservation Ministers
澳大利亚	新南威尔士：为保护未受破坏的景观和本土动植物设置的地区，为保护、公众娱乐而设置，通常提供游客设施	新南威尔士州国家公园官网 National Parks New South Wale official website

注：澳大利亚各州的国家公园定义不一，仅列举了3个州为例。

各国国家公园的规模

目前，世界上已有100多个国家建立了近万个国家公园。其中，欧洲的德国共有16个国家公园，总面积10 395 km²，占国土面积的0.54%（截至2015年）；西班牙共建有15处国家公园，总面积达3 466 km²，占国土面积的0.65%（截至2010年）。亚洲的韩国共有22个国立公园，总面积6 726.298 km²，约占国土总面积的6.7%；尼泊尔有10个国家公园。总面积10 853 km²。占国土总面积的7.37%。大洋洲的澳大利亚共有约618处国家公园，共占地 28 万 km²,占澳大利亚陆地面积的 4%。新西兰有 14 个国家公园,总面积 30 669 km²,占其国土面积的 11.34%。其中,4 座国家公园位于新西兰北岛,9 座位于南岛,1 座位于最南端的离岛斯图尔特岛上。北美的加拿大共有 39 个国家公园和 8 个国家公园保护区,总面积约为 328 198 km²,占加拿大陆地面积的约 3.3%(截至 2018 年)。中美洲的墨西哥有 68 个国家公园,总面积 14 320 km²,占墨西哥领土的 0.73%。非洲的南非有 19 处国家公园,总面积 41 327 km²,占南非所有保护地面积的 67%,占国土面积的 3.4%。

国家公园发展的特点和趋势

1)国家公园保护和建设的目标取向从单纯注重旅游服务或科学研究功能向更加注重生态服务等复合功能转变,国家公园保护的内涵和价值在不断扩大。

2)国家公园的保护对象从视觉景观保护走向以生物多样性保护为核心;保护方法从抢救型的消极保护走向规划型的积极保护;保护力量从政府主导走向多方参与;保护空间从点状保护走向网络保护。

3)国家公园原住民社区的利益越来越受到重视,建设和管理方式从单纯政府行为向加强社区合作和提高全民参与程度的共管模式转变。

4)国家公园全球化趋势日益增强,已成为国际合作与对话的重要舞台,许多国际公约和国际组织对国家公园及其生态资源的保护和发展制定了共同行动纲领。

2.2　与风景名胜区相关的国际保护机构与体系

随着国家公园的全球化,国际上对于自然保护地的设立和管理形成了基本的共识,也逐渐形成了许多国际化的保护组织。此外,对于风景名胜区涉及的文化遗产,联合国也成立了相应的保护机构。这些组织和机构中比较重要的有:① 世界自然保护联盟;② 国家公园保护体系;③ 世界遗产委员会;④ 人与生物圈计划;⑤ 国际湿地保护;⑥ 世界自然基金会;⑦ 世界地质公园。各自通过自身的运行机制筹集资金,发挥着保护自然和人类社会中珍贵遗产的作用。

2.2.1　世界自然保护联盟

IUCN 世界自然保护联盟 1948 年 10 月成立,是全球最大、最重要的自然保护网络机构。IUCN 集合了 82 个国家、111 个政府机构、800 多个非政府组织以及来自 181 个国家的约 1 万多名科学家和专家,形成了世界环保领域里独一无二的全球性合作关系。

世界自然保护联盟的任务是影响、鼓励全社会保持自然界的完整性和多样性,并确保对自然资源的利用处于平衡状态以及维持生态上的可持续性。其保护地委员会,对世界各地的陆地和海洋保护区、国家公园和保护地建设提供咨询和支持。

1969年，IUCN第十次大会（新德里），确立了一致的关于国家公园的国际标准，明确国家公园必须具备三个基本特征：

1）区域内的生态系统未因人类开发而发生根本性的改变，区域内的景观、生境和动植物存在特殊的教育、科学及娱乐意义，抑或区域内的自然景观非常优美。

2）对于区域内的开采、开垦等行为，政府权力机构已采取相应措施尽可能地阻止或消除，以充分展示国家公园的自然生态景观与美学特征。

3）在一定条件下，允许以文化、教育、科普、娱乐为目的的旅游参观。

1994年，IUCN将国家公园定义为："主要用于生态系统保护及游憩活动的天然的陆地或海洋；为当代和后代保护一个或多个生态系统的完整性；排除任何形式的有损于该保护地管理目的的开发和占有行为；为民众提供精神、科学、教育、娱乐和游览的基地，所有这些活动必须实现生态环境和文化上的协调。"（表2-6）

其关于自然保护地的分类成为以国家公园为代表的"国家公园与保护区体系"的自然保护地界定和管理的指南，是世界自然保护的重要文件，同时作为权威机构，IUCN评估所有被提名为世界自然遗产的项目。

表2-6　IUCN的保护区分类体系

种类	名称	建立目的	定义
I	严格的自然保护区	为科研服务	典型的陆地和海洋区域或是反映生态系统、地理和物理特性及动植物种类的区域，能够为科学研究和环境监测服务
	野生地	保护野生地	没有或很少受到轻微侵扰的陆地和海洋，保留有自然特色和影响力，没有永久性居民的大面积区域，对其保护是为了保持其自然状态
II	国家公园	生态保护和游憩	具有如下功能的陆地和海洋自然区：① 为当代和子孙后代保护一个或多个生态系统的完整性；② 拒绝与既定目的相抵触的开发或占据；③ 在保证环境与文化相协调的基础上，提供人们科研、教育、游憩和游览的机会
III	自然纪念保护区	保持特殊的自然景观	包括一个或多个特定的自然或自然/文化特色，由于它本身的特色使其具有显著的和特有的价值
IV	野生动植物生境管理区	通过管理活动保护其自然特色	对陆地或海洋规划区域进行管理以保护栖息地的自然特色和满足某些特殊动植物群对环境的要求
V	景观保护区	陆地和海洋景观的保护及游憩	由于长期人类活动和自然作用形成的，具有独特美景和生态与文化价值的陆地、海岸和相应的海域
VI	资源管理保护区	自然生态系统的可持续利用	保护区未受到人类活动影响的自然系统。管理目的是促使对生物多样性长期保护的同时，为满足当地人们的需要而持续利用自然资源

虽然IUCN给出了各类保护地的定义，但是世界各国的国家公园的界定各不相同，管理措施更是各有特点，如英国的国家公园更接近于IUCN所定义的V类景观保护区，体现出各国不同的历史文脉和人地关系的制约。

2.2.2 世界遗产委员会

1976年11月，在联合国教育、科学及文化组织（联合国教科文组织）内，建立了保护世界文化和自然遗产的政府间委员会，即世界遗产委员会（World Heritage Committee）。委员会由21名成员组成，负责《保护世界文化和自然遗产公约》（Convention Concerning the Protection of the World Cultural and Natural Heritage，1972年）的实施。委员会是政府间组织，每年召开一次会议，主要决定哪些遗产可以录入世界遗产名录，对已列入名录的世界遗产的保护工作进行监督指导。1985年，中国加入《保护世界文化和自然遗产公约》，成为缔约方之一。

1992年联合国教科文组织正式设置了世界遗产中心（World Heritage Centre），即"公约执行秘书处"，与教科文组织总部同在巴黎。

世界遗产是指被联合国教科文组织世界遗产委员会确认的人类罕见的、无法替代的财富，是全人类公认的具有突出意义和普遍价值的文物古迹及自然景观。从1977年第一批的世界文化遗产名录开始，到1992年"文化景观遗产"纳入世界遗产目录，1998年设立"非物质文化遗产"，再到"线性文化遗产""水下文化遗产""湿地遗产"等类别的设立，世界遗产的类别不断丰富，概念也在不断调整细化。

整体而言，世界遗产分为文化遗产（包含文化景观、自然遗产、文化和自然双重遗产）、自然遗产、文化与自然双重遗产、文化景观、人类口头和非物质遗产代表作五类。其中，世界文化遗产包括：① 文物；② 建筑群；③ 遗址。世界自然遗产包括：① 地质和生物结构的自然面貌；② 濒危动植物生态区；③ 天然名胜。文化景观遗产包括：① 园林和公园景观；② 有机进化的景观（人类历史演变的物证）；③ 关联性文化景观。根据形态和性质，世界遗产可以分为物质遗产和非物质文化遗产两大类。

每年举行一次的世界遗产委员会会议对申请列入名单的遗产项目进行审批，主要依据的是该委员会会同国际古迹遗址理事会（International Council on Monuments and Sites，ICOMOS）和世界自然保护联盟（IUCN）组织专家对各国提名的遗产遗址进行实地考察而提出的评价报告。

1987年，我国向联合国教科文组织申报的第一批6处世界遗产申报成功，其中泰山、长城和秦始皇陵及兵马俑为国家级风景名胜区范畴，预示着中国风景名胜区制度与世界遗产保护制度的接轨。截至2021年7月25日，中国世界遗产总数增至56处，其中世界文化遗产38项、世界文化与自然双重遗产4项、世界自然遗产14项，遗产总数位列世界第一。这些遗产包含了我国众多的国家级自然保护区、国家重点文物保护单位和风景名胜区等自然和文化资源。这些遗产有34处全部或部分在国家级风景名胜区中、11处全部或部分在省级风景名胜区中（表2-7）。

表2-7　涉及国家级风景名胜区的部分世界遗产

类型	编号	世界遗产名称	涉及国家级风景名胜区名称
自然遗产	1	黄龙	黄龙寺—九寨沟
	2	九寨沟	黄龙寺—九寨沟
	3	云南"三江并流"	三江并流
	4	武陵源国家级风景名胜区	武陵源
	5	四川大熊猫栖息地	青城山—都江堰、西岭雪山、四姑娘山、天台山
	6	中国南方喀斯特	云南路南石林、贵州荔波樟江、重庆天坑地缝、广西桂林漓江、贵州潕阳河、重庆金佛山
自然遗产	7	三清山国家级风景名胜区	三清山
	8	中国丹霞	广东丹霞山、江西龙虎山、贵州赤水、湖南崀山、浙江江郎山
	9	新疆天山	天山天池
	10	湖北神农架	武当山
文化遗产	11	五台山	五台山
	12	秦始皇陵及兵马俑	临潼骊山
	13	长城	八达岭—十三陵
	14	甘肃敦煌莫高窟	鸣沙山—月牙泉
	15	武当山古建筑群	武当山
	16	承德避暑山庄及周围寺庙	承德避暑山庄外八庙
	17	庐山国家级风景名胜区	庐山
	18	丽江古城	丽江玉龙雪山
	19	明清皇家陵寝	南京钟山、北京八达岭—十三陵、湖北大洪山
	20	河南洛阳龙门石窟	洛阳龙门
	21	四川青城山和都江堰	青城山—都江堰
	22	嵩山"天地之中"古建筑群	嵩山

类型	编号	世界遗产名称	涉及国家级风景名胜区名称
文化遗产	23	西湖文化景观	西湖
	24	鼓浪屿历史国际社区	鼓浪屿—万石山
	25	左江花山岩画文化景观	花山
	26	泉州：宋元中国的世界海洋商贸中心	清源山
	27	苏州古典园林	太湖
	28	丝绸之路：长安—天山走廊的路线网络	麦积山，鸣沙山—月牙泉、崆峒山、华山、临潼骊山—秦兵马俑、宝鸡天台山、黄帝陵、合阳洽川、天山天池、库木塔格沙漠、博斯腾湖、赛里木湖、罗布人村寨
	29	大运河	太湖、蜀冈瘦西湖、镇江三山、洛阳龙门、嵩山、黄山
	30	土司遗址	猛洞河
自然与文化混合遗产	31	泰山	泰山
	32	武夷山	武夷山
	33	黄山	黄山
	34	峨眉山—乐山风景名胜区	峨眉山

资料来源：基于世界遗产官网（http://whc.unesco.org/）整理

第三章 >>>
我国以国家公园为主体的自然保护地体系建设

面对我国各类保护虽然总的保护面积不小，但是保护地数量众多而分散、类型多样、功能各异，且存在多头管理、范围重叠、责权不明等问题。为解决保护地突出的保护和发展矛盾，改革各部门分头设置自然保护区、风景名胜区、文化自然遗产、地质公园、森林公园等的体制，自2013年，我国开始了以国家公园为主体的自然保护地体系建设。

3.1 国家公园体制试点的历程

3.1.1 国家公园体制试点的政策和实践

2013年公布的《中共中央关于全面深化改革若干重大问题的决定》明确提出加快生态文明制度建设："划定生态保护红线。坚定不移实施主体功能区制度，建立国土空间开发保护制度，严格按照主体功能区定位推动发展，建立国家公园体制。"这是我国国家公园体制的肇始。

2015年，国家发改委同中央编办、财政部、国土部、环保部、住建部、水利部、农业部、林业局、旅游局、文物局、海洋局、法制办等13个部门联合印发了《建立国家公园体制试点方案》。2015年3月，国家发改委印发了《国家公园体制试点区试点实施方案大纲》，开始了国家公园体制试点工作。2015年5月，国务院批转国家发改委《关于2015年深化经济体制改革重点工作意见》(国发〔2015〕26号)提出"加快生态文明制度建设",进一步明确了在9个省份开展"国家公园体制试点"。

《建立国家公园体制试点方案》提出的试点时间为3年,至2017年底结束。要求所选试点应符合代表性、典型性和可操作性的要求。提出试点的5项内容,包括突出生态保护、统一规范管理、明晰资源归属、创新经营管理和促进社区发展。目标是对现有各类保护地的管理体制机制进行整合,明确管理机构,整合管理资源,实现一个保护地一个牌子、一个管理机构,由省级政府垂直管理。归并整合后的保护地可暂命名为"国家公园体制试点区"。要求按照设立层级、保护目标等,对试点区内各类保护地的交叉重叠和碎片化区域进行清理规范和归并整合;探索跨行政区管理的有效途径。

国家公园体制试点区

2015年提出的9处国家公园体制试点区至2016年12月,三江源、大熊猫和东北虎豹3处试点实施方案由中共中央全面深化改革领导小组(简称"中央深改组")直接通过,其余6处由国家发改委批复通过,包括福建武夷山、浙江钱江源、湖南南山、湖北神农架、云南普达措以及北京长城。这与2015年初步确定的试点区相比,尽管数量上保持不变,但在点位和名称上进行了调整,包括新增的大熊猫和东北虎豹,扩大范围的三江源,修改名称的浙江钱江源、湖南南山,以及后期不再纳入的吉林长白山和黑龙江伊春汤旺河。2017年6月,祁连山获得中共中央全面深化改革领导小组的批复,试点区扩大到10处。至此,最初提出的3年期结束。

3年试点后,长城淡出了试点名单。2019年1月,海南热带雨林则入选了试点区名单,并且后来居上,成为首批设立的5个国家公园之一。名单的前后变化从一定程度上反映了决策者关于国家公园体制建设的认识在不断地调整。

最终设定的东北虎豹、祁连山、大熊猫、三江源、海南热带雨林、武夷山、神农架、普达措、钱江源、南山等10处国家公园体制试点建设区域涉及12个省份的157处自然保护地(表3-1),总面积超过22万 km^2,约占我国陆域国土面积2.3%。

表3-1　国家公园体制试点区基本信息表

试点范围	启动时间	批复机构	面积/km^2	典型生态系统类型	代表性物种
东北虎豹	2016-12	中央深改组	14 612	温带针阔混交林	东北虎、东北豹
祁连山	2017-06	中央深改组	50 237	温带荒漠草原	雪豹
大熊猫	2016-12	中央深改组	27 134	亚热带针叶林、常绿阔叶林	大熊猫
三江源	2015-12	中央深改组	123 100	高寒草原、高寒荒漠	雪豹、藏羚羊

试点范围	启动时间	批复机构	面积/km²	典型生态系统类型	代表性物种
海南热带雨林	2019-01	中央深改委	4 401	热带雨林、季雨林	海南长臂猿
武夷山	2016-06	国家发改委	1 001	中亚热带常绿阔叶林	黄腹角雉
神农架	2016-05	国家发改委	1 184	北亚热带常绿阔叶林	川金丝猴
普达措	2016-10	国家发改委	602	亚热带山地针叶林	黑颈鹤
钱江源	2016-06	国家发改委	758	中亚热带常绿阔叶林	黑鹿、百山祖冷杉
南山	2016-07	国家发改委	636	亚热带常绿阔叶林	林麝、资源冷杉

注：武夷山和神农架试点区面积相比《武夷山国家公园体制试点区试点实施方案（2015—
　　2017年）》批复时略有调整，钱江源试点区增加丽水市百山祖片区。

首批5个入选名单

2021年10月，习近平主席在《生物多样性公约》第十五次缔约方大会领导人峰会上宣布，中国正式设立三江源、大熊猫、东北虎豹、海南热带雨林、武夷山等第一批5个国家公园。从数据分析上看，首批设立的国家公园面积普遍较大，其人类活动干扰更小，单位面积的动植物和保护物种也更单一。国家公园的设立不仅倾向于避免历史问题继续遗留，考虑如何解决自然保护地与当地居民发展的矛盾，也会优先保护群落组成更简单、抵抗力稳定性较弱的生态系统。

图3-1　国家公园徽志

3.1.2　以国家公园为主体的自然保护地体系与管控分区

2015年9月，中共中央、国务院印发的《生态文明体制改革总体方案》指出："建立国家公园体制。加强对重要生态系统的保护和永续利用，改革各部门分头设置自然保护区、风景名胜区、文化自然遗产、地质公园、森林公园等的体制，对上述保护地进行功能重组，合理界定国家公园范围。国家公园实行更加严格保护，除不损害生态系统的原住民生活生产设施改造和自然观光科研教育旅游外，禁止其他开发建设，保护自然生态和自然文化遗产原真性、完整性。加强对国家公园试点的指导，在试点基础上研究制定建立国家公园体制总体方案。构建保护珍稀野生动植物的长效机制。"

2017年9月，中共中央办公厅、国务院办公厅印发《建立国家公园体制总体方案》，明确了"国家公园是指由国家批准设立并主导管理，边界清晰，以保护具有国家代表性的大面积自然生态系统为主要目的，实现自然资源科学保护和合理利用的特定陆地或海洋区域,提出了"构建统一规范高效的中国特色国家公园体制,建立分类科学、保护有力的自然保护地体系","交叉重叠、多头管理的碎片化问题得到有效解决"的目标。

《建立国家公园体制总体方案》将国家公园定位为"是我国自然保护地最重要类型之一,属于全国主体功能区规划中的禁止开发区域,纳入全国生态保护红线区域管控范围,实行最严格的保护",指出"国家公园的首要功能是重要自然生态系统的原真性、完整性保护,同时兼具科研、教育、游憩等综合功能"。

《建立国家公园体制总体方案》还包括以下内容:

确定国家公园空间布局。制定国家公园设立标准,根据自然生态系统代表性、面积适宜性和管理可行性,明确国家公园准入条件,确保自然生态系统和自然遗产具有国家代表性、典型性,确保面积可以维持生态系统结构、过程、功能的完整性,确保全民所有的自然资源资产占主体地位,管理上具有可行性。研究提出国家公园空间布局,明确国家公园建设数量、规模。统筹考虑自然生态系统的完整性和周边经济社会发展的需要,合理划定单个国家公园范围。国家公园建立后,在相关区域内一律不再保留或设立其他自然保护地类型。

优化完善自然保护地体系。改革分头设置自然保护区、风景名胜区、文化自然遗产、地质公园、森林公园等的体制,对我国现行自然保护地保护管理效能进行评估,逐步改革按照资源类型分类设置自然保护地体系,研究科学的分类标准,理清各类自然保护地关系,构建以国家公园为代表的自然保护地体系。进一步研究自然保护区、风景名胜区等自然保护地功能定位。

《建立国家公园体制总体方案》同时要求,制定国家公园总体规划、功能分区、基础设施建设、社区协调、生态保护补偿、访客管理等相关标准规范和自然资源调查评估、巡护管理、生物多样性监测等技术规程。

自然保护地体系

2019年6月,中共中央办公厅、国务院办公厅印发《关于建立以国家公园为主体的自然保护地体系的指导意见》,提出总体目标:"建成中国特色的以国家公园为主体的自然保护地体系,推动各类自然保护地科学设置,建立自然生态系统保护的新体制新机制新模式"。

《关于建立以国家公园为主体的自然保护体系的指导意见》要求"到2020年,提出国家公园及各类自然保护地总体布局和发展规划,完成国家公园体制试点,设立一批国家公园,完成自然保护地勘界立标并与生态保护红线衔接,制定自然保护地内建设项目负面清单,构建统一的自然保护地分类分级管理体制。到2025年,健全国家公园体制,完成自然保护地整合归并优化,完善自然保护地体系的法律法规、管理和监督制度,提升自然生态空间承载力,初步建成以国家公园为主体的自然保护地体系。到2035年,显著提高自然保护地管理效能和生态产品供给能力,自然保护地规模和管理达到世界先进水平,全面建成中国特色自然保护地体系。自然保护地占陆域国土面积18%以上。"

为建立分类科学、布局合理、保护有力、管理有效的以国家公园为主体的自然保护地体系,《关于建立以国家公园为主体的自然保护体系的指导意见》指出:

"按照自然生态系统原真性、整体性、系统性及其内在规律,依据管理目标与效能并借鉴国际经验,将自然保护地按生态价值和保护强度高低依次分为3类。

国家公园:是指以保护具有国家代表性的自然生态系统为主要目的,实现自然资源科学保护和合理利用的特定陆域或海域,是我国自然生态系统中最重要、自然景观最独特、自然遗产最精华、生物多样性最富集的部分,保护范围大,生态过程完整,具有全球价值、国家象征,国民认同度高。

自然保护区:是指保护典型的自然生态系统、珍稀濒危野生动植物种的天然集中分布区、有特殊意义的自然遗迹的区域。具有较大面积,确保主要保护对象安全,维持和恢复珍稀濒危野生动植物种群数量及赖以生存的栖息环境。

自然公园:是指保护重要的自然生态系统、自然遗迹和自然景观,具有生态、观赏、文化和科学价值,可持续利用的区域。确保森林、海洋、湿地、水域、冰川、草原、生物等珍贵自然资源,以及所承载的景观、地质地貌和文化多样性得到有效保护。包括森林公园、地质公园、海洋公园、湿地公园等各类自然公园"。

《关于建立以国家公园为主体的自然保护体系的指导意见》要求:"制定自然保护地分类划定标准,对现有的自然保护区、风景名胜区、地质公园、森林公园、海洋公园、湿地公园、冰川公园、草原公园、沙漠公园、草原风景区、水产种质资源保护区、野生植物原生境保护区(点)、自然保护小区、野生动物重要栖息地等各类自然保护地开展综合评价,按照保护区域的自然属性、生态价值和管理目标进行梳理调整和归类,逐步形成以国家公园为主体、自然保护区为基础、各类自然公园为补充的自然保护地分类系统"。

《关于建立以国家公园为主体的自然保护体系的指导意见》要求:"以保持生态系统完整性为原则,遵从保护面积不减少、保护强度不降低、保护性质不改变的总体要求,整合各类自然保护地,解决自然保护地区域交叉、空间重叠的问题,将符合条件的优先整合设立国家公园,其他各类自然保护地按照同级别保护强度优先、不同级别低级别服从高级别的原则进行整合,做到一个保护地、一套机构、一块牌子。"

管控分区

在自然保护地的差别化管控上,《关于建立以国家公园为主体的自然保护体系的指导意见》提出根据各类自然保护地功能定位,实行既严格保护又便于基层操作,合理分区的差别化管控。国家公园和自然保护区实行分区管控,原则上核心保护区内禁止人为活动,一般控制区内限制人为活动。自然公园原则上按一般控制区管理,限制人为活动。《关于建立以国家公园为主体的自然保护体系的指导意见》明确了分区管控的二分法。

两分区的管控分区方式,改变了试点的各国家公园总体规划的分区标准和模式不统一的问题,管理上有明确的依据。但是这一倾向行政和管理效率的二分区无法有效解决我国国家公园复杂的人地关系和多元的国家公园功能的管理问题。其后,新出台的相关技术规程增加了功能分区层次。

《关于建立以国家公园为主体的自然保护体系的指导意见》中各类自然公园并未明确风景名胜区的地位。如果将风景名胜区调整归类为自然公园的类别中,并且原则上区内全部按一般控制区来管控,并不完全符合我国风景名胜区的自然与人文交织的实际,对于风景名胜区资源的保护并非有利。

3.1.3 统一管理的机构设置和顶层设计的国家公园空间布局方案

一方面,在自然保护地体系建立之前,我国现有的自然保护区、风景名胜区和各类其他自然保护地分别由各部门分头管理;另一方面,各保护地的设立都是基于地方申请设立的,缺乏顶层设计。这种自下而上的申报批准方式使自然保护地的分布受到社会经济发展情况的影响,呈现出明显的和胡焕庸线相一致的状态,自然资源和生态环境的系统保护明显不足。

2018年3月,根据第十三届全国人民代表大会第一次会议批准的国务院机构改革方案,将国家林业局的职责、农业部的草原监督管理职责,以及国土资源部、住房和城乡建设部、水利部、农业部、国家海洋局等部门的自然保护区、风景名胜区、自然遗产、地质公园等管理职责整合,组建国家林业和草原局,加挂国家公园管理局牌子,由自然资源部管理,实现了以国家公园为主体的自然保护地体系中各类自然保护地的统一管理。

2018年6月国家公园办委托国家林业和草原局调查规划设计院牵头,联合中国科学院生态中心、自然资源部第一海洋研究所、清华大学和国家林业和草原局昆明勘察设计院等单位开展国家公园空间布局研究,在全面分析我国生态系统、自然地理格局和生态功能格局、生物多样性、典型自然景观特征、自然保护管理基础条件的基础上,依据《国家公园设立规范》(GB/T 39737—2020),借鉴已有国家公园体制试点成果,区划了40个自然生态地理单元,从国家代表性、生态重要性和管理可行性等要素考虑提出了包括66个国家公园候选区和优先区在内的《国家公园空间布局方案(论证稿)》,该方案于2019年2月通过了专家论证。

2022年11月,通过公众参与及综合专家和地方各级政府各个部门的意见遴选出的49个国家公园候选区(含正式设立的5个国家公园)最终获得国务院的同意,组成了包含我国自然生态系统最重要、自然景观最独特、自然遗产最精华、生物多样性最富集的区域的国家公园体系。其中陆域44个、陆海统筹2个、海域3个,总面积约110万km²。全部建成后,中国国家公园保护面积的总规模将是世界最大。

国家公园空间布局方案体现了我国国家公园设立和准入走向自上而下的方式，以自然地理单元划分为基础，充分衔接国家"四屏四带"生态安全格局和"三区四带"生态保护修复战略布局的国家公园布局对构建以国家公园为主体的自然保护地体系，对优化我国自然生态空间保护格局，实现完整性和原真性保护具有引领和示范作用，也是我国今后制定国家公园发展规划、构建以国家公园为主体的自然保护地体系的重要依据。

一系列的文件和措施的出台，逐步明确了我国国家公园为主体的自然保护地体系的概念、框架和布局（表3-2）。

表3-2　国家公园为主体的自然保护地试点的主要政策文件

时间	政　策	内　容
2013-11	《中共中央关于全面深化改革若干重大问题的决定》	首次从国家层面提出"建立国家公园体制"
2015-01	《建立国家公园体制试点方案》	北京、吉林、黑龙江、浙江、福建、湖北、湖南、云南、青海试点，时间为2015—2017年
2015-03	《国家公园体制试点区试点实施方案大纲》	各试点区制定实施方案的纲领性文件
2015-09	《生态文明体制改革总体方案》	改革各部门分头设置自然保护区、风景名胜区、文化自然遗产、地质公园、森林公园等的体制
2016-03	《中华人民共和国国民经济和社会发展第十三个五年规划纲要》	明确"十三五"期间，整合设立一批国家公园
2017-09	《建立国家公园体制总体方案》	提出国家公园建设总体框架
2018-03	《2018年政府工作报告》	深化国家公园体制改革试点
2019-06	《关于建立以国家公园为主体的自然保护地体系的指导意见》	加快建立以国家公园为主体的自然保护地体系，推进美丽中国建设
2019-10	《自然保护地整合优化实施办法》（征求意见稿）	规范自然保护地整合调整优化规则，加快推进构建新型自然保护地体系进程
2022-12	《国家公园空间布局方案》	提出国家公园候选区和优先区，依据生态保护、生物地理分区的国家公园建设布局

3.1.4　国家公园为主体的自然保护地体系中对风景名胜区定位的变化

自我国提出国家公园体制建设以来，风景名胜区在自然保护地体系中的地位、作用和角色就一直是讨论的重要话题。在《关于建立以国家公园为主体的自然保护地体系的指导意见》出台之前的2018年底，中国风景园林学会、中国林学会、中国风景名胜区协会共同主办了"传承与变革——风景名胜区与自然保护地研讨会",指出中国的风景名胜区有别于世界上其他国家的任何保护地类型,是最具中国特色的一种保护地。会议提出风景名胜区的名称、性质、功能和定位等基本方针和政策应保持不变,在国家公园为主体的自然保护地体系应突出中国特色,强化风景名胜区在自然保护地体系中的地位和作用。应构建国家公园为主体,自然保护区为基础,风景名胜区为特色,其他保护区为补充的自然保护地体系。

2019年10月,国家林草局自然保护地管理司《自然保护地整合优化实施办法(征求意见稿)》在整合重叠交叉自然保护地中指出:"自然公园,按照资源禀赋和自然特征通过科学评估分别确定为风景名胜区、森林公园、湿地公园、沙漠公园、地质公园和海洋公园等六类。针对人文、红色特色突出的国家级风景名胜区整合中可适度保留以利传承。充分考虑风景名胜区与人文资源和人类活动密切相关的特殊性,专题评估保留人文、红色资源在国家级风景名胜区内。"这标志着管理工作中,风景名胜区的特殊性被逐渐认识和重视。

2020年2月,自然资源部、国家:林业和草原局印发《关于做好自然保护区范围及功能分区优化调整前期有关工作的函》(自然资函〔2020〕71号),规定:"自然公园根据资源禀赋和自然特征设立,原森林、湿地、地质、海洋、沙漠公园以及以自然景观为主要保护对象的原风景名胜区经科学评估后转为自然公园。"自然公园名称统一规范为"(风景、森林、湿地、地质、海洋、沙漠、草原、冰川等)自然公园"。该文件提出了自然景观为主要特征的风景名胜区在自然保护地体系中的角色和定位。

上述两个文件分别对人文景观资源突出和自然景观资源为主的风景名胜区做了安排,但这依然与风景名胜区综合性的特征不相符合。

2020年8月,国家林业和草原局自然保护地管理司印发《关于加强和规范自然保护地整合优化预案数据上报工作的函》(林保区便函〔2020〕14号),明确:"风景名胜区不参与整合优化,名称、范围不变。与之交叉重叠的自然保护地按71号函调整范围、整合归并。"该文件提出为防止风景名胜区过度破碎化,决定整体保留风景名胜区体系、范围和名称。

2022年7月,国家林业和草原局办公室发出《关于做好风景名胜区整合优化预案编制工作的函》,进一步明确了风景名胜区整合优化的原则:"风景名胜区体系整体保留、名称不变,风景名胜区作为自然公园的特殊一类管理。风景名胜区与同级别其他各类自然公园交叉重叠的,原则上整合为风景名胜区。"一系列变化体现出随着自然保护地体系建设的深入,对风景名胜区资源特征和功能定位的认知逐渐调整和明确。对风景名胜区的保护,明确了不但要保护自然生态本底,还要保护本底之上的自然与文化有机整体。

从纳入自然公园到风景名胜区体系的整体保留,反映了其所代表的自然与文化相融合的资源特征在中国特色的国家公园体制和自然保护地体系建设中得到了确认,也使得其多年来积累的资源保护和地区发展双赢的管理经验和发展路径得以延续。风景名胜区在各类保护地中的独特地位和价值体现了中国特色的道路自信、制度自信和文化自信。

3.2　国家公园相关技术规范颁布与修订

3.2.1　2018年《国家公园功能分区规范》

该规范基本沿用了《建立国家公园体制总体方案》对国家公园的定义,并指出其首要功能是重要自然生态系统的原真性、完整性保护,兼具科研、教育、游憩等综合功能。提出国家公园可划分为严格保护区、生态保育区、传统利用区和科教游憩区的功能分类。随着2019年《关于建立以国家公园为主体的自然保护地体系的指导意见》提出二级管控分区的政策,管控分区和功能分区如何对应和衔接是必须回答的问题。此外,某些传统利用区的村落也是游憩对象的一部分,其空间也是游憩服务设施载体的一部分,并且在不同旅游淡旺季节中可能呈现出不同的主要功能。这些都是分区需要面对的复杂现实。

3.2.2　2020和2021年《国家公园设立规范》

该规范在准入条件上强调了国家代表性、生态重要性、管理可行性。在生态重要性指标中的面积规模适宜性上,2020年版提出认定的国家公园应"具有足够大的面积,能够确保生态系统的完整性和稳定性,能够维持伞护种、旗舰种等典型野生动植物种群生存繁衍,能够传承历史上形成的人地和谐空间格局,基本特征为:

1)总面积一般不低于500 km²。

2)原则上集中连片,能支撑完整的生态过程和伞护种、旗舰种等野生动植物种群繁衍。

由于我国东西部生态环境的巨大差异,该规范的最低面积指标要求对于大多数东部地区并不适合,某种程度上意味着东部地区难以达到国家公园的准入条件。

2021年版则调整为"划定国家公园边界以确保大尺度生态过程完整为原则,应符合以下基本要求:西部等原生态地区,可根据需要划定大面积国家公园,对独特的自然景观、综合的自然生态系统、完整的生物网络、多样的人文资源实行系统保护;东中部地区对自然景观、自然遗迹、旗舰种或特殊意义珍稀濒危物种分布区,可根据其分布范围确定国家公园范围和面积（注：国家公园不设定量化的面积指标）"。

在管理可行性指标中的自然资源资产产权问题上，2020年版提出国家公园"自然资源资产产权清晰，能够实现统一保护，至少应符合以下1条基本特征：全民所有自然资源资产面积占比60%以上；集体所有自然资源资产具有通过征收或协议保护等措施满足保护管理目标要求的条件"。2021年版则去掉了占比的最低数据要求。

在准入条件上数据指标上的底线要求的前后调整，体现了前者的理想化目标，而后者的调整体现了我国自然与人交织的复杂性。调整有助于我国国家公园布局和建设的整体性和网络化，但某种意义上也是暂时回避了矛盾。其核心问题——大面积的生态保护目标和产权清晰等问题仍有待未来的国家公园建设实践来解决。

3.2.3 2020年《国家公园总体规划技术规范》

该规范明确了管控区和功能区的界定，指出管控区是以管理目标为依据，以用途或管控强度为基础，实行差别化用途管制的空间单元。管控区分为核心保护区和一般控制区。应当指出，这一分区方式的实质主体是管理措施强度的分级。

对于我国国家公园人地关系复杂，土地用途多样的现实，该规范提出为了实施专业化、精细化管理，可在管控区下细分的具有不同主导功能、实行差别化保护管理的空间单元，即功能区划。该规范在"术语"一节中指出"一般可分为严格保护区、生态保育区、科教游憩区和服务保障区等"；在"范围界定和管控分区"一节中提出参见《国家公园功能分区规范》进行功能区划，可分为"为严格保护区、生态保育区、传统利用区、科教游憩区等"，同时提出可以根据实际需要或特定保护目标，划定服务保障区等其他功能区。在该节的具体解释中，则增加了"生产生活区"这一分区类型及其解释，而并未提"传统利用区"。

上述前后不一的陈述，体现了我国国家公园面对的复杂多元的现实矛盾。此外，除了指出严格保护区一般位于核心保护区，该规范并未明确两类区划方式的对应关系。对于生态保育区在管控分区上的归类，以及如何看待该区所需的人工干预措施，这些问题和风景名胜区保护保育规划的分级和分类两种区划方式的关系问题上面临类似的难题。从相关实践中，可以看出试图明确分区中的管控和功能区划的对应关系，这有助于满足实际规划工作中对于边界划定的整合需求和管理简便有效的需要。

该规范进一步指出："功能区可根据国家公园保护与发展目标完成情况，以及功能发挥情况进行调整完善。可根据迁徙或洄游野生动物特征与保护需求，划建一定范围的季节性核心保护区，规定严格管控的时限与范围。"提出了分区演进调整和动态分区的设想，而"核心保护区的面积一般占国家公园总面积的50%以上"的这一要求对于我国东部地区国家公园的现实情况而言，则难免会出现范围划定大小和核心保护区占比大小的两难选择。但如果允许生态保育区在未来实现退化的生态系统恢复后动态调整进入核心保护区，则有助于整体生态保护的发展和分区逻辑的完整性。

对于定位为"属于国土空间规划体系的专项规划的国家公园总体规划"，该规范提出"国家公园周边区域相关规划应与总体规划协调"，同时要求"从体现'多规合一'的要求出发，对国家公园资源、生态、社会、经济进行整体、全面和综合规划"，因此该规范提出了"入口社区"的概念，指出对于"位于国家公园周边，为国家公园提供服务的社区"建设要"结合国家公园周边及国家公园内部空窗区社区自然风貌、人文资源及基础设施现状，统筹考虑国家公园人口交通组织、服务基地以及特色小镇建设等服务功能需求，规划入口社区人口规模、用地布局、设施配备、风貌控制、产业发展等要求"，这体现了国家公园规划的综合性。

但是，这些不在国家公园范围和管控权限内的社区及其国土空间，在管制主体和管制方法上需要进一步明确。一般而言，对于经济欠发达地区，国家公园规划中的入口社区建设的内容有扶持和引导社区转型的作用，但是经济发达且发展冲动强烈的地区，社区的建设能否不对国家公园的环境保护和风貌保持造成危害才是管控的难题，没有空间管控权力，又要有效管控，这正是风景名胜区外围保护地带曾经的尴尬境地。

此外，自然教育和游憩体验如何严格区分，搬迁撤并型社区如何实现有序搬迁，这些都是规划实践运用时需要探索和总结的问题。

总之，上述规范以及包括《国家公园考核评价规范》《国家公园监测规范》等一系列规范的颁布，以及《国家公园法（草案）》（征求意见稿）的出台，在开始阶段就给国家公园建设和发展提供了相对完善的法规基础，这是我国自然保护区、风景名胜区等自然保护地发展早期所欠缺的。但是面对我国人地关系的复杂现实，保护和管控的科学化仍然需要大量的研究与实践为基础。

3.3　国家公园及其他自然保护地总体规划实践

3.3.1　首批国家公园总体规划实践的简述

大熊猫国家公园规划总体规划（2019—2025年）

1. 框架结构

（1）基本情况

（2）总体要求

（3）分区范围与管控措施

（4）管理体制机制

（5）大熊猫保护及栖息地修复

（6）生态系统和自然文化遗产保护

（7）支撑体系建设

（8）自然教育与生态体验

（9）社区协调发展

（10）环境与社会影响评价

（11）实施保障

2. 基本情况

2016年8月，四川、陕西、甘肃三省人民政府联合上报《大熊猫国家公园体制试点方案》。2017年1月31日，中共中央办公厅、国务院办公厅印发《大熊猫国家公园体制试点方案》。

2018年10月，大熊猫国家公园管理局在成都揭牌。2019年1月，大熊猫国家公园成都管理分局在龙溪—虹口国家级自然保护区挂牌。2021年10月12日，大熊猫国家公园设立。

到2035年，将大熊猫国家公园建设成为生物多样性保护示范区域，生态价值实现先行区域，世界生态教育展示样板区域。

总面积为27 134 km²，涉及3个省12个市（州）30个县（市、区）。按照地理分布大熊猫国家公园总体空间布局为"一园四区"，四川境内涉及岷山、邛崃山—大相岭两个片区，陕西境内涉及秦岭片区，甘肃境内涉及白水江片区。

涉及国家级自然保护区21个、省级自然保护区19个、市县级自然保护区2个，自然保护小区1个；国家级森林公园11个、省级森林公园2个；国家级地质公园3个、省级地质公园2个；国家级风景名胜区4个、省级风景名胜区10个；湿地公园1个，世界自然遗产地2个。

核心保护区内有大熊猫栖息地14 456 km²，野生大熊猫1 519只，分别占国家公园内大熊猫栖息地面积的80.07%、野生大熊猫数量的93.13%。

大熊猫国家公园试点区面积组成

省份	国家公园面积/km²	占比/%	核心保护区面积/km²	占比/%	一般控制区面积/km²	占比/%
四川	20 177	74.36	15 518	77.05	4 659	66.61
陕西	4 386	16.16	3 151	15.65	1 235	17.66
甘肃	2 571	9.48	1 471	7.30	1 100	15.73
合计	27 134	100	20 140	100	6 994	100

3. 规划分区

分为核心保护区和一般控制区两种类型。其中,核心保护区面积达 20 140 km², 占比 74.22%, 该区域是大熊猫种群繁衍生息的关键区域, 也是实施最严格管控的区域; 一般控制区面积为 6 994 km², 占比 25.78%, 该区域是生态廊道建设的重点区域和居民生产、生活的主要区域。

大熊猫国家公园管控分区表

管控分区		面积/km²	耕地/km²	集体土地/km²	人口
大熊猫国家公园	一、核心保护区	20 140	20	3 724	5 553
	二、一般控制区	6 994	194	4 035	115 285
	小计	27 134	214	7 758	120 838
四川	一、核心保护区	15 518	13	2 974	4 009
	二、一般控制区	4 659	109	2 532	85 924
	小计	20 177	122	5 506	89 933
陕西	一、核心保护区	3 151	2	418	1 157
	二、一般控制区	1 235	15	471	6 514
	小计	4 386	17	889	7 671
甘肃	一、核心保护区	1 471	5	332	387
	二、一般控制区	1 100	70	1 032	22 847
	小计	2 571	75	1 364	23 234

4. 保护措施

核心保护区原则上禁止人为活动, 但是面对核心区有原住民的现实情况, 规划提出: "对于暂时不能搬迁的原住居民, 总体上控制增量、减少存量, 允许开展必要的种植、放牧、养殖等生产活动, 到2025年试点期结束, 全部完成搬迁。"规划同时提出: "对于作为鸟类觅食地的耕地, 可以保留在核心区内, 允许开展耕种活动, 但应限制农药和化肥的使用。对于特定蜂种栖息地, 在不影响主要保护对象生存、繁衍的前提下, 允许当地居民在核心保护区内从事正常的生产、生活等人为活动。"

规划还提出恢复受损和碎片化栖息地、可食竹保护和恢复、建立大熊猫生态廊道的要求。

管理措施上对于人为活动管控的细化调整体现出大熊猫国家公园分区划定和管控可行性上的现实矛盾。

自然教育项目建设：在三省管理局改扩建自然教育展示基地各1~2个；依托现有自然教育解说设施维修改造自然教育解说中心20~30个；在体验小区主入口处或周边乡镇，利用现有场馆建筑改建访客中心各1处；在一般控制区规划新建或完善解说步道30~40条；印制解说出版物；根据需要培训解说人员。

生态体验项目建设：结合现有生态体验点分布，在一般控制区建设80~100个生态体验小区，形成80~100条主要生态体验线路；完善入口控制系统，结合巡护道路维修改造形成路网系统。

提出入口社区建设。

东北虎豹国家公园总体规划（2017—2025年）

1. 框架结构

（1）总论

（2）总体要求

（3）功能分区与管控措施

（4）体制机制创新

（5）东北虎豹保护及栖息地修复

（6）支撑体系建设（监测）

（7）社区协调发展

（8）自然教育与生态体验

（9）重点项目与重点工程

（10）环境与社会影响评价

（11）实施保障

2. 基本情况

东北虎豹国家公园（简称"虎豹公园"）地处我国吉林、黑龙江两省交界的老爷岭南部区域，总面积经现地落界确定为149.26万hm²。

东北虎是生物多样性保护的旗舰物种，温带森林生态系统健康的标志，具有极高的保护价值和生物学意义。

虎豹公园内现有户籍总人口37 724户92 993人。居民以村屯人口为主，24 365户62 370人，林业人口10 903户24 291人，农场人口1 962户5 208人，工矿企业人口494户1 124人。

3. 规划分区

规划规定了4个功能区划。

综合考虑管理目标、资源特征差异，将虎豹公园划分为核心保护区、特别保护区、恢复扩散区和镇域安全保障区4个功能区。核心保护区、特别保护区和恢复扩散区均为重点保护区域，占虎豹公园总面积的95.21%；镇域安全保障区占4.79%。

东北虎豹国家公园功能区划

区划	范围		人口	
	面积/hm²	总占比/%	数量/人	总占比/%
核心保护区	627 605	42.05	11 163	12.27
特别保护区	91 810	6.15	1 394	1.53
恢复扩散区	701 622	47.01	16 687	18.34
镇域安全保障区（固定）	40 416	2.71	45 903	50.46
镇域安全保障区（临时）	31 147	2.08	15 824	17.40
总计	1 492 600	100	90 971	100

规划在东北虎豹保护及栖息地修复章节中提出了保护东北虎豹种群、保护东北虎豹栖息地、疏通东北虎豹迁移廊道、清收土地修复等专门措施；规划重视支撑体系建设和监测体系的建立；规划提出了13个入口社区建设；自然教育与体验设施上，规划提出了在镇域安全保障区利用林场和村庄的现有设施设置驿站14处。

与大熊猫国家公园规定核心区禁止访客不同，东北虎豹国家公园提出"在严格论证和科学设计的基础上，核心保护区、修复扩散区可沿路、定点适度开展以科研、科普、生态为主的自然教育活动"。

武夷山国家公园总体规划（2017—2025年）

1. 框架结构

（1）总论：意义、性质、范围、期限、依据

（2）基本条件分析

（3）总体要求和目标

（4）分区与管控措施

（5）资源管护

（6）保护和修复

（7）科研监测

（8）科普教育

（9）游憩展示

（10）社区发展

（11）管理体制机制创新

（12）投资估算

（13）影响评价

（14）保障措施

2.基本条件分析

武夷山国家公园位于武夷山脉的北部,包括福建武夷山国家级自然保护区、武夷山国家级风景名胜区、九曲溪上游保护地带、光泽武夷天池国家森林公园及周边公益林、邵武市国有林场龙湖场部分区域,总面积1 001.41 km²。是中国11个具有全球意义的陆地生物多样性保护的关键地区之一、古老孑遗物种的避难所和集中分布地及著名的动植物模式标本产生地,是中国东南部唯一生物多样性保护关键区。

武夷山国家公园内涉及武夷山市、光泽县、建阳区及邵武市4个县(市、区)的9个乡镇(街道)、29个行政村、2个林场、1个农场、1个水库,范围内人口有约3000人。

规划将游憩资源条件作为基本条件分析中的类别之一,与生物资源条件等并列,构成资源价值评价中游憩价值评价部分,与科学和保护价值评价并列。

3.规划分区

规划采取管控和功能分区相结合的方式,将武夷山国家公园划分为核心保护区和一般控制区两个管控区,特别保护区、严格控制区、生态修复区和传统利用区四个功能区。规划与实施方案相比,严格控制区、生态恢复区减少,传统利用区有所增加。

武夷山国家公园管控分区

管控分区（二区）	功能分区（四区）	面积/km²	比例/%	区域范围
核心保护区	小计	505.76	50.50	包括自然保护区的核心区、缓冲区、部分实验区,九曲溪上游保护带靠近自然保护区的部分区域
	特别保护区	418.14	41.75	
	严格控制区	10.29	1.03	
	生态修复区	77.33	7.72	
一般控制区	小计	495.65	49.50	包括自然保护区的其余实验区,风景名胜区,九曲溪上游保护带其余区域,光泽武夷天池国家森林公园及周边公益林,邵武市国有林场龙湖场等区域
	严格控制区	88.12	8.80	
	生态修复区	287.2	28.68	
	传统利用区	120.33	12.02	
合计		1 001.41	100	

规划提出游憩展示空间布局、游憩服务设施建设等游憩展示内容,以及社区发展类型和传统文化保护等社区调控措施。

国家公园总体规划评述

从10个试点国家公园公示的规划成果和国家公园一系列规范和标准的快速推出可以看出，国家公园总体规划在规划目标、章节内容、文本结构和规划措施等方面从一开始就获得了某种意义上的一致性，充分体现了规范性在申报、审批和管理中的重要作用，这也是早期很多自然保护地规划所不具备的。管理部门对于标准和规范的重视使得国家公园规划的编制工作有了良好的基础和依据，也是我国自然保护地规划和管理数十年经验的总结。

相比于规划成果形式的规范统一，国家公园规划在具体内容上的针对性和实践性则有待加强。我国国家公园和之前各类自然保护地一样，区内仍有大量的人地关系问题需要解决，规划措施和解决途径有待进一步具体和落地。如大熊猫国家公园区域经济发展滞后，贫困发生率高，核心保护区现有原住民较多，由于生态移民补偿标准、相关支持政策不明确，生态移民难度大。某些国家公园范围和管控分区内永久基本农田仍大量存在，既影响了国家公园的原真性，也留下了居民生产生活与保护管理矛盾的隐患，是否迁出的问题仍需规划做出具体的研究和判别。

与之前的风景名胜区总体规划和其他自然保护地规划相比，新的国家公园的规划措施注重管理机构的设立和组织，注重旗舰物种保护等监测体系的建设和管控措施的安排，其面向保护和管理的特征明显，体现了保护地规划应有的价值取向和对象设定。但是，由于其土地利用规划的细度和针对性不足，规划相关措施缺乏实施落地的重要基础。

3.3.2　其他保护地规划实践

自然保护区规划

规范：自然保护区总体规划技术规程（GB/T 20399—2006）

1. 现状评价：生态质量评价（多样性、稀有性、代表性等）、有效管理评价。

2. 规划内容：

——明确规划期内自然保护区建设和管理要达到的目标；

——界定自然保护区的范围，确定性质、类型和主要保护对象；

——在自然保护区内部进行或调整功能区划，进行建设和保护总体布局；

——制定一定时期内自然保护与生态恢复、科研监测、宣传教育、社区发展与共管共建、基础设施及辅助与配套工程和资源可持续利用等方面的行动计划与措施，确定建设内容与重点；

——确定合理的保护区管理体系，管理机构与人员编制；

——测算建设项目投资、经营管理的事业费，分析与评估综合效益；

——提出规划实施的保障措施。

3. 分区：核心区、缓冲区、实验区（必须与国务院批复的自然保护区功能区划相一致）。

4. 图纸要求：自然保护区位置图、自然保护区土地利用现状图、自然保护区林权图、自然保护区植被图、自然保护区重点保护野生动植物分布图、自然保护区功能区划图、自然保护区总体规划布局图。

实践：安徽升金湖国家级自然保护区总体规划（2021—2030年）

文件内容包括总体规划说明书，规划附表，规划附图；有关批复文件等附件。

1. 面积

总面积为333.4 km²。核心区面积10 150 hm²，占保护区总面积的30.4%；缓冲区面积10 300 hm²，占保护区总面积的30.9%；实验区面积12 890 hm²，占保护区总面积的38.7%。

2. 保护区性质

安徽升金湖国家级自然保护区是一个内陆永久性淡水湖泊类型的湿地保护区，其宗旨是保护恢复升金湖湿地生态系统结构与功能，提升湿地质量和稳定性，并兼顾科学研究、宣传教育和生态旅游。

3. 保护对象

保护对象包括白鹤、白头鹤、东方白鹳、鸿雁等珍稀、濒危水鸟及其所栖息的湿地生态系统。

总体而言，自然保护区总体规划针对保护的自然资源的分析和保护措施清晰，三区划分的空间管制模式也是明确的，但是对于区内的社区发展和自身的科教展示规划略有不足。

森林公园规划
规范：《国家级森林公园总体规范》（CY/T 2005—2012）

1. 规划文件包括规划文本、相关图件和附件（专题研究报告、批复文件、会议纪要等）三部分。

2. 规划内容：

——自然地理、社会经济、历史沿革、建设与旅游现状等基本情况的调研分析；生态环境及森林风景资源调查与评价；发展条件的SWOT分析。

——规划原则、依据和分期，森林公园的性质范围、主题定位、总体布局、功能分区和景点规划，容量估算等规划整体问题。

——植被与森林景观、资源与环境保护、生态文化建设、解说系统和森林生态旅游与服务设施等保护利用的专项规划。

——道路交通、供电、给排水、供热、电信网络等基础工程规划,防灾及应急管理等监测、管理和保障规划。

——土地利用规划。

——环境影响评价、投资估算和效益评估、分期建设、实施保障措施等。

3. 功能分区包括核心景观区、一般游憩区、管理服务区和生态保育区等。每类功能区可根据具体情况再划分为几个景区(或分区)。

4. 基本图纸:

(1)区位图(对外关系图)

(2)土地利用现状图

(3)森林风景资源分布图

(4)客源市场分析图

(5)功能分区图

(6)土地利用规划图

(7)景区景点分布图

(8)植物景观规划图(林相改造图)

(9)游憩项目策划图

(10)游览线路组织图

(11)服务设施规划图

(12)道路交通规划图

(13)给排水工程规划图

(14)供电供热规划图

(15)通信、网络、广播电视工程规划图

(16)环卫设施规划图

(17)近期建设项目布局图

实践:老山国家森林公园总体规划(2018—2027年)

1. 面积:5 063 hm^2,森林覆盖率90.3%。

2. 资源:植物148科、1 054种。

3. 性质:老山国家森林公园是以优越的森林景观为基底,以独特的地文、人文景观为特色,集森林生态观光、康体养生度假、科普教育考察、历史人文体验、休闲娱乐健身以及市民活动、聚会、休闲为一体的城郊型森林公园。

4. 章节:

(1)基本情况

（2）生态环境及森林风景资源

（3）森林公园发展条件分析

（4）总则

（5）总体布局与发展战略

（6）容量估算和客源市场规模分析与预测

（7）植被与森林景观规划

（8）资源与环境保护规划

（9）生态文化建设规划

（10）森林生态旅游与
　　　服务设施规划

（11）基础工程规划

（12）防灾及应急
　　　管理规划

（13）土地利用规划

（14）社区发展规划

（15）环境影响评价

（16）投资估算

（17）效益评价

（18）分期建设规划

（19）实施保障措施

除了对于森林资源的评价和保护，因为其历史背景的原因，森林公园总体规划更重视投资与效益，关注社区和原住民的经济社会发展。相对于风景区，森林公园社区以原有林场职工及其家属为主，社区规划的复杂性较低。

第四章 >>>
风景名胜区规划的发展历程

作为风景名胜区保护和建设的技术基础和行动计划，风景名胜区规划也是随着风景名胜区40年发展和人们风景名胜区的认知和需求不断完善、深化和规范起来的。

4.1 风景名胜区规划的概念与作用

风景名胜区规划的定义

1987年6月10日起施行的《风景名胜区管理暂行条例实施办法》第十七条规定："风景名胜区规划是切实地保护、合理地开发建设和科学地管理风景名胜区的综合部署。"明确了风景名胜区规划不应是某种专项规划，而是研究特定地域空间的一类综合规划。

1999年《风景名胜区规划规范》定义风景名胜区规划："也称风景区规划。是保护培育、开发利用和经营管理风景区，并发挥其多种功能作用的统筹部署和具体安排。经相应的人民政府审查批准后的风景区规划，具有法律权威，必须严格执行。"该文件指出了风景名胜区规划的法定意义。

2006年，《风景名胜区条例》指出："风景名胜区总体规划的编制，应当体现人与自然和谐相处、区域协调发展和经济社会全面进步的要求，坚持保护优先、开发服从保护的原则，突出风景名胜资源的自然特性、文化内涵和地方特色。"该文件说明了风景名胜区规划保护为本的主旨。

总之，风景名胜区规划以一定空间区域范围内山川美景、历史遗存及其中蕴含的风景特色的调查、评价、提炼、概括为核心，综合经济社会、居民、生态、交通、土地利用和相关城市发展等因素,确定风景资源的保护培育、开发利用、经营管理、可持续发展的举措,把合理的社会需求,科学而又艺术地融入自然之中,优化成人与自然协调发展的风景游憩境域的综合性规划。

在一个风景名胜区内,风景境域按尺度可以分为景点、景群(区块)、景区、片区、风景名胜区等多种层次单元的系统。因此,常见的风景名胜区规划设计从尺度上分可以分为风景名胜区总体规划、片区总体规划、景区总体或详细规划、区块详细规划和景点规划设计等。一般来说,风景名胜区规划分为总体规划和详细规划。大型而又复杂的风景名胜区,可以增编分区规划和景点规划。详细规划又可以分为控制性详细规划或修建性详细规划。

其中,风景名胜区总体规划应当包括下列主要内容:① 风景资源评价;② 生态资源保护措施、重大建设项目布局、开发利用强度;③ 风景名胜区的功能结构和空间布局;④ 禁止开发和限制开发的范围;⑤ 风景名胜区的游客容量;⑥ 有关专项规划。

风景名胜区规划的特色和作用

风景名胜区是人与自然协调发展的典型地域单元,是有别于城市和乡村和人类第三生活游憩空间。风景名胜区规划的主要目的是从资源条件出发,适应社会发展需要,在有效保护景源的基础上,对其潜力进行合理开发并充分发挥效益,突出风景名胜区独特的景观形象、游憩魅力和生态环境,促使风景资源、生态保护和居民社会等要素的适度、稳定、协调和可持续发展;提炼并概括风景特色,并将历史文化以及合理的社会需求融入自然,实现人与自然协调发展使风景名胜区得到科学的经营管理并能持续发展。

由于中国风景名胜区历经数千年发展,山水优美、文物丰盛,人们对于许多风景赋予了丰厚的历史情感,具有独特的文化传承;同时,由于我国人地关系相比北美国家不同,人均土地资源等相对紧缺,经济增长,社会需求扩展,人与自然协调发展的难度相对较大;此外,随着科技日益进步,社会文化及生活方式不断发展,风景名胜区规划建设条件也在变化。这些基本国情都是中国风景名胜区规划必须面对的决定性因素。

与此同时,我国幅员辽阔,各地的自然资源、人文内涵和经济社会水平各不相同,如我国东西部的风景名胜区的个性特点、尺度规模和面临的发展问题大为不同。因此,风景名胜区规划在实现自然和人文风景资源保护的共同目标的基础上,应突出国情乃至地域自然环境和历史文化特点,实事求是、针对性的解决综合性问题。

复杂的历史传承和居民社会问题,游憩利用和资源保护的平衡,这是大多数风景名胜区与其他类型自然保护地规划所面临的主要不同之处。

作为一个自然、文化和社会经济要素交织的空间区域,风景名胜区规划是谋划和管控驾驭整个风景区保护、建设、管理、发展的基本依据和手段,是在一定空间和时间范围内对各种规划要素的系统分析和统筹安排,这种综合与协调职能,涉及所在地的资源、环境、历史、现状、经济社会发展态势等广泛领域,需要深入调查研究,把握主要矛盾和对策,充分考虑风景、社会、经济三方面的综合效益,因地制宜地突出各个风景名胜区的特性,发挥规划的作用。

其作用可以概括为:① 保护生态、生物多样性与环境。② 开展科研和文化教育,促进社会对风景名胜的认知。③ 安排游憩活动,满足社会对风景资源的需求。④ 通过合理利用,发挥经济效益和社会效益。

4.2　风景名胜区规划的发展

以服务于建设开发为主要目的的阶段

1982年首批国家重点风景名胜区确立之后,随着我国各级风景名胜区的建立,专业意义上的风景名胜区规划得以开展。在人民生活水平亟待提高的20世纪八九十年代,风景名胜区作为旅游的主要对象,需要配合旅游的需求而获得经济效益。20世纪90年代之后,由于人们生活水平开始提高,旅游需求发展速度加大,风景名胜区的建设投入大幅度增长。这一阶段的风景名胜区规划常常以旅游开发建设的安排为主。

内容表现为规划对景观资源保护虽有所规定,但风景游赏系统的规划内容较为突出。相关规定主要涉及风景评价、景点组织、景区划分、游赏活动和游线游程安排等,以及在此基础上的相关设施和建筑的安排。土地利用和居民社会等协调内容往往得不到相应的重视,建设开发措施是规划编制和建设管理部门最为关心的现实需求。

规范化的综合规划阶段

由于我国相对人口密度较高,风景名胜区内常有相当数量的居民社会以及生产企业存在,其相关活动对风景名胜区影响巨大,与风景名胜区的关系复杂,形成了与资源、游赏系统相互交织的复合结构。这成为大多数风景名胜区规划不得不面对的问题。与此同时,我国风景名胜区划定的范围规模差距巨大,发展阶段不完全一致,矛盾问题也各不相同,在保证规划的科学化、规范化、社会化的基础上,突出各自特征,解决切实问题,是这一阶段建设管理部门和规划编制人员逐渐形成的共识。

1999年《风景名胜区规划规范》的出台标志着一系列努力的成果,自此,风景名胜区规划走向规范化。与前一阶段相比,资源保护、居民点安排、经济发展引导、与其他规划的协调等问题普遍受到重视。土地利用规划也成为规划必备要件,为规划措施落实到空间管控提供了依据。随着《国家重点风景名胜区总体规划编制报批管理规定》《关于做好国家重点风景名胜区核心景区划定与保护工作的通知》《关于印发国家级风景名胜区总体规划大纲和编制要求的通知》等一系列管理规定的出台,风景名胜区规划内容进一步标准化,其综合规划定位得以确立。

自然保护地中独特定位的阶段

2018年,为解决多头管理问题,我国组建国家林业和草原局。国家林业和草原局统一管理各类自然保护地,也随即开展了自然保护地整合优化和保护地体系建立的工作。风景名胜区从一开始归于各类自然公园中,到逐渐明确为相对独立的一类,体系、名称、范围和管理法规、措施得以整体保留。

目前,2018年风景名胜区原管理部门——住房和城乡建设部颁布的《风景名胜区总体规划标准》和《风景名胜区详细规划标准》依然是风景名胜区规划的依据。为应对国土空间规划和"一张图"等规划和政策,2023年先后出台的《国家级风景名胜区总体规划编制大纲指南(试行)》和《国家级风景名胜区审查技术要求》进一步强调了风景名胜区与"三区三线"划定和各地国土空间规划的衔接,同时突出了自然生态系统、野生动植物保护等内容,也对不同分区的建设活动管控以及建设用地规模、开发强度等提出了明确要求,明确了与相关规划协调的要求。风景名胜区规划走向了在国土空间规划和自然保护地体系中寻求符合时代发展和社会需求的特色之路。

4.3 风景名胜区规划的成果内容与技术框架

风景名胜区事业是国家社会公益事业。建立风景名胜区是要为国家保留一批珍贵的风景名胜资源,同时科学地建设管理、合理地开发利用。风景名胜区规划则是做好风景名胜区保护、建设开发工作的前提。其目的是综合考虑自然和人文因素,妥善安排布局结构和各项要素、全面发挥风景名胜区的功能和作用。

1994年《中国风景名胜区形式与展望》绿皮书就曾经指出:许多地方对风景名胜区事业的性质认识模糊,指导思想出现偏差,把风景名胜区这一特殊的资源事业等同于经济产业,片面追求经济效益。时至今日,虽然政出多门的体制问题得以解决,但是地方与中央认知不一致,诉求不一致的问题并未完全解决。地方从部门利益和局部利益出发,开发建设缺乏科学论证,急功近利,破坏自然景观而使风景名胜区出现人工化、城市化倾向仍然十分严重,保护与发展这一对矛盾如何协调仍然是风景名胜区规划面临的最主要问题。

为了适应风景名胜区保护、利用、管理、发展的需要,作为综合了物质空间规划和社会规划的法定规划,风景名胜区规划围绕上述矛盾,经过多年的实践,风景名胜区规划编制所需的专项规划类别已逐渐明确,从《风景名胜区规划规范1999》、《风景名胜区总体规划标准2018》和相关部门发布的示范文本对比可以看出,涉及专项规划的章节目录已基本稳定,形成了较为稳定的技术框架(表4-1)。

表4-1　《风景名胜区规划规范》《风景名胜区总体规划标准》与《国家级风景名胜区总体规划大纲（暂行）》的专项规划内容对比表

《风景名胜区规划规范》	《风景名胜区总体规划标准》	《国家级风景名胜区总体规划大纲（暂行）》和示范规划文本
保护培育规划	保护培育规划	保护规划
风景游赏规划	游赏规划	游赏规划
典型景观规划		
游览设施规划	设施规划	设施规划
基础工程规划		
居民社会调控规划	居民社会调控与经济发展引导规划	居民点协调发展规划
经济发展引导规划		
土地利用协调规划	土地利用协调规划	相关规划协调
分期发展规划	分期发展规划	近期规划实施

　　按时间和形式，风景名胜区总体规划分为首次编制、修编和修改三种形式。其中，修编是指现行总体规划到期后的重新编制，修改则是对总体规划内容的局部修改，修改的总体规划不改变原规划期限。

　　总体规划成果由规划文本、规划图纸、规划说明书、基础资料汇编四个部分组成（图4-1）。其中，规划文本和规划图纸是作为法定规划的风景名胜区规划的最核心的组成部分，可以合并成册。规划文本以简洁的法条式文字表达了规划的各项内容，规划图纸则清晰、规范地表达了各项规划结论在空间和土地上落位关系。规划说明书则对规划文本结论逐项的解释、分析和论证，对规划过程的说明和补充。基础资料汇编是对本次规划

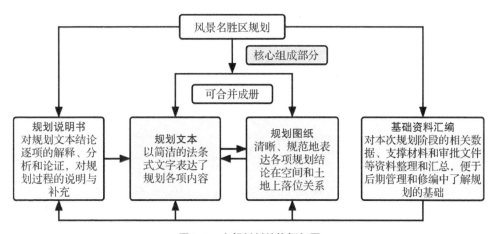

图4-1　上报材料结构框架图

阶段的相关数据、支撑材料和审批文件等资料的整理和汇总,以方便后期管理和修编中了解规划的基础。这四个部分组成既有法规条文的简洁性以方便管理,也有详细论证和资料背景的归纳总结,体现了风景名胜区总体规划编制和管理的成熟。

规划内容可以分为总则与专项规划两大部分。其中总则规定的是风景名胜区的范围、性质、容量和分区等整体结构问题,各专项规划是在此基础上,进一步梳理相关规定,细化资源保护与游赏系统、旅游设施系统、居民社会系统这三大系统中各部分的具体规定,并对整体结构做一定的验证和反馈。

具体工作内容可以分为:

1)综合分析评价现状,提出风景资源评价报告和现状及发展问题总结。

2)确定规划依据、指导思想、规划原则、风景名胜区性质和发展目标,划定风景名胜区范围。

3)确定风景名胜区的分区、结构、布局等基本架构,分析生态调控要点,提出游人容量、人口规模及其分区控制。

4)制定风景名胜区的保护、保存或培育规划。

5)制定风景游赏和典型景观规划。

6)制定旅游服务设施和基础工程规划。

7)制定居民社会管理和经济发展引导规划。

8)制定土地利用协调规划以及与其它相关规划的协调措施。

9)提出分期发展规划和实施规划的配套措施。

其技术路线可以概括为(图4-2):

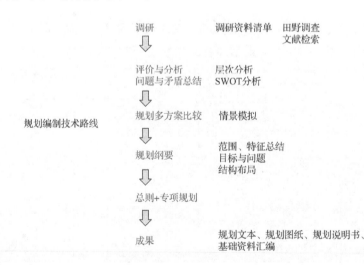

注:SWOT指基于内外部竞争环境和竞争条件下的态势分析,其中S(Strengths)是优势、W(Weaknesses)是劣势、O(Opportunities)是机会、T(Threats)是威胁。

图4-2 技术路线图

应当明确，风景名胜区规划是以资源保护为核心来协调保护、游赏、居民、设施等相关内容，以达到环境、社会、经济效益的协调发展的，一切措施应当以保护为前提。

作为法定规划上报成果的内容要件除了对相关规划措施做出规定和解释的规划条文、图纸、说明和基础资料等主体部分以外，遥感影像图、矢量数据和包括论证、评审、部门意见等在内的相关附件也应附在资料汇编之中。并且，风景名胜区规划成果上报国家局之前要求公示不少于30天。

第五章 ≫≫
现状与资源调查评价

作为一个综合规划,风景名胜区规划面对的对象通常规模庞大,问题复杂,包含的自然与人文要素十分多元。调研的目的在于通过数据收集、实地踏勘、访问座谈、遥感航拍、问卷调查等方式方法厘清和判别风景区以风景资源(简称"景源")和土地利用为核心的五个大类问题:① 自然和历史人文特点;② 包括风景资源在内的各种资源的类型、特征、分布及其多重性分析;③ 资源保存现状和利用的方向、潜力、条件与利弊;④ 土地利用结构、布局和矛盾的分析;⑤ 风景区的生态、环境、社会与区域背景因素等。

调研的作用就是通过细致调查、综合分析,明确风景区发展的优势与动力、主要矛盾与制约因素,为提出规划对策与规划措施提供理性和逻辑基础。

5.1 背景资料收集与分析

5.1.1 区域特征调查

1. 自然要素

1)风景区的区位关系

设立风景区时确立的景区四至范围、经纬度、相邻地区名称。相邻城市的空间关系、发展矛盾以及城景协调等问题。

2)地质地貌特征

① 岩性:自然景观类型和特性的不同常常取决于其组成物质的不同。如:同是山

体,花岗岩形态质朴、浑厚、线条简洁,石灰岩经流水溶蚀风化,其形态则以玲珑精细、线条曲折多变为特色,而由砂页岩组成的山体,由于岩层抗风化能力的差异,那些水平和近水平的岩层形成参差悬空、棱角锋利、线条清晰、变化多姿的绮丽景色(图5-1)。

①: 花岗岩岩石风貌 (江西三清山风景区)　　⑥: 变质岩岩石风貌 (贵州梵净山风景区)
②: 泰山杂岩风貌 (泰山风景区十八盘)　　　 ⑦: 喀斯特风貌 (云南罗平峰林)
③: 丹霞风貌 (江西龙虎山风景区龟峰)
④: 玄武岩岩石风貌 (峨眉山风景区)
⑤: 流纹岩岩石风貌 (浙江雁荡山风景区神仙居)

图5-1　各类岩石山体风貌图

② 地层及内部结构:如石英砂岩、水平层理和地壳抬升,就是张家界森林公园自然景观的形成基础。

③ 地形:最高、最低海拔及平均海拔。

④ 地质构造发育特征和活动强度:这对于掌握自然景观类型及展布规律,了解自然景观的成因,预测地下景观的分布是十分必要的,并对后期基础设施的选址以及游客安全的管理有着重要的指导意义。

3)气候特征:调查区的年降水量及其分布、年降水日数、各月平均气温、最热月与最冷月平均气温、年平均日照小时、相对湿度、年平均有雾日数及出现月份、年平均无霜期及起止月份、全年游览适宜日数及起止月份等。

4)水文特征:调查区的地表水和地下水不仅可以构成风景资源,也可成为未来开发中的重要资源,如温泉。但水灾有可能带给游客和风景资源的不利影响应同样是调查者所关注的。水文特征调查的内容包括地表水和地下水的类型、分布和水位,季节性的水量变化,可供开采的水资源,已发生的由降水引发的灾害事件(如洪水、滑坡、泥石流等)。

5)土壤和植被特征:土壤和植被类型、分布,植被覆盖率,树种,水土流失情况等。

6)动植物特征:动植物的类型、分布,珍稀动物的生活习性和保护情况等。

7)生态及环境背景:区内、区外的生态格局、生态系统敏感性及状况,空气质量、水质、土壤质量及其污染情况等。

2. 社会要素

1）社会族群及特征。

2）人口数量以及年龄构成、教育程度构成等。

3）当地居民的文化习惯和宗教信仰。

4）特色物产情况。

5）历史文化背景。

6）民俗风情：民族文化和民族团结状况、工艺美术、独特的民俗风情、传统节日、集会等。

5.1.2 开发条件和设施现状调研

1. 调查区的经济状况

1）工、农、林、牧等各类产业产值、产量。

2）地方经济特点及发展水平。

3）GDP及人均收入情况。

2. 内外交通条件

1）内部现有各类道路等级、里程、路况、行车密度，区内交通方式类型。

2）景区到依托大中城市的道路，与等级公路、国道、省道等交通干线的距离，与飞机场、火车站、港口的距离，以及车站与港口的等级。

3. 基础工程与设施条件

1）给排水条件。

2）供电、气、热。

3）防灾、环保、环卫、水利以及生态保护等设施。

4）接待服务设施。

4. 不利条件

1）多发性气候灾害：暴雨、山洪、冰雹、强风暴、沙尘暴等灾害天气出现的季节、月份、频率、强度以及对旅游、交通、居民的危害程度等。

2）突发性灾害：已发生的突发性灾害，如地震、滑坡、泥石流、火山、海啸等出现的时间、强度及危害程度等；地区抗震等级规定。

3）其他不利因素：放射性地质体，有害游人健康、安全的气候和生物因素，可造成大气、水体污染的工矿企业以及恶性传染病、地方性流行性疾病等。

5.1.3 上位及相关规划数据

1. 上位规划

1）区域经济社会发展规划。

2）各级国土空间规划对于区域的相关规定,生态保护红线、永久基本农田保护红线等"三区三线"数据及其利用和管控要求等。

2.相关规划及资料

1）土地利用、林业、农田、流域水利、村庄布点、交通路网、旅游等相关规划的强制性规定和发展目标。

2）地形图、土地利用图、遥感影像图等矢量数据资料。

基础资料调查清单表如表5-1所示。

表5-1　基础资料调查清单表

大　类	中　类	
一、矢量资料	1.地形图	小型风景区比例为 1∶2 000～1∶10 000 中型风景区比例为 1∶10 000～1∶25 000 大型风景区比例为 1∶25 000～1∶50 000
	2.专项图	土地利用图、航片、遥感影像图、地下岩洞与河流图、地下工程与管网图等
二、自然与资源条件	1.气象资料	温度、湿度、降水、蒸发、风向、风速、日照、冰冻等
	2.水文资料	江河湖海的水位、流量、流速、水量、水温、洪水淹没线；江河区的流域情况、流域规划、河道整治规划、防洪设施；海滨区的潮汐、海流、浪涛；山区的山洪、泥石流、水土流失等
	3.地质资料	地质、地貌、土层、建设地段承载力；地震或重要地质灾害的评估；地下水存在形式、储量、水质、开采及补给条件
	4.自然资源	生物资源、水资源、土地资源、农林牧副渔资源、能源、矿产资源,各级生态公益林、古树名木、野生动植物等的分布、数量、保护价值及状况等资料,自然生态系统及生态环境等状况
三、人文与经济条件	1.历史与文化	历史沿革及变迁,包括世界遗产及各级文保单位在内的文物、胜迹、风物、历史与文化保护对象及地段,宗教活动场所
	2.人口资料	历来常住人口的数量、年龄构成、劳动构成、教育状况、自然增长和机械增长；服务职工和暂住人口及其结构变化；游人及结构变化；居民、服务人员、游人分布状况
	3.行政区划	行政建制及区划、各类居民点及分布、城镇辖区、村界、乡界及其他相关地界
	4.经济社会	有关社会经济发展状况、计划及其发展战略；风景区范围的国民生产总值、财政、产业产值状况
	5.企事业单位	主要农林牧副渔和教科文卫军与工矿企事业单位的现状及发展资料、风景区管理现状

续表

大　类	中　类	
四、设施与 基础工程 条件	1. 交通运输	风景区及其可依托的城镇的对外交通运输和内部交通运输现状、规划及发展资料
	2. 旅游设施	风景区及其可依托的城镇的旅行、游览、餐饮、住宿、购物、娱乐、文化、休养等设施的现状及发展资料
	3. 基础工程	水电气热、环保、环卫、水利、防灾等基础工程的现状及发展资料
五、土地与 其他资料	1. 土地利用	规划区内各类用地分布状况，历史上土地利用重大变更资料，用地权属、土地流转情况，永久性基本农田资料，土地资源分析评价资料
	2. 上位及相关 规划	国土空间规划对于"三区三线"划定及其管控要求，经济社会发展、相关行业和专项规划等资料
	3. 建筑工程	各类主要建（构）筑物、园景、场馆场地等项目用地分布状况、用地面积、建筑面积、体量、质量、特点等资料
	4. 环境资料	环境监测成果、三废排放的数量和危害情况；垃圾、灾变和其他影响环境的有害因素的分布及危害情况；地方病及其他有害公民健康的环境资料

资料来源：根据《风景名胜区总体规划标准》和《国家级风景名胜区总体规划编制大纲指南（试行）》整理

由于风景区规划涉及的内容十分繁杂，且各风景区的特色不同，因此需要各部门的积极配合，以使调研能够为发现问题和矛盾提供数据和信息基础。

5.2　风景资源调查与评价

风景名胜本身可以认为是一种潜在的资源，当其在一定的观赏条件中，给人带来景观美感即成为风景资源，而风景资源的调查和评价就是发现、揭示和判别风景，并给予恰当的评估和合理的概括，科学合理的风景资源评价和特征解析是风景名胜区规划的前提和基础。

从风景名胜角度分析和评价资源是风景名胜区规划资源认知的特点。风景中的自然景观常常因为人文内涵的赋予，使其更为打动人心。相较于其他自然保护地和旅游规划对于资源的认知和评价，风景名胜区资源评价更加重视资源的综合分析与评价。规划工作中风景资源评价大致可以分为相互关联的四个方面：景源调查与分类、景源评分与分级、风景特色概括、景源评价结论。

5.2.1　概念与分类

1985年颁布的《风景名胜区管理暂行条例实施办法》定义风景资源是"指具有观赏、文化或科学价值的山河、湖海、地貌、森林、动植物、化石、特殊地质、天文气象等自然景物和文物古迹、纪念地、历史遗址、园林、建筑、工程设施等人文景物以及它们所处的环境与风土人情",采用列举的方式指出了风景名胜资源的类型。1999年《风景名胜区规划规范》定义风景资源"也称景源、景观资源、风景名胜资源、风景旅游资源。是指能引起审美与欣赏活动,可以作为风景游览对象和风景开发利用的事物与因素的总称。是构成风景环境的基本要素,是风景区产生环境效益、社会效益、经济效益的物质基础",则是从内涵和作用的角度做了界定。2018年《风景名胜区总体规划标准》延续了《风景名胜区规划规范》的这一定义。

对景源进行分类有助于形成对景源评价认知的基础共识。

在分类上,2018年的《风景名胜区总体规划标准》延续了1999年《风景名胜区规划规范》的两大类、八中类的分类方式,并对小类做了适当调整(表5-2)。《风景名胜区总体规划标准》相对于《风景名胜区规划规范》的景源分类的修改和增加也体现了作为主客观综合的风景名胜随着时代的发展,其范围和类别会随之变化。此外分类也常难以穷尽所有的景源。

表5-2　风景名胜资源分类表

大类	中类	小类
一、自然景源	1. 天景	(1)日月星光;(2)虹霞蜃景;(3)风雨阴晴;(4)气候景象;(5)自然声象;(6)云雾景观;(7)冰雪霜露;(8)其他天景
	2. 地景	(1)大尺度山地;(2)山景;(3)奇峰;(4)峡谷;(5)洞府;(6)石林石景;(7)沙景沙漠;(8)火山熔岩;(9)土林雅丹(独余景观);(10)洲岛屿礁;(11)海岸景观;(12)海底地形;(13)地质珍迹;(14)其他地景
	3. 水景	(1)泉井;(2)溪流;(3)江河;(4)湖泊;(5)潭池;(6)瀑布跌水;(7)沼泽滩涂;(8)海湾海域;(9)冰雪冰川;(10)其他水景
	4. 生景	(1)森林;(2)草地草原;(3)古树古木;(4)珍稀生物;(5)植物生态类群;(6)动物群栖息地;(7)物候季相景观;(8)其他生物景观
二、人文景源	1. 园景	(1)历史名园;(2)现代公园;(3)植物园;(4)动物园;(5)庭宅花园;(6)专类游园;(7)陵园墓园;(8)游娱文体园区;(9)其他园景
	2. 建筑	(1)风景建筑;(2)民居宗祠;(3)宗教建筑;(4)宫殿衙署;(5)纪念建筑;(6)文娱建筑;(7)商业建筑(商业服务建筑);(8)工交建筑;(9)工程构筑物;(10)特色村寨;(11)特色街区;(12)其他建筑

续表

大类	中类	小类
二、人文景源	3. 胜迹	(1) 遗址遗迹;(2) 摩崖题刻;(3) 石窟;(4) 雕塑;(5) 纪念地;(6) 科技工程;**(7) 古墓葬(游娱文体场地)**;(8) 其他胜迹
	4. 风物	(1) 节假庆典;(2) 民族民俗;(3) 宗教礼仪;(4) 神话传说;(5) 民间文艺;(6) 地方人物;(7) 地方物产;**(8) 民间技艺**;(9) 其他风物

注:综合《风景名胜区规划规范》《风景名胜区总体规划标准》列表。加粗字体为《风景名胜区总体规划标准》相对《风景名胜区规划规范》新增的类型,斜体字体为《风景名胜区规划规范》被修改或者替代的类型。

一方面,风景资源常见由数种类型综合而成,难以完全归入某个类型的情况,这时候需要以其主要性质、状态或者功能来进行归类,以主要的特征指标一致与否来判别,尽可能体现分类的排他性。另一方面,富含历史信息的自然景观资源也常常因为其人文积淀而更具资源特色。如,因为佛教地藏菩萨道场而知名的安徽九华山风景名胜区,因为革命历史而更使人向往的江西井冈山风景名胜区。此时分类要充分考虑历史和习俗的影响。

相关专家和学者也曾经对于风景资源做了更为细致的划分,但难免挂一漏万(表5-3)。对景源的细分虽有助于对于资源的调查和认知,但实践中鲜见应用于分类评价中。总之,景源分类应该是以资源调查为服务目的,既要考虑分类的科学性和通用性,又要顺应实践的简便性和可操作性。

表5-3 风景资源分类细表

大类	中类	小类	子类
一、自然景源	1. 天景	(1) 日月星光	①旭日夕阳;②月色星光;③日月光影;④日月光柱;⑤晕(风)圈;⑥幻日;⑦光弧;⑧曙暮光楔;⑨雪照云光;⑩水照云光;⑪白夜;⑫极光
		(2) 虹霞蜃景	①虹霓;②宝光;③露水佛光;④干燥佛光;⑤日华;⑥月华;⑦朝霞;⑧晚霞;⑨海市蜃楼;⑩沙漠蜃景;⑪冰湖蜃景;⑫复杂蜃景
		(3) 风雨晴阴	①风色;②雨情;③海(湖)陆风;④山谷(坡)风;⑤干热风;⑥峡谷风;⑦冰川风;⑧龙卷风;⑨晴天景;⑩阴天景
		(4) 气候景象	①四季分明;②四季常青;③干旱草原景观;④干旱荒漠景观;⑤垂直带景观;⑥高寒干景观;⑦寒潮;⑧梅雨;⑨台风;⑩避寒避暑

续表

大类	中类	小类	子类
一、自然景源	1.天景	（5）自然声象	①风声；②雨声；③水声；④雷声；⑤涛声；⑥鸟语；⑦蝉噪；⑧蛙叫；⑨鹿鸣；⑩兽吼
		（6）云雾景观	①云海；②瀑布云；③玉带云；④形象云；⑤彩云；⑥低云；⑦中云；⑧高云；⑨响云；⑩雾海；⑪平流雾；⑫山岚；⑬彩雾；⑭香雾
		（7）冰雪霜露	①冰雹；②冰冻；③冰流；④冰凌；⑤树挂雾凇；⑥降雪；⑦积雪；⑧冰雕雪塑；⑨霜景；⑩露景
		（8）其他天景	①晨景；②午景；③暮景；④夜景；⑤海滋；⑥海火海光（合计84子类）
	2.地景	（1）大尺度山地	①高山；②中山；③低山；④丘陵；⑤孤丘；⑥台地；⑦盆地；⑧平原
		（2）山景	①峰；②顶；③岭；④脊；⑤岗；⑥峦；⑦台；⑧崮；⑨坡；⑩崖；⑪石梁；⑫天生桥
		（3）奇峰	①孤峰；②连峰；③群峰；④峰丛；⑤峰林；⑥形象峰；⑦岩柱；⑧岩碑；⑨岩嶂；⑩岩岭；⑪岩墩；⑫岩蛋
		（4）峡谷	①洞；②峡；③沟；④谷；⑤川；⑥门；⑦口；⑧关；⑨壁；⑩岩；⑪谷盆；⑫地缝；⑬溶斗天坑；⑭洞窟山坞；⑮石窟；⑯一线天
		（5）洞府	①边洞；②腹洞；③穿洞；④平洞；⑤竖洞；⑥斜洞；⑦层洞；⑧迷洞；⑨群洞；⑩高洞；⑪低洞；⑫天洞；⑬壁洞；⑭水洞；⑮旱洞；⑯水帘洞；⑰乳石洞；⑱响石洞；⑲晶石洞；⑳岩溶洞；㉑熔岩洞；㉒人工洞
		（6）石林石景	①石纹；②石芽；③石海；④石林；⑤形象石；⑥风动石；⑦钟乳石；⑧吸水石；⑨湖石；⑩砾石；⑪响石；⑫浮石；⑬火成岩；⑭沉积岩；⑮变质岩
		（7）沙景沙漠	①沙山；②沙丘；③沙坡；④沙地；⑤沙滩；⑥沙堤坝；⑦沙湖；⑧响沙；⑨沙暴；⑩沙石滩
		（8）火山熔岩	①火山口；②火山高地；③火山孤峰；④火山连峰；⑤火山群峰；⑥熔岩台地；⑦熔岩流；⑧熔岩平原；⑨熔岩洞窟；⑩熔岩隧道
		（9）蚀余景观	①海蚀景观；②溶蚀景观；③风蚀景观；④丹霞景观；⑤方山景观；⑥土林景观；⑦黄土景观；⑧雅丹景观
		（10）洲岛屿礁	①孤岛；②连岛；③列岛；④群岛；⑤半岛；⑥岬角；⑦沙洲；⑧三角洲；⑨基岩岛礁；⑩冲积岛礁；⑪火山岛礁；⑫珊瑚岛礁（岩礁、环礁、堡礁、台礁）

续表

大类	中类	小类	子 类
一、自然景源	2.地景	(11) 海岸景观	①枝状海岸；②齿状海岸；③躯干海岸；④泥岸；⑤沙岸；⑥岩岸；⑦珊瑚礁岸；⑧红树林岸
		(12) 海底地形	①大陆架；②大陆坡；③大陆基；④孤岛海沟；⑤深海盆地；⑥火山海峰；⑦海底高原；⑧海岭海脊(洋中脊)
		(13) 地质珍迹	①典型地质构造；②标准地层剖面；③生物化石点；④灾变遗迹(地震、沉降、塌陷、地震缝、泥石流、滑坡)
		(14) 其他地景	①文化名山；②成因名山；③名洞；④名石 合计149子类
	3.水景	(1) 泉井	①悬挂泉；②溢流泉；③涌喷泉；④间歇泉；⑤溶洞泉；⑥海底泉；⑦矿泉；⑧温泉(冷、温、热、汤、沸、汽)；⑨水热爆炸；⑩奇异泉井(喊、笑、羞、血、药、火、冰、甘、苦、乳)
		(2) 溪涧	①泉溪；②涧溪；③沟溪；④河溪；⑤瀑布溪；⑥灰华溪
		(3) 江河	①河口；②河网；③平川；④江峡河谷；⑤江河之源；⑥暗河；⑦悬河；⑧内陆河；⑨山区河；⑩平原河；⑪顺直河；⑫弯曲河；⑬分汊河；⑭游荡河；⑮人工河；⑯奇异河(香、甜、酸)
		(4) 湖泊	①狭长湖；②圆卵湖；③枝状湖；④弯曲湖；⑤串湖；⑥群湖；⑦卫星湖；⑧群岛湖；⑨平原湖；⑩山区湖；⑪高原湖；⑫天池；⑬地下湖；⑭奇异湖(双层、沸、火、死、浮、甜、变色)；⑮盐湖；⑯构造湖；⑰火山口湖；⑱堰塞湖；⑲冰川湖；⑳岩溶湖；㉑风成湖；㉒海成湖；㉓河成湖；㉔人工湖
		(5) 潭池	①泉溪潭；②江河潭；③瀑布潭；④岩溶潭；⑤彩池；⑥海子
		(6) 瀑布跌水	①悬落瀑；②滑落瀑；③旋落瀑；④一叠瀑；⑤二叠瀑；⑥多叠瀑；⑦单瀑；⑧双瀑；⑨群瀑；⑩水帘状瀑；⑪带形瀑；⑫弧形瀑；⑬复杂型瀑；⑭江河瀑；⑮涧溪瀑；⑯温泉瀑；⑰地下瀑；⑱间歇瀑
		(7) 沼泽滩涂	①泥炭沼泽；②潜育沼泽；③苔草草甸沼泽；④冻土沼泽；⑤丛生嵩草沼泽；⑥芦苇沼泽；⑦红树林沼泽；⑧河湖漫滩；⑨海滩；⑩海涂
		(8) 海湾海域	①海湾；②海峡；③海水；④海冰；⑤波浪；⑥潮汐；⑦海流洋流；⑧涡流；⑨海啸；⑩海洋生物
		(9) 冰雪冰川	①冰山冰峰；②大陆性冰川；③海洋性冰川；④冰塔林；⑤冰柱；⑥冰胡同；⑦冰洞；⑧冰裂隙；⑨冰河；⑩冰雪瀑；⑪雪山；⑫雪原
		(10) 其他水景	①热海热田；②奇异海景；③名泉；④名湖；⑤名瀑；⑥坎儿井 合计118子类

续表

大类	中类	小类	子类
一、自然景源	4.生景	（1）森林	①针叶林；②针阔叶混交林；③夏绿阔叶林；④常绿阔叶林；⑤热带季雨林；⑥热带雨林；⑦灌木丛林；⑧人工林（风景、防护、经济）
		（2）草地草原	①森林草原；②典型草原；③荒漠草原；④典型草甸；⑤高寒草甸；⑥沼泽化草甸；⑦盐生草甸；⑧人工草地
		（3）古树名木	①百年古树；②数百年古树；③超千年古树；④国花国树；⑤市花市树；⑥跨区系边缘树林；⑦特殊人文花木；⑧奇异花木
		（4）珍稀生物	①特有种植物；②特有种动物；③古遗植物；④古遗动物；⑤濒危植物；⑥濒危动物；⑦分级保护植物；⑧分级保护动物；⑨观赏植物；⑩观赏动物
		（5）植物生态类群	①旱生植物；②中生植物；③湿生植物；④水生植物；⑤喜钙植物；⑥嫌钙植物；⑦虫媒植物；⑧风媒植物；⑨狭温植物；⑩广温植物；⑪长日照植物；⑫短日照植物；⑬指示植物
		（6）动物群栖息地	①苔原动物群；②针叶林动物群；③落叶林动物群；④热带森林动物群；⑤稀树草原动物群；⑥荒漠草原动物群；⑦内陆水域动物群；⑧海洋动物群；⑨野生动物栖息地；⑩各种动物放养地
		（7）物候季相景观	①春花新绿；②夏荫风采；③秋色果香；④冬枝神韵；⑤鸟类迁徙；⑥鱼类回游；⑦哺乳动物周期性迁移；⑧动物的垂直方向迁移
		（8）其他生物景观	①典型植物群落（翠云廊、杜鹃坡、竹海等）；②典型动物种群（鸟岛、蛇岛、猴岛、鸣禽谷、蝴蝶泉等） 合计67子类
二、人文景源	5.园景	（1）历史名园	①皇家园林；②私家园林；③寺庙园林；④公共园林；⑤文人山水园；⑥苑囿；⑦宅园囿园；⑧游憩园；⑨别墅园；⑩名胜园
		（2）现代公园	①综合公园；②特种公园；③社区公园；④儿童公园；⑤文化公园；⑥体育公园；⑦交通公园；⑧名胜公园；⑨海洋公园；⑩森林公园；⑪地质公园；⑫天然公园；⑬水上公园；⑭雕塑公园
		（3）植物园	①综合植物园；②专类植物园（水生、岩石、高山、热带、药用）；③特种植物园；④野生植物园；⑤植物公园；⑥树木园
		（4）动物园	①综合动物园；②专类动物园；③特种动物园；④野生动物园；⑤野生动物圈养保护中心；⑥专类昆虫园

大类	中类	小类	子 类
二、人文景源	5.园景	(5) 庭宅花园	①庭园；②宅园；③花园；④专类花园(春、夏、秋、冬、芳香、宿根、球根、松柏、蔷薇等)；⑤屋顶花园；⑥室内花园；⑦台地园；⑧沉床园；⑨墙园；⑩窗园；⑪悬园；⑫廊柱园；⑬假山园；⑭水景园；⑮铺地园；⑯野趣园；⑰盆景园；⑱小游园
		(6) 专类主题游园	①游乐场园；②微缩景园；③文化艺术景园；④异域风光园；⑤民俗游园；⑥科技科幻游园；⑦博览园区；⑧生活体验园区
		(7) 陵园墓园	①烈士陵园；②著名墓园；③帝王陵园；④纪念陵园；⑤祭祀坛园
		(8) 其他园景	①观光果园；②劳作农园 合计69子类
	6.建筑	(1) 风景建筑	①亭；②台；③廊；④榭；⑤舫；⑥门；⑦厅；⑧堂；⑨楼阁；⑩塔；⑪坊表；⑫碑碣；⑬景桥；⑭小品；⑮景壁；⑯景柱
		(2) 民居宗祠	①庭院住宅；②窑洞住宅；③干阑住宅；④碉房；⑤毡帐；⑥阿以旺；⑦舟居；⑧独户住宅；⑨多户住宅；⑩别墅；⑪祠堂；⑫会馆；⑬钟鼓楼；⑭山寨
		(3) 文娱建筑	①文化宫；②图书阁馆；③博物苑馆；④展览馆；⑤天文馆；⑥影剧院；⑦音乐厅；⑧杂技场；⑨体育建筑；⑩游泳馆；⑪学府书院；⑫戏楼
		(4) 商业建筑	①旅馆；②酒楼；③银行邮电；④商店；⑤商场；⑥交易会；⑦购物中心；⑧商业步行街
		(5) 宫殿衙署	①宫殿；②离官；③衙署；④王城；⑤宫堡；⑥殿堂；⑦官寨
		(6) 宗教建筑	①坛；②庙；③佛寺；④道观；⑤庵堂；⑥教堂；⑦清真寺；⑧佛塔；⑨庙阙；⑩塔林
		(7) 纪念建筑	①故居；②会址；③祠庙；④纪念堂馆；⑤纪念碑柱；⑥纪念门墙；⑦牌楼；⑧阙
		(8) 工交建筑	①铁路站；②汽车站；③水运码头；④航空港；⑤邮电；⑥广播电视；⑦会堂；⑧办公；⑨政府；⑩消防
		(9) 工程构筑物	①水利工程；②水电工程；③军事工程；④海岸工程
		(10) 其他建筑	①名楼；②名桥；③名栈道；④名隧道 合计93子类
	7.史迹	(1) 遗址遗迹	①古猿人旧石器时代遗址；②新石器时代聚落遗址；③夏商周都邑遗址；④秦汉后城市遗址；⑤古代手工业遗址；⑥古交通遗址

续表

大类	中类	小类	子 类
二、人文景源	7.史迹	（2）摩崖题刻	①岩画；②摩崖石刻题刻；③碑刻；④碑林；⑤石经幢；⑥墓志
		（3）石窟	①塔庙窟；②佛殿窟；③讲堂窟；④禅窟；⑤僧房窟；⑥摩岸造像；⑦北方石窟；⑧南方石窟；⑨新疆石窟；⑩西藏石窟
		（4）雕塑	①骨牙竹木雕；②陶瓷塑；③泥塑；④石雕；⑤砖雕；⑥画像砖石；⑦玉雕；⑧金属铸像；⑨圆雕；⑩浮雕；⑪透雕；⑫线刻
		（5）纪念地	①近代反帝遗址；②革命遗址；③近代名人墓；④纪念地
		（6）科技工程	①长城；②要塞；③炮台；④城堡；⑤水城；⑥古城；⑦塘堰渠陂；⑧运河；⑨道桥；⑩纤道栈道；⑪星象台；⑫古盐井
		（7）古墓葬	①史前墓葬；②商周墓葬；③秦汉以后帝陵；④秦汉以后其他墓葬；⑤历史名人墓；⑥民族始祖墓
		（8）其他史迹	①古战场 合计57子类
	8.风物	（1）节假庆典	①国庆节；②劳动节；③双周日；④除夕春节；⑤元宵节；⑥清明节；⑦端午节；⑧中秋节；⑨重阳节；⑩民族岁时节
		（2）民族民俗	①仪式；②祭礼；③婚仪；④祈禳；⑤驱祟；⑥纪念；⑦游艺；⑧衣食习俗；⑨居住习俗；⑩劳作习俗
		（3）宗教礼仪	①朝觐活动；②禁忌；③信仰；④礼仪；⑤习俗；⑥服饰；⑦器物；⑧标识
		（4）神话传说	①古典神话及地方遗迹；②少数民族神话及遗迹；③古谣谚；④人物传说；⑤史事传说；⑥风物传说
		（5）民间文艺	①民间文学；②民间美术；③民间戏剧；④民间音乐；⑤民间歌舞；⑥风物传说
		（6）地方人物	①英模人物；②民族人物；③地方名贤；④特色人物
		（7）地方物产	①名特产品；②新优产品；③经销产品；④集市圩场
		（8）其他风物	①庙会；②赛事；③特色文化活动；④特殊行业活动 合计52子类
三、综合景源	9.游憩景地	（1）野游地区	①野餐露营地；②攀登基地；③骑驭场地；④垂钓区；⑤划船区；⑥游泳场区
		（2）水上运动区	①水上竞技场；②潜水活动区；③水上游乐园区；④水上高尔夫球场
		（3）冰雪运动区	①冰灯雪雕园地；②冰雪游戏场区；③冰雪运动基地；④冰雪练习场
		（4）沙草游戏地	①滑沙场；②滑草场；③沙地球艺场；④草地球艺场

大类	中类	小类	子类
三、综合景源	9. 游憩景地	(5) 高尔夫球场	①标准场；②练习场；③微型场
		(6) 其他游憩景地	①游人中心 合计22子类
	10. 娱乐景地	(1) 文教园区	①文化馆园；②特色文化中心；③图书楼阁馆；④展览博览园区；⑤特色校园；⑥培训中心；⑦训练基地；⑧社会教育基地
		(2) 科技园区	①观测站场；②试验园地；③科技园区；④科普园区；⑤天文台馆；⑥通信转播站
		(3) 游乐园区	①游乐园地；②主题园区；③青少年之家；④歌舞广场；⑤活动中心；⑥群众文娱基地
		(4) 演艺园区	①影剧场地；②音乐厅堂；③杂技场地；④表演场馆；⑤水上舞台
		(5) 康体园区	①综合体育中心；②专项体育园地；③射击游戏场地；④健身康乐园地
		(6) 其他娱乐景地	合计29子类
	11. 保健景地	(1) 度假景地	①郊外度假地；②别墅度假地；③家庭度假地；④集团度假地；⑤避寒地；⑥避暑地
		(2) 休养景地	①短期休养地；②中期休养地；③长期休养地；④特种休养地
		(3) 疗养景地	①综合慢性疗养地；②专科病疗养地；③特种疗养地；④传染病疗养地
		(4) 福利景地	①幼教机构地；②福利院；③敬老院
		(5) 医疗景地	①综合医疗地；②专科医疗地；③特色中医院；④急救中心
		(6) 其他保健景地	合计21子类
	12. 城乡景地	(1) 田园风光	①水乡田园；②旱地田园；③热作田园；④山陵梯田；⑤牧场风光；⑥盐田风光
		(2) 耕海牧渔	①滩涂养殖场；②浅海养殖场；③浅海牧渔区；④海上捕捞
		(3) 特色村街寨	①山村；②水乡；③渔村；④侨乡；⑤学村；⑥画村；⑦花乡；⑧村寨
		(4) 古镇名城	①山城；②水城；③花城；④文化城；⑤卫城；⑥关城；⑦堡城；⑧石头城；⑨边境城镇；⑩口岸风光；⑪商城；⑫港城

续表

大类	中类	小类	子　类
三、综合景源	12.城乡景地	（5）特色街区	①天街；②香市；③花市；④菜市；⑤商港；⑥渔港；⑦文化街；⑧仿古街；⑨夜市；⑩民俗街区
		（6）其他城乡景观	合计40子类

资料来源：张国强、贾建中.风景园林设计资料集：风景规划［M］.北京：中国建筑工业出版社，2006.

5.2.2　景源调查

资源调查是风景名胜区规划最基础且最重要的步骤。作为风景资源评价的前期工作，对风景名胜区内各风景资源单体及其关系的深入调查分析，为资源评价和特征提炼提供必要的信息和数据基础。风景资源调查工作的全面、深入、准确与否，直接关系到风景资源评价的合理性和准确性。全面系统地探明和掌握风景区内风景资源的数量、分布、规模、组合状况、成因、类型、功能和特征等，形成各景源全面、具体而翔实的资料数据库，并对景源有初始的价值判断，可以使后续一系列的风景资源保护、管理和利用规划措施具备科学化的依据。

风景资源调查的原则

风景资源调查应遵循以下原则：

1. 实地性原则

调查者应亲临现场进行野外调查、记录、拍照、录像、测量或素描，必要时进行采样和案上分析，及时在现场记录、填写调查表格。虽然有时候经搜集整理而获得的第二手资料是野外调查的前置基础和良好补充，但由于风景资源感知的动态性特征，实地考察必不可少，现阶段航拍等其他手段仍难以取代。同时，实地的走访也是后期景点组织和游线安排的重要依据。

2. 客观性原则

景源调查时应注意避免受地方"敝帚自珍心理"以及调查时现场情境的影响，同时也应不局限于已有景源资料，客观分析，力求对于资源价值的认知和判断理性而全面。在调查风景资源的特征、成因、功能和利用条件时，调查者必须充分运用地理、生物、历史、民俗、旅游等相关知识，从客观事实出发，坚持科学的观点，以确保调查结果准确无误。

3. 综合性原则

一定规模的风景区内其景源通常数量众多、尺度、类型均多样而复杂，且资源的特征往往是人文与自然交织在一起。调查时应注意从风景区及其依托地区的发展目标出发，综合生态、历史、社会等各方面因素来做整理和判断，尤其应注意突破单一的视觉美学判断。与此同时，区内景源之间的联系也应考虑在内，充分认知景源组合的特征和价值，避免只见树木不见森林。

此外，在风景资源调查中，应充分运用新的技术手段，如遥感、全球定位系统、测距仪、记录行程的手机应用程序等，提高野外调查和数据整理的效率和准确性，甚至发现新的风景资源。

调查对象

风景资源调查的对象是风景资源单体，即可作为独立观赏或利用的风景资源类型的单独个体，包括"独立型风景资源单体"和由同一类型的独立单体结合在一起的"集合型风景资源单体"，实践中，对于景源分解或者集合到何种尺度和层面并无定规。通常依据《标准》中列举的两大类、8中类和78小类景源，对单体景观景物进行调研、记录和整理。

1. 自然景源

调查包括自然景源的基本数量、类型、质量特征、规模、地理分布和组合状况。以泉为例，需要调查泉眼数、分属类型、泉眼的形状、泉水的水质和颜色、泉水的涌水量、泉的喷涌高度和特征、泉眼的分布和空间规模等。如果是间歇泉，需要调查间歇时间。如果是温泉，还需要了解温度、矿物等数据。

2. 人文景源

调查各种类型的人文景观单体。包括现存的、有具体形态的物质遗存，历史上有影响但已毁掉的人文遗迹以及不具有具体物质形态的文化因素，如民情风俗、民间传说、历史人物和地方物产等。

对于不复存在的文物古迹和不具物质形态的文化因素，如古建筑遗迹，要进行反复调查和访问，全面收集资料，广泛听取意见，坚持资料调查的准确性和客观性，为后期重建决策提供依据。

3. 相关资源比较

对风景区相邻区域或者类似特征风景区的风景资源类型的异同及质量差异的比较，是寻找出规划风景区资源优势、不足和特点的必要工作，包括规划风景区与相邻区风景资源的相互联系及所产生的积极和消极影响。规划风景区的风景资源在所属区域尤其是类似特征风景资源中的层次和地位。

风景资源调查的程序

风景资源调查通常可分为3个阶段。相比基础资料的调研，风景资源调查更关注于现场调研。但是依然不可忽视资料的准备和整理工作，良好的前期组织能大大减少现场调研的次数和强度。

准备工作

1. 人员组织

由于风景区通常范围大，内部交通不完善，资源丰富多元，涉及的管理部门很多，与之相关联的学科也很广；因此，需要组成一个由熟悉情况的当地政府工作人员、多学科专家参加的调查组，其成员应具备风景园林、规划、建筑、生态、地理地质、旅游管理、历史文化、社会学等多学科的知识基础及野外考察必备的基本能力。同时，在调查中应在合作的基础上注意合理分工，各专业对各自领域的内容具体负责调研、记录和评价。

2. 资料准备

在文字资料准备上，除了现状分析中已经搜集整理的地质、地貌、水文、气象、土壤、生物以及社会经济状况等资料之外，应重点注意设立各级风景名胜区的上报材料中对于风景资源的描述和统计资料，并搜集地方志、诗词、游记、报道、旅游宣传以及相关规划等材料上的有关风景区内景源的描述。如是修编规划，则应对上一版规划中各资源的保护和利用现状做重点调查分析。

在图纸资料准备上，除了根据风景区的不同规模准备适度比例尺的矢量地图之外，还应收集风景区内包括文保单位、不可移动文物在内名胜古迹分布图，以及植被三调图、内外交通、水利水电、土地利用等现状及规划的矢量数据。此外，规划必备的风景区遥感影像之外、区域航拍和景源照片等影像视频资料也应尽量收集整理。

3. 技术准备

根据已收集到的文字、图形和影像资料进行整理分析结果，实地调查前应确定调查范围、调查对象、调查工作的时间表、调查路线、调查分组及人员分工等计划安排。制定出各类调查单体的调查表格（表5-4），表格应包括序号、名称、基本类型、行政位置、地理坐标、性质与特征、区位条件、保护和开发现状、共有因子评价问答等。通过调查人员的讨论，统一调查重点、表格填写标准及调查成果的表达方式。

表5-4　风景资源调查样表

序　　号	
名　　称	
基本类型	（初步归类至中类）
行政位置	
地理坐标	东经　北纬

性质与特征（单体性质、形态、结构、组成成分的外在表现和内在因素，以及单体生成过程、演化历史、人事影响等主要环境因素）：

续表

区位条件（单体所在地区的具体部位、进出交通、与周边集散地和主要景区（点）之间的关系）：

保护和开发现状（单体保存现状、保护措施、开发情况）：

共有因子评价问答（单体属于下列评价项目中的哪个档次，应该得多少分数，在最后的一列内写上分数）

评价项目	评价标准	分档	分数
单体景源提供的生态价值、观赏价值，或游憩价值如何？	全部或其中一项具有极高的生态价值、观赏价值、游憩价值	22~30	
	全部或其中一项具有很高的生态价值、观赏价值、游憩价值	13~21	
	全部或其中一项具有较高的生态价值、观赏价值、游憩价值	6~12	
	全部或其中一项具有一般的生态价值、观赏价值、游憩价值	1~5	
单体景源蕴含的历史价值，或文化价值，或艺术价值，或科学价值如何？	同时或其中一项具有世界意义的历史价值、文化价值、科学价值、艺术价值	22~30	
	同时或其中一项具有全国意义的历史价值、文化价值、科学价值、艺术价值	13~21	
	同时或其中一项具有省级意义的历史价值、文化价值、科学价值、艺术价值	6~12	
	历史价值，或文化价值，或科学价值，或艺术价值具有地区意义	1~5	
物种是否珍稀，景观是否奇特，此现象在各地是否常见？	有大量珍稀物种，或景观异常奇特，或此类现象在其他地区罕见	16~20	
	有较多珍稀物种，或景观奇特，或此类现象在其他地区很少见	11~15	
	有少量珍稀物种，或景观突出，或此类现象在其他地区少见	6~10	
	有个别珍稀物种，或景观比较突出，或此类现象在其他地区较多见	1~5	
如果是个体有多大规模？如果是群体，其结构是否丰满？疏密度怎样？景观现象是否经常发生？	独立型单体规模、体量巨大；组合型旅游资源单体结构完美、疏密度优良；自然景象和人文活动周期性发生或频率极高	8~10	
	独立型单体规模、体量较大；组合型旅游资源单体结构很和谐、疏密度良好；自然景象和人文活动周期性发生或频率很高	5~7	
	独立型单体规模、体量中等；组合型旅游资源单体结构和谐、疏密度较好；自然景象和人文活动周期性发生或频率较高	3~4	
	独立型单体规模、体量较小；组合型旅游资源单体结构较和谐、疏密度一般；自然景象和人文活动周期性发生或频率较小	1~2	

续表

评价项目	评价标准	分档	分数
是否受到自然或人为干扰和破坏,保存是否完整?	保持原来形态与结构	4~5	
	形态与结构有少量变化,但不明显	3	
	形态与结构有明显变化	2	
	形态与结构有重大变化	1	
多少时间可以适宜游赏?或可游空间大小?	适宜游览的日期每年超过300天,可游空间极大	4~5	
	适宜游览的日期每年超过250天,可游空间很大	3	
	适宜游览的日期每年超过150天,可游空间较小	2	
	适宜游览的日期每年超过100天,可游空间小	1	
本单体是否受到污染?环境是否安全?有没有采取保护措施使环境安全得到保证?	已受到严重污染,或存在严重安全隐患	-5	
	已受到中度污染,或存在明显安全隐患	-4	
	已受到轻度污染,或存在一定安全隐患	-3	
	已有工程保护措施,环境安全得到保证	3	

本单体得分　　　　　本单体可能的等级　　　　　级

填表人　　　　　调查组成员　　　　　调查日期　年　月　日

实地调查

这一阶段的主要任务是在准备工作、特别是对相关资料的分析基础上,调查者通过现场调查的手段获得翔实的第一手资料。通过对已开发或未开发的已知风景资源进行现场核查、记录和初步评价,全面而深入地了解风景区内的风景资源类型及其分布情况和目前保护和开发程度。

实践中通常结合游赏路线调查和现状服务设施调查,对风景资源单体逐一进行实地踏勘。通过观察、测量、绘图、填表、摄影、摄像和录音等手段,将所有风景资源单体统一编号、翔实记录,并标在地形底图上。填制风景资源单体调查表格或调查卡片,并适当地进行评价,以期全面系统地掌握调查区风景资源的数量、分布、规模、组合状况、成因、类型、功能和特征等,为风景资源的开发评价和决策做准备。

此外,调查中可以通过走访当地居民或邀请一些熟悉当地情况的人员,尤其是历史文化、地质、水文、林业等方面专业人士共同座谈等方式,增加信息收集渠道,为实地勘察提供线索、确定重点,提高勘察的质量和效率。

对于部分资料中无景源分布或地势险峻暂时无法进入的地区,可以采用航拍的方式补充调查。通常单次调查难免出现风景资源单体或单体的调查因子方面有遗漏或缺项,尤其是某些天象景观资源,并非时时可见。因此,每次实地调查之后应结合资料及时汇总、统计和讨论,客观分析,并确定下次调查的目标和任务。最终形成由风景资源分布图、景源分类明细及统计、特征概述、影像数据等组成的调查成果。

5.2.3 景源评价

风景资源评价和分级的科学合理性直接关系到风景区资源保护与利用的成效。一方面,风景资源的种类十分丰富,其组合特点、数量和规模也异常复杂;另一方面,评价活动本身具有不可避免的主观性。虽然,很早开始相关学者和管理部门就对评价客观性做了大量探索,提出了许多评价公式和量化方法。如1987年杨汉奎等在整体层面提出的风景资源"四指数评价法"评分系统表(表5-5)。

表5-5 风景资源"四指数评价法"评分系统表

参数	计分					权重
	8~10	6~8	4~6	2~4	0~2	
美感度	非常美	极美	较美	美	不美	0.4
特殊度	罕有	少有	较少	普通	极普通	0.2
规模度	宏大	很大	较大	中等	不大	0.2
科学经济价值	极高	很高	较高	中等	不高	0.2

1990年,金远欢针对瀑布景观这一类景源的综合美学评价研究认为瀑布之美,简而言之,在于三字:一曰雄、一曰秀、一曰奇。

进而他指出一个瀑布的雄壮程度,主要取决于其本身形态,如落差、宽度以及瀑面陡缓等因素。

1)瀑布的雄壮指标:$G = fn(Q, W, H, a) = Q \times W \times H \times \sin\alpha$

这里:G——雄壮指标;

Q——瀑布平均流量(m^3/sec);

H——瀑布落差(m);

w——瀑布平均宽度(m);

a——瀑布的倾角(°)。

一个瀑布的幽秀程度,主要取决于瀑布水流的清浊和四周草木的深秀程度。水流的清浊,取决于其含沙量的多寡。草木的深秀程度,反映在植被的覆盖率大小。

2)幽秀指标:$B = fn(P, C) = P \times C$

这里:B——幽秀指标;

C——瀑布水流的含沙量(kg/m^3);

P——瀑布四周的植被覆盖率(%)。

一个瀑布的奇特程度,取决于一些独特景观的数量和质量。

3)奇特指标: $s = fn(n_i) = \sum_{i=1}^{n} n_i$

这里:*S*——奇特指标;

　　　　n_i——瀑布奇特景观;

　　　　n——瀑布奇特景观的数量。

视雄、秀、奇三者的美学价值不同,而各自赋予一定的权重 K_1、K_2、K_3,然后计算其美学综合评价指标如下:

$$E = K_1 G + K_2 B + K_3 S$$

这里 K_1、K_2、K_3;分别为雄、秀、奇三个指标的赋权重。这样得到的综合指标,表达了瀑布的美学价值。这类层次分析法其后成为风景资源评价的主要技术模型。

美国土地管理局的风景管理系统对于风景质量评价,选定了7个评价因子进行分级评分(表5-6),然后将7个单项因子的得分值相加作为风景质量总分,将风景质量划为3个等级:A级——总分19分以上;B级——总分12—18分;C级——总分0—11分。

表5-6　美国土地管理局风景质量分级评价表

评价因子	评价分级标准和评分值		
地形	断崖、顶峰或巨大露头的高而垂直的地形起伏;强烈的地表变动或高度冲蚀的构造;具有支配性、非常显眼而又有趣的细部特征(5)	险峻的峡谷、台地、孤丘、火山丘和冰丘;有趣的冲蚀形态或地形的变化;虽不具有支配性,但仍具有趣味性的细部特征(3)	低而起伏之丘陵、山麓小丘或平坦之谷底,有趣的细部景观特征稀少或缺乏(1)
植物	植物在种类和形态上有趣且富有变化(5)	有某些植物种类的变化,但仅有一、二种主要形态(3)	缺少或没有植物的变化或对照(1)
水体	干净、清澈或白瀑状的水流,其中任何一项都是景观上的支配因子(5)	流动或平静的水面,但并非景观上的支配因子(3)	缺少,或虽存在但不明显(1)
色彩	丰富的色彩组合,多变化或生动的色彩,有岩石、植物、水体或雪原在颜色上的愉悦对比(5)	土壤、岩石和植物的色彩与对比具有一定程度的变化,但非景观的支配因子(3)	微小的颜色变化,具有对比性,一般而言都是平淡的色调(1)
邻近景观的影响	邻近的景观大大地提升视觉美感质量(5)	邻近的景观一定程度地提升视觉美感质量(3)	邻近的景观对于整体视觉美感质量只有少许或没有影响(1)

评价因子	评价分级标准和评分值		
稀有性	仅存性种类、非常有名或区域内非常稀少；具有观赏野生动物和植物花卉的一致机会（6）	虽然和区域内某些东西有相似之处，但仍是特殊的（2）	在其立地环境内具有趣味性，但在本区域内非常普通（1）
人为改变	未引起美感上的不愉悦或不和谐；或修饰有利于视觉上的变化性（2）	景观被不和谐干扰，质量有某些减损，但非很广泛而使景观质量完全抹杀或修饰，只对本区增加少许视觉的变化或根本没有（0）	修饰过于广泛，致使景观质量大部分丧失或实质上降低（-4）

注：括号内的数字代表了每个标准的分数。

　　运用层次分析法使得风景资源评价获得了一定的客观性，但是由于景源信息的复杂度常常超出可以分解、细化、对比的要求，完全客观的量化评价难以实现。当前并没有适用于所有风景资源，获得共同认可的评价公式。即使同一类型的景源如瀑布，由于权重赋值难以统一，仍无法准确量化它们之间的价值高低（图5-2）。更为客观的风景资源评价首先依赖的是全国范围内的各类风景资源大数据库的建立。

庐山瀑布　　　　　　雁荡山大龙湫　　　　　文成百丈飞瀑　　　　　天台山大瀑布

图5-2　四个瀑布的比较

实践常用的评价层次和指标层次

实践常采用的是定性概括与定量分析相结合的方法。对于某个风景区而言,采用景源等级评价和综合价值评价相结合来确定风景区的价值与特征,概括其景源的价值、特征和级别,是景源评价中相对可行的方式。

为了尽可能客观和实事求是地反映景源价值,要针对某个风景区的评价对象和具体状况,以景源分类调查与筛选为基础,分解和综合各景源并选择适当的同层级评价单元层级和相应分解的评价指标对景源进行等级评价。

风景区景源的物质与空间层级从大到小可以分为:

1) 景区:根据景源类型、景观特征或游赏需求而划分的一定用地范围,包含有较多的景物和景点或若干景群,形成相对独立的分区特征。

2) 景群:若干相关景点所构成的景点群落或群体,可作为景区内的一部分,也可以是相对独立的区域。

3) 景点:若干相互关联的景物所构成、具有相对独立性和完整性、并具有审美特征的基本境域单位。

4) 景物:具有独立欣赏价值的风景素材的个体,是风景区构景的基本单元。

作为评价对象,景源系统的构成是多层次的(图5-3),景源每个评价层次含有不同的景物成分和构景规律,不同层次、不同类别的景源之间,难以简单地相互类比。为了达到同层、等量比较的目的,评价时应选取同层级来评价,如均为景物层或均为景点层,而同为景物层则可再分为同为水景的溪涧。

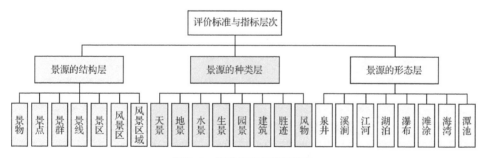

图5-3　评价标准与指标层次

对于独特和珍稀的高等级景源,还应从全国乃至全球角度做同类别的横向比较作单独评价,以明确资源保护和利用的定位。

风景资源的价值评判是景物本身结合对其的感知和利用条件三者综合而来的。无法为人感知和利用的景物也不能称之为景源,体现出主客观结合的特质。因此,其评价的也包括了其本身价值和利用条件等方面。《风景名胜区总体规划标准》将其分为综合评价层的四个大的因子,并做了分别的细化。形成了各层级的中、小因子层(表5-7)。

对于相同结构层的景物,但不同种类和形态的景源之间的比较,可运用景源评价指标层次表进行层次分析与评价。在评价指标层的选择上,规模较大的风景区总体规划由于景点众多、要素复杂多采用综合评价层次对其景点做评价打分。对于一般规模的风景区则评价至项目评价层,以力求减少主观因素的干扰。而对景点或小尺度的景群评价时,则宜选用因子评价层指标。

对于表5-7中各级因子权重的分析与评定,多以专家选择因子重要性关系的层次分析法来确定。有时,还需经过试评和调整,摸索出适合的评价标准和指标。

表5-7 风景资源评价指标层次表

综合评价层	赋值	项目评价层	权重	因子评价层			权重
1. 景源价值	60~70	(1)欣赏价值 (2)科学价值 (3)历史价值 (4)保健价值 (5)游憩价值		①景感度 ①科技值 ①年代值 ①生理值 ①功利性	②奇特度 ②科普值 ②知名度 ②心理值 ②舒适度	③完整度 ③科教值 ③人文值 ③应用值 ③承受力	
2. 环境水平	30~20	(1)生态特征 (2)环境质量 (3)设施状况 (4)监护管理		①种植类 ①要素值 ①水电能源 ①监测机能	②结构值 ②等级值 ②工程管网 ②法规配套	③功能值 ③灾变率 ③环保设施 ③机构设置	
3. 利用条件	5	(1)交通通信 (2)食宿接待 (3)客源市场 (4)运营管理		①便捷性 ①能力 ①分布 ①职能体系	②可靠性 ②标准 ②结构 ②经济结构	③效能 ③规模 ③消费 ③居民社会	
4. 规模范围	5	(1)面积 (2)体量 (3)空间 (4)容量					

应当指出,对于以保护为本的风景区而言,景源的可利用的相关条件和空间规模为其未来游赏和特征塑造提供了可能性,但对于具有典型和突出价值的重要景源一般以保护为主,人为干扰宜小不宜大,切记过度集中的开发。

分级

各景源得分结果统计出来之后,再对不同分数段的景源做等级划定,应注意实事求是,并以国内外相同类型景源做横向比较,以明确分级标准,避免由于在地敝帚自珍的心理和旅游景区评级的需要而夸大资源价值的现象。

风景资源分级标准

《风景名胜区总体规划标准》将景源分为特级、一级、二级、三级、四级等五级。

1）特级景源应具有珍贵、独特、世界遗产价值和意义,有世界奇迹般的吸引力。

2）一级景源应具有名贵、罕见、国家重点保护价值和国家代表性作用,在国内外著名和有国际吸引力。

3）二级景源应具有重要、特殊、省级重点保护价值和地方代表性作用,在省内外闻名和有省际吸引力。

4）三级景源应具有一定价值和游线辅助作用,有市县级保护价值和相关地区的吸引力。

5）四级景源应具有一般价值和构景作用,有本风景区或当地的吸引力。

从目前的技术发展来说,量化评价方法尚不足以代替专业人员的现场评估和横向比较,专家从风景区的实际出发,依据评价对象的特征和评价目标的需求而选择评价因子及其权重仍是实践中景源评价的方式。

天姥山风景名胜区总体规划（2021—2035年）

1.景物评价及统计

天姥山风景名胜区风景资源十分丰富,景物总数达374处,自然与人文景源两大类资源齐全(其中自然景物为194处,占51.9%,人文景物180处,占48.1%),涵盖所有8个中类、40个小类。在40个小类中,奇峰、石林石景、宗教建筑、风景建筑、摩崖题刻、地方人物等小类均超过20处。但一级景源数量较少,共计12处,占3.2%,说明风景区在全国范围内的影响力稍弱;二、三级景源较多,共计152处,占40.6%,说明风景区在省内周边还有较大的吸引力。景源在3个片区内的分布与构成各有不同。具体如下:

大佛寺—十里潜溪片区总体而言自然景源与人文景源数量相当,但两类景源分布不均。人文景源主要分布于大佛寺范围内,其人文景源的价值高,构成了景区的主要景观特色。自然景源主要分布在十里潜溪范围内。从景源的中类数据分析,大佛寺—十里潜溪片区以地景为主,超33.3%;其次为建筑与胜迹及风物,占20%~30%。从景源小类分类数据分析,大佛寺—十里潜溪片区石林石景数量最大,占据约33.3%,建筑景源数量较大,占据16.7%以上比例。一、二级景源中以宗教建筑、遗址遗迹、古树名木及石林石景为主,都有3处以上。

穿岩十九峰片区自然景源丰富,超过60%;人文景源占40%,并且质量以自然景源为优势,在一、二级景源中占据约50%,人文景源以三、四级为主。从景源的中类数据分析,穿岩十九峰片区以地景为主,约占50%,并包括所有一级景源;其余建筑与风物各占12.5%,胜迹与水景占约10%。从景源小类分类数据分析,穿岩十九峰景区以奇峰、石林石景景源数量为最,各占20%左右,也占据一、二级景源数量的50%以上。

沃洲湖片区人文景源丰富,占据60%,自然景源占据40%,但一、二级景源中,人文与自然景源数量相当。从景源的中类数据分析，沃洲湖景区以水景、地景、建筑质量最高，占据一级景源中的约75%；风物景源数量最多，占据二级景源的50%。从所选景源小类分类数据分析，沃洲湖景区景观资源数量较为平均，石林石景、风景建筑、地方人物各占10%左右；其次神话传说和民间文艺、奇峰与宗教建筑占据6%~10%。

2. 景点组织

通过对风景区374处景观景物的位置、特性和等级等情况分析，进一步组织成97个景点，并对各景点景源价值、环境水平、利用条件和规模范围等综合指标进行调研，再将指标细分为欣赏价值、科学价值、历史价值、保健价值、游憩价值、生态特征、环境质量、设施状况、监护管理、交通通信、食宿接待、客源市场、运营管理、面积、体量、空间、容量等17个次级指标，逐个进行评分累加测算，根据各景点所得分值，划定景点等级。

天姥山风景名胜区风景资源共有2大类，8中类，40小类，包括97个景点、7处文物保护单位、5处宗教活动场所。其中，特级景点2个，一级景点5个，二级景点25个，三级景点37个，四级景点28个。

一级景点评分汇总表

评价综合层		景源价值					环境水平				利用条件				规模范围				总分
界值		70					20				5				5				
评价项目层		欣赏价值	科学价值	历史价值	保健价值	游憩价值	生态特征	环境质量	设施状况	监护管理	交通通信	食宿接待	客源市场	运营管理	面积	体量	空间	容量	
景区	景点	20	15	15	10	10	6	6	4	4	2	1	1	1	2	1	1	1	100
大佛寺—十里潜溪	1. 千佛洞千佛岩石窟	19	15	15	7	10	5	5	3	3	2	0	1	1	1	1	1	1	90
	2. 大佛寺（石城古刹牌坊）	20	15	15	7	10	5	4	3	3	2	0	1	1	1	1	1	1	90
	3. 双林石窟	19	14	10	9	10	6	4	3	3	1	0	1	0	2	1	1	1	85
	4. 般若谷	18	14	11	9	10	6	4	3	3	1	0	1	0	2	1	1	1	85
穿岩十九峰	5. 化木遗珍	17	15	15	9	10	5	2	4	4	1	0	1	0	2	1	1	1	85
	6. 穿岩十九峰	19	14	12	9	10	6	5	3	3	1	0	1	0	2	1	1	1	88
沃洲湖	7. 天姥诗情	19	13	12	10	10	6	5	1	2	1	0	1	0	2	1	1	1	85

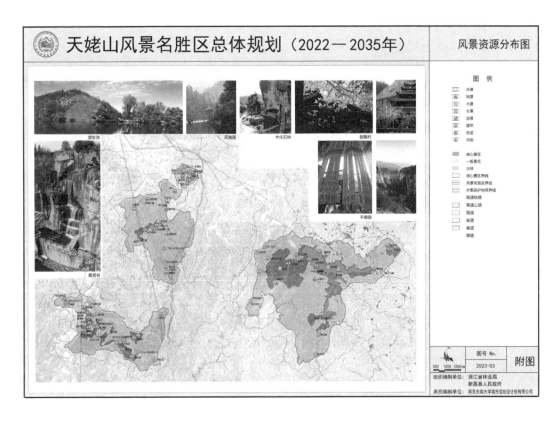

天姥山风景名胜区风景资源图

5.2.4 综合评价与特色识别

到目前为止，风景资源的评价还不能完全用量化的方式来准确度衡。一方面，风景资源是由多种景观要素构成的，多种单一的景观要素经过天然的或人为的组合加工后成为风景资源。其中的各种景观要素之间是相互影响、相互制约的。风景资源之所以是美的，很重要的一个原因就在于它是一个完整的景观体系，如武当山的金顶。因此，在风景资源的价值评价上，单一景观单元的评价结果有时并不能代表整体的价值。另一方面，风景资源的形成过程中，其数量、质量及周围的自然人文环境都随时间而发生变化。风景资源的精神价值有无限价、可增值、因时因地而变等特征，随着国家、民族、社会的不断进步，风景环境的维护和提升也会逐步丰富与完善，其过程本身就是国家物质生活与精神生活的一种典型反映。

因此，景源价值评价也应当考虑景观单元的未来可能价值。综合利用可能、时间延续、在地特色，对景源特征和价值的整体评判的综合评价和特色识别是风景区景源评价中不可缺失的一环。

目标和内容

综合价值评价是在景源等级评价基础上，从宏观和整体层面，对风景区的景源特征在景观、文化、生态与科学等四个方面分别进行综合性评价，识别和评判出其中具有如下四个方面特征的典型景源：

1）奇特的自然景观或天然美景。

2）能够反映中华文明进程、文化特征或完美体现人与自然和谐相处的人文景观资源。

3）独特的生态系统，或高度丰富的生物多样性，或珍稀、濒危物种的栖息地。

4）能够反映地质过程、生物演化过程的例证，或特殊的地质地貌景观和古生物遗迹。

通过各类景源的统计分析，以及最具代表性景源特征及其优势的识别，提炼出风景区最突出的资源价值，进而与国内、国际的同类资源横向比较，能够进一步明确该风景区突出的资源价值和所处级别，并明确其载体与空间分布。

综合评价有助于回顾和验证景源评分和分级的指标选择及其权重分析的准确度，明确风景区风景资源的重要性。对于规划而言，风景区典型景观特征和综合价值的准确概括和判断是下一步风景区定性、保护管控、空间布局等规划对策制定的重要依据之一。

《风景名胜区总体规划标准》规定风景资源评价结论应由评价分析、特征概括、价值评定等三部分组成。评价分析应表明主要评价指标的特征、横向比较分析或结果分析；形成景源评级汇总表、各类各级景源统计表等。特征概括应表明景源的类型特征、典型性和代表性特征、综合特征等；对突出的景源做概况和归纳结论，提出风景名胜区风景资源特色概括。价值评定应表明风景名胜区的景源的综合价值级别，明确世界遗产级、国家级和省级的资源价值级别。

应当指出，景源评级得出的重要景源不是开发的条件，而是保护和可持续利用的对象。规划和管理者应充分认知和坚持风景资源与旅游资源的区别（表5-8）。

表5-8　风景资源与旅游资源区别

	风景资源	旅游资源
定义	能引起审美与欣赏活动，可以作为风景游览对象和风景开发利用的事物与因素的总称	凡是能对旅游者产生吸引力，可以为旅游业开发利用，并可产生经济效益、社会效益和环境效益的各种事物和因素
分类	① 自然景源：天景、地景、水景、生景；② 人文景源：园景、建筑、胜迹、风物	① 地文景观；② 水域风光；③ 生物景观；④ 天象与气候景观；⑤ 遗址遗迹；⑥ 建筑与设施；⑦ 旅游商品；⑧ 人文活动
开发原则	以保护为主，在有效保护的前提下进行适度开发	以市场为导向，经济效益是旅游资源开发的首要目标
分级	从高到低分为特级、一级、二级、三级、四级（《风景名胜区总体规划标准》）	从高到低分为五级、四级、三级、二级、一级（《旅游资源分类、调查与评价》）

云台山风景名胜区总体规划（2011—2030年）

云台山历史上山海沧桑变换，自然与人文景观在不同的地区也展现出不同的特色与风貌，主要以"海、古、神、幽"四大特色景观最为世人瞩目。

1. 锦屏山景区：历史年代悠久，文物古迹众多——以"古"为特色

以将军崖岩画、东汉摩崖石刻造像群等具有国家级价值的历史文化遗迹与孔望山、石棚山、白虎山、桃花涧"三山一涧"的自然景观相结合，是风景区内历史文化最为悠久、价值最为突出的景区，展现了风景区的历史变迁。

2. 花果山景区：自然景观秀美，文化氛围浓郁——以"神"为特色

以享誉海内外的名著文化和三元文化为突出代表，结合峰奇石怪、沟壑纵横、溪流丰沛的自然山水，成为风景区内资源类型最为丰富，游览内容最为集中，知名度和影响力最高的景区，是风景区名山文化的集中体现。

3. 云台景区：山海景观结合，整体环境优越——以"幽"为特色

云台景区山海相依，雄浑挺拔，蔚为壮观；树木苍翠，幽谷空灵，别有洞天。南北兼容的湿润气候，培育了暖温带、亚热带木本、藤本植物等多达160多种植物。连绵的山体和多样植物景观的相互组合，古树名木星罗棋布，构成了富于变化的整体景观。众多的历史典故，也为其增添了无限的情趣和神秘的氛围。

4.海滨景区：海岸形态万千,风光迤逦秀美——以"海"为特色

海滨景区是江苏省唯一的基岩海岸地区,拥有千姿百态、变化丰富的海岸线,沙洁坡缓、水质清澈的沙滩和良好的植被。秀丽独特的海滨风光和别具一格的海岛人文景观成为风景区海滨休闲活动的重要场所。

云台山风景名胜区是我国东部沿海文明的发祥地和三元文化活动的主要地区,也是我国四大古典名著《西游记》的文化发祥地。1988年由国务院审定公布为第二批国家级风景名胜区。

太湖风景名胜区总体规划(2001—2030年)

太湖风景名胜区是一个以自然山水和人文景观并举的山水人文型风景名胜区。独特的自然山水形态、吴越文化古迹、江南水乡和珍贵的明清建筑景观构成了太湖风景名胜区的特色景观。太湖风景名胜区范围里的水域、山湾、水渚、岛屿、湿地和山林植被所构筑的自然风光,以及以吴越史迹为导线而串联起来的吴越文化古迹、典型江南水乡古镇和珍贵的明清建筑构成的人文景观,是长三角地区独特而不可再生的重要生态和景观资源。

5.3 发展条件与问题总结

在区域背景分析、现状交通、设施等条件、上位规划(如果是修编则需要对上一版规划做评述)及相关规划分析、景源调查与评价等工作完成之后,规划应在理性分析的基础上,明确风景名胜区现状面临的主要矛盾与问题。在保护对象、城景协调、功能布局、发展条件和管理机制等方面进行归纳总结,为下一步发展目标设定、空间结构安排、保护与利用协调等重点规划问题寻找抓手,并形成相关规划说明和基础资料汇编的成果。

案例

云台山风景名胜区总体规划(2011—2030年)

随着连云港城市和经济的跨越式发展,城景之间的关系越发密切,连云港城市快速发展与风景名胜区保护管理的矛盾日益突出。风景名胜区被城市所包围,景区被割裂,城景格局由相融变成景被城围。

风景名胜区用地受到城市、港区、开发区、农村居民点以及重大基础设施建设的蚕食,城景相融的格局逐渐被打破,自然岸线不断被侵占,现状已不足10 km。部分景区、景点已失去风景名胜区的特征和功能。

风景名胜区内一些极为重要的标志性景观被占用。如锦屏山主峰、后云台大桅尖、连岛大桅尖等制高点被微波站和其他一些人工设施占用,对于游览组织、设施安置造成了较大影响。一些寺庙景观的修复缺乏必要的引导、沟通和管理,在一定程度上形成破坏性建设,损害了风景名胜区整体的文化氛围和景观特征。

风景名胜区内外的道路交通组织不够系统,区域交通与各个景区和游览区之间缺乏合理有效的交通联系,不利于外来游客的引入和游览活动的开展。

在风景名胜区建设中,游览过分依赖花果山景区,主要以突出西游内容为主,风景名胜区整体游赏内容比较单调,局部地段人容量过大,不利于风景保护和游览观赏。大量珍贵的历史文化资源被浪费、闲置,特别是对于良好的海滨风景资源缺乏综合有效的利用,与风景名胜区应有的地位和价值不相适应。

风景名胜区内的游览服务设施数量较少、类型单调、档次较低,与风景名胜区未来的发展不相匹配。

风景名胜区统一管理力度不够,景区分散,管理多头,不利于规划管理的顺利实施。

太姥山风景名胜区总体规划(2015—2030年)

在上轮总体规划实施过程中,由于种种原因也出现了许多违背总体规划或未按总体规划实施的情况。主要有以下几个方面:

1.管理机构级别偏低,管理权限不清,职责不明

太姥山风景名胜区范围较大,且景源分布较为分散,涉及福鼎市的太姥山镇、潘溪镇、崙山镇、霞浦县的牙城镇,共二县市、四乡镇。虽然风景区已按照《风景名胜区条例》设置副处级管理机构,但因其隶属于福鼎市,无法管理位于霞浦县境内的范围,行政区划的人为分割在客观上造成了统一管理的困难,不利于游线的组织和资源的保护协调。此外,对于风景区管委会没有赋予明确的土地、规划、建设、工商、执法等相应的管理职能,在统筹风景区内建设和周边环境保护等方面显得困难较大且力度不够。同时对分散分布的单个景点,尤其是寺庙和传统村庄等景点的管理存在较大难度,长期存在地区分隔,部门分割现象,目前除主景区太姥山岳景区受风景区管委会直接管理外,对其他景区的管理和投入相对较弱,在这种情况下,往往造成保护不力及风景资源的浪费与破坏。

2.对自然风景资源的保护意识不强,缺乏有效管理手段

风景区内的村庄、寺庙等,尚未形成千方百计保护好太姥山自然风景资源的强烈意识,在开发建设中多有破坏资源的现象产生。例如在景区公路建设过程中存在破坏山体绿化的现象;罗汉堂建设存在破坏了自然山体现象,且建筑风格与周边环境不协调;香山寺新建建筑体量过大,影响原有建筑和景观环境;瑞云寺内新建建筑风

格不协调；九鲤溪上建桥破坏溪岸植被影响景观环境；大、小笕笪居民建筑直逼沙滩，造成景观和资源破坏；秦屿湾养殖过度影响海水水质；传统古村寨保护不足，已经失去传统村寨的风貌和韵味；太姥娘塑像使周围山体植被受到一定程度的破坏；溪口瀑布和龙亭瀑布因上游建设电站，导致水量大幅减少；大嵛山岛消防设施不健全，有时发生山火烧毁草甸，严重影响景观；宁德（秦屿）核电站的建设破坏了跳尾湾景群，核电站设置的采石区又破坏了渔井码头以南的海蚀地貌区，而因其防护范围（距核反应堆堆心半径5 km）的需要，影响大、小濛湾和牛郎岗等景点的旅游开发。同时，风景区对《风景名胜区条例》贯彻不严，风景区内的一些人工建设，尤其是寺庙的建设，缺乏严格的审批和监管制度，如罗汉堂未经专家论证，未经审查批准就开工建设。

3. 资金投入不足，旅游配套服务设施简陋

风景区长期资金投入不足，造成整体基础设施和服务设施滞后，甚至处于低水平开发阶段，这与风景区的地位和旅游业的快速发展极不相称，在很大程度上制约了风景区的发展。目前除太姥山岳主景区游客较多，设施较为完善外，其他景区普遍档次偏低，且在布局、选线、体量、造型、色彩等方面与风景区的环境缺乏协调，无法满足国家级风景区的高要求。

4. 景区、景点分散分布，未能形成统一的游览系统

由于各个景区、景点较为分散，也未形成便捷的道路交通系统，各个景区（点）都处于相对独立的状态，部分单点景观吸引力不高，景点规模偏小，可达性较差，游客接待量较少，未能发挥国家级风景区的资源整体优势和综合效应。

5. 对风景区宣传力度不足

太姥山自古以来就是福建省内与武夷山齐名的著名风景区，但近年来相对于泰宁（金湖）、屏南鸳鸯溪等景区，太姥山对风景区的包装宣传重视不够，力度不足，知名度较低。就连本省的许多居民都搞不清"海上仙都"太姥山位于何处，影响了潜在客源市场的开拓。

6. 海滨度假区发展停滞

风景区被称为"山海大观"，海岸线蜿蜒绵长，主要为基岩海岸和少量的沙滩岸线。但太姥山的滨海地带人口稠密，且大量发展渔业养殖，因而大多数的沙滩岸线因沙滩和水质退化、村庄居民点建房、气候风向不利等问题，均不适宜开展度假旅游，目前仅有的牛郎岗度假区又因为核电站的建设，处于不适宜开发建设的范围内，因此太姥山海滨度假区的发展处于停滞状态，无法达到上轮总体规划的要求。

7. 部分景区存在采砂和采石等破坏资源的现象

风景区的部分海滨存在非法采砂，造成沙滩消亡、岸线改变；采石区域则破坏山体，

造成水土流失,严重影响景观。虽然风景区管委会多次制止,但因为缺乏执法权,造成破坏资源的现象屡禁不止,风景区的资源本底受到威胁。

8. 村庄无序建设和生产活动对景观资源的破坏

由于行政区划造成风景区内的村庄分属于不同的县市和乡镇,无法统一管理,上轮规划中明确需要保护,并赋予旅游功能的村庄,基本上未按规划要求建设,甚至存在破坏性建设的现象,如大、小箬笃沙滩等景点海边违法挖沙现象较为严重,造成基层岩石外露,破坏了自然环境,且由于沿海养殖业的发展,沙滩污染较为严重,景源价值受到较大影响。同时居民建筑紧邻沙滩建设,无法再布置旅游度假等服务设施,整个沿海岸线已经成为生产生活岸线,已无法安排游赏活动。

总体而言,上版的总体规划具有较强的指导性,在当时的环境条件与认知程度下不失为一个较为科学、合理的风景区总体规划,在实践中也发挥了其应有的作用,其中一些合理的规划思路与内容在现今的规划修编中应予以贯彻和延续。

5.4 成果汇总

风景名胜区基础资料汇编

风景名胜区基础资料汇编是风景名胜区规划成果的附件之一,资料汇编的过程是对风景名胜区现状资料调查整理的过程。资料汇编强调"编"的形式,所以在资料的收集与整理过程中不要对原文加以修改,并对资料的来源、时间等内容加以标注,以保持信息的原真性与关联性。风景名胜区基础资料汇编一般包括风景资源调研、分析与评价的具体描述、评价过程等资料,动植物名录、人文历史、诗词等资料,经济社会、土地利用、基础设施、道路交通、服务设施等现状数据,以及已有和后续的各级政府和部门的回复、批文、证明、公示说明等。

现状调查报告

现状调查报告是调查工作的综合性成果,是认识风景名胜区内风景资源的总体特征,并可从中获取各种专门资料和数据的重要文件,是规划的重要说明。报告主要包括3个部分:一是真实反映风景资源保护与利用现状,总结风景资源的自然和历史人文特点,并对各种资源类型、特征、分布及其多重性加以分析;二是明确风景名胜区现状存在的问题,全面总结风景名胜区存在的优势与劣势;三是在深入分析现状问题及现状矛盾与制约因素的同时,提出相应的解决问题的对策及规划重点。报告语言要简洁、明确,论据充分,尽量图文并茂。

综合现状图纸绘制

经过资料与现场数据的收集与整理,将各种调查结果转化为可视信息,通过图纸表达出来,形成一张综合现状图(图5-4)。主要包括风景资源分布、旅游服务设施现状、土地利用现状、道路系统现状、居民社会现状等。要充分反映系统中各子系统及各要素之间的关系及存在特征,并将相关数据纳入最终的GIS^①数据库中。

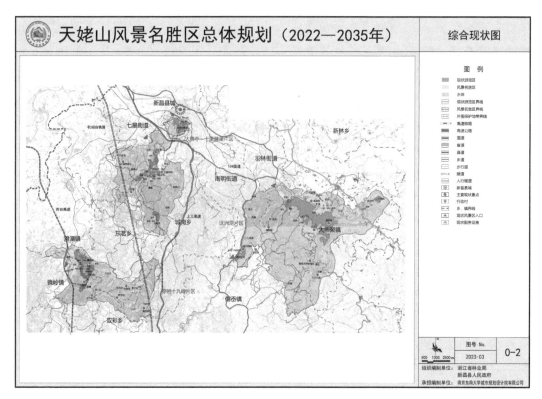

图5-4　天姥山风景名胜区综合现状图

---

①　GIS是"Geographic Information System"的缩写,指地理信息系统。

第六章 >>> 规划总则

6.1 规划范围

我国的风景区规模差异巨大，从不足10 km²的到超过10 000 km²的均有分布。《风景名胜区总体规划标准》规定风景区按用地规模可分为小型到特大型风景区，其中：小型风景区（20 km²以下），如广东肇庆星湖、江苏扬州蜀岗瘦西湖；中型风景区（21~100 km²），如杭州西湖、大连金石滩；大型风景区（101~500 km²），如华山、五台山、琅琊山、罗布人村寨；特大型风景区（500 km²以上），如青海湖、天山天池、九寨沟、楠溪江（图6-1）。

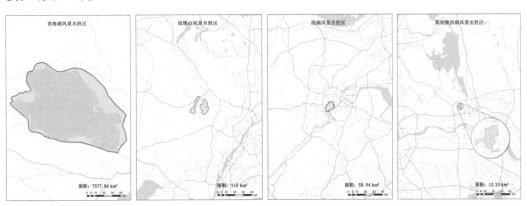

图6-1　风景区规模比较

中小型风景区多位于经济发达的地区，大型和特大型风景区则多位于中西部地区和多山区域，体现了资源类型复杂性的同时，也与不同地域的人地关系条件紧密相关。

范围决定了风景区的保护和管理权限边界，范围的确定是风景区规划的基础。在人地关系矛盾突出的东部地区，风景区规划范围的划定时常成为难题，其主要原因是人均土地资源的渐趋紧缺和资源利用的多重性，以及它所涉及责权利关系的复杂性。从资源保护的完整性和连续性而言，国家级风景区面积应有一定规模，但是也应注意在风景资源得到有效保护的基础上，与所在地域的国民经济和社会发展相协调，划定范围应切实可行，避免造成管理体制和管理权限的矛盾。

对于现行的国家级风景区管理体制而言，有时会出现地方在申报时为能够申报成功片面追求面积规模的情况，给后续的规划、管理和实施带来较大的困难。如浙江文成的百丈漈—飞云湖国家级风景区，设立时的风景区范围558.8 km²，占了文成县县域总面积的43%，涉及多个乡镇建成区，历次总体规划在范围理解和调整上几经反复，困难重重（图6-2）。

除了每个风景区必须有确定的范围之外，标准还

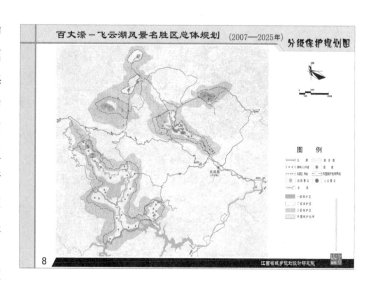

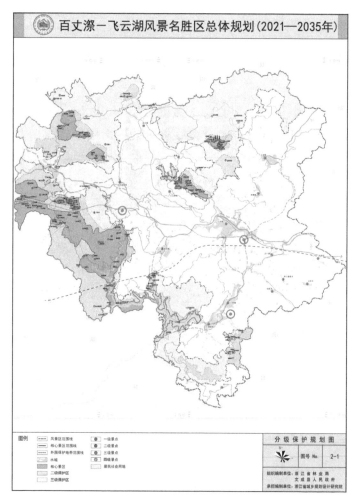

图6-2　百丈漈—飞云湖两次规划范围图比较

提出了根据需要划定外围特定的保护地带。规划应从自然与人文景观的完整和连续性和区域行政管理的可行性两方面出发，分析景源保护的环境需求因素、风景区开发利用的经济条件和社会发展对风景区管理的要求，慎重抉择和平衡，论证和确定风景区的必要范围。总体规划划定之后就是风景区管理具有法律效力的管辖范围。划定范围和保护地带要慎之又慎，经过反复调查、核定论证，不能带有主观随意性。确定的范围相当于行政区划分的确定，要经过相应的人民政府审批。批准后要立碑刻文，标明界区，记录入档。划定风景区范围的原则如下：

1）应确保景源特征及其生态环境的完整性；对景源特征、景源价值、生态环境等应保障其完整性，不得因划界不当而有损其特征、价值或生态环境。

2）应保持历史文化和社会的连续性；在一些历史悠久和社会因素丰富的风景区划界中，应维护其历史特征，保持其社会的延续性，使历史社会文化遗产及其环境得以保存，并能永续利用。

3）应满足地域单元的相对独立性；不论是自然区、人文区、行政区等何种地域单元形式都应考虑其相对独立性。

4）应有利于保护、利用、管理的必要性与可行性。综合考虑风景区与其社会辐射范围的供需关系。避免范围过小造成资源保护不足，也避免范围过大造成区域经济社会发展受到不必要的局限。

大原则上，风景区范围的划定应从风景资源的完整性出发，不受行政区划的影响。但是，当前实践中如何协调行政区域的责权利关系往往是最难处理的问题，同时，行政区划也有其自身的历史和人地关系缘由。因此，既合理又可行的风景区范围划定往往难以忽视县级及以上行政边界及其管理的独立性。如确有必要不受既有行政区划的限制划定风景区范围，则应在适当的行政主管支持和相关部门协同下，提出适当协调责权利关系的措施。

各次总体规划之间的范围调整是规划工作的重要内容，同样应依据上述原则做专题性的论证与说明。

凤凰风景名胜区总体规划（2019—2035年）

风景名胜区范围调整说明：

1. 审定的范围与面积

凤凰风景名胜区审定的面积为 77.51 km²，由苗疆边墙景区、长潭岗景区（45.71 km²）、山江苗族风情景区（8.96 km²）、西门峡景区及泡水峡景区（22.84 km²）五大景区构成。风景名胜区范围包含沱江凤凰古城上游峡谷区域、山江镇镇区及周边区域、西门峡吉信镇区至龙滚村段、泡水峡峡谷。

2. 调整的必要性与合理性

（1）城镇建设用地的发展

凤凰风景名胜区申报后，凤凰县城总体规划修改（2009—2020年）编制完成。奇梁洞部分村段纳入城市建设用地范围，城市建设用地与风景名胜区申报范围部分重叠。

风景名胜区相关的阿拉营、吉信等乡镇规划也陆续编制完成，镇区建设用地部分与风景名胜区申报范围重叠。

（2）交通格局的改变

2013年凤大高速、杭瑞高速、凤大公路相继建成通车，凤凰交通格局发生了较大改变。吉怀高速、国道G209和凤大高速、凤大公路（G354）形成连接风景名胜区南北两个景域"两纵两横"的交通格局，提高了风景名胜区的可达性。规划省道S256线也将改变风景名胜区西部的可进入性。

经过风景名胜区或与风景名胜区相邻的交通干线改变了风景名胜区部分地物界线。

（3）风景资源的挖掘和分析

① 风景名胜区的核心资源得到保留

风景名胜区全石营盘、黄丝桥营城城墙及城楼、天龙峡峡谷、泡水峡峡谷、奇梁洞等优质景观资源保存较好。

对申报范围内风景资源进一步调研，在泡水峡景区发现了屯粮山、龙颈坳、辛女山和盘瓠山4处山景，高大不峡、九龙溪峡谷2处峡谷景观，九龙溪1处溪流景观和蚩尤辛女庙1处宗教建筑景观。

经过评价，屯粮山、龙颈坳、辛女山、盘瓠山、九龙溪峡谷、高大不峡、蚩尤辛女庙7处为三级景源，九龙溪1处为四级景源。

苗疆边墙景区发现柞子山岛1处洲岛景观，拉毫地上1处民居，经评价柞子山岛为4级景源，拉毫地上为3级景源。

山江苗族风情景区发现老家寨1处国家级传统村落、上千潭1处苗寨，经评价老家寨为1级景源，上千潭苗寨为2级景源。

3. 调整的具体情况及理由

风景名胜区调入总面积为21.43 km²，调出总面积为12.43 km²，最终风景名胜区面积增加了9 km²。调整后风景名胜区总面积为86.51 km²。具体调整内容及理由如下表：

凤凰风景名胜区范围调整情况一览表

情况	区域	范围	面积/km²	理 由
原有			77.51	
	A	A-1	1.94	确保九龙溪南侧峡谷的完整性,确保九龙溪与泡水峡的有效连通
		A-2	0.26	以山脊线为界线,有利于识别风景区边界线,对保护龙颈坳西侧区域有重要意义
		A-3	1.3	保留现有城镇村庄的完整性
		A-4	3.4	保持峡谷风光的完整性,保护峡谷风光不被破坏
	B	B-1	3.67	山江水库周边山体景色秀美,以山脊线为边界,划入有利于山江水库景观单元的完整性以及风景资源的保护
调入		C-1	2.61	岩洞寨的村落风貌保存较好,将其划入有利于风景资源的保护,且以麻冲—千工坪道路为界有利于风景区界线的可识别性
		C-2	1.31	乌巢河两侧和上游风景险峻秀美,与谷底及下游完整为一体,划入有利于乌巢河景观单元的完整性以及风景资源的保护
	C	C-3	1.53	峡谷之间的崖顶和峡谷西侧的崖壁有利于维护峡谷的完整性
		C-4	1.89	以凤大高速和凤大公路为界线,有利于风景区界线的可识别性,对保护天龙峡南侧区域有重要意义
		C-5	1.03	以凤大高速和山体为界,有利于风景区界线的可识别性,对保护拉毫营盘及满江周边环境的完整性有重要意义
		C-6	0.18	以凤大高速和山体为界,区域内有利达洞等风景资源,有利于风景资源的保护,且以凤大高速为界有利于风景区界线的可识别性
	—	景区边界30小片	2.31	以明显的地物界线进行调整,确保风景区边界清晰
调入小计			21.43	
	A	A-5	3.08	无景点分布,跨行政区,难于实现有效管理,因此将吉首地界调出
		A-6	0.24	该景区区域与两头羊自然保护区范围发生冲突,因此将景区划出
调出	B	B-2	0.6	该景区与两头羊自然保护区范围发生冲突,因此将景区划出
		B-3	2.15	该区域在山江镇总体规划中是向西北发展的主要区域,规划较多建设用地,考虑到风景区保护与城市发展之间的矛盾,将此用地划出

情况	区域	范围	面积/km²	理由
调出	C	C-7	1.23	该区域无景点分布,以凤大高速、凤大公路和山体为界线,有利于风景区界线的可识别性
		C-8	0.32	该区域无景点分布
		C-9	2.8	该区域在凤凰县城总体规划中是县城向北发展的主要区域,规划了较多建设用地,考虑到风景区保护与城市发展之间的矛盾,将此用地划出
	—	景区边界31小片	2.01	以明显的地物界线进行调整,确保风景区边界清晰
调出小计			12.43	
规划			86.51	

在划定边界的具体操作中,《风景名胜区总体规划标准》提出了风景区范围的界限必须符合下列规定:① 必须有明确的地形标志物为依托,既能在地形图上标出,又能在现场立桩标界;② 地形图上的标界范围,应是风景区面积的计量依据;③ 规划阶段的所有面积计量,均应以同精度的地形图的投影面积为准。

随着时代和技术的发展,GIS制图,数字化管理等手段的运用,非矢量化的地形图纸标明的范围和上报数据不一致的情况得以避免。但是,由于我国许多风景区地形地貌复杂,自然人文交织,相较于自然保护区,人地关系紧张的东部地区的风景区范围的标桩定界工作有时会成为难点。此时,道路、河流、山脊线等明显的标志物在局部地区并不能满足划界要求。例如,风景环境和城镇建成区交错的山地,其低山区域由于风景质量一般,且由于生产生活需要,难以完整纳入风景区,实践中,有些规划以等高线为划界依据,这给现场立桩标界带来了不小的难题。

在规划条文中,风景区规划范围的陈述一般由规划原则,风景区与核心景区的"四至"(东西南北所及)说明和坐标组成。

鼓山风景名胜区总体规划(2022—2035年)

鼓山风景名胜区位于福州市中心城区东郊、闽江北岸,北至"牛道山—北垄",东临"南洋村—茶洋顶—金圭翼—深坑里—燕雀水库—柴桥水库",南侧和西侧边界均抵鼓山山麓,并与福州市三环快速路、机场高速公路(二期)相协调,风景名胜区总面积49.72 km²,地理坐标东经119°21′39″—119°25′19″,北纬26°01′55″—26°07′30″。核心景区总面积12.72 km²,占风景名胜区总面积的25.58%。

鼓山风景名胜区范围坐标图

本规划批复后将及时向社会公开风景名胜区范围矢量坐标,以便社会知悉。规划批复后1年内,完成风景名胜区和核心景区范围的标界立桩。

一些城市型风景区,或者风景区被城镇环境包围,或者城市建成区与风景资源相邻,如南京钟山、连云港云台山、宝鸡天台山(图6-3)等风景区,此时城镇的生产生活空间与风景空间互相交织,风景区界线的划设应有效地保护核心风景资源不会受到城镇不利因素的破坏,同时应保留出城景之间的过渡地带。规划实践常会划定一个外围特定的保护地带,形成一个城、景协调的缓冲区,来解决二者的协调问题。但是,外围保护地带的管理权限如并无明确的规定和管理机制,规划所做的管控规定往往难以实施。

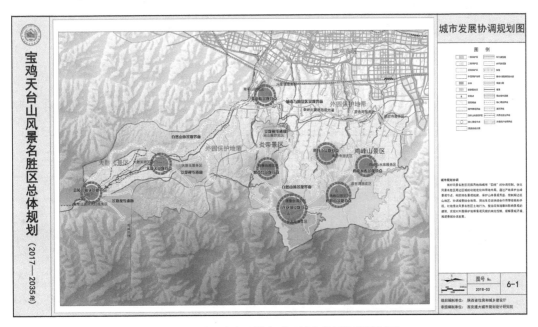

图6-3　宝鸡天台山风景名胜区城市发展协调规划图

因此，风景区边缘地带毗邻城镇地区的界线划定应综合平衡划设，防止因"人—地"分家损害居民权益：首先，对于位于风景区包围之内的旅游城镇，如其人文历史是风景区的风景资源的有机组成部分，则应整体划入风景区，其景、城协调地带应通过风景区内部的分级保护区或功能区划进行解决。其次，对于风景区边缘地带毗邻城镇地区的界线划设，可视景区与城市的关系而定，大致分为城景交融类型的景区边界、景城毗连相伴的景区边界和依托景区的旅游城镇边界。

城景交融类型的城市风景类的景区边界，应将城市中的风景资源要素，以及构成风景城市的空间要素一并考虑，合理划入风景区，对区内的城市街区及建设进行严格景观管控。

与城市毗连的景区边界划设，通常以道路为界，道路靠内一侧尽量不安排建筑物、构筑物，较好地展露风景区，形成"露山见水"的风景效果，道路另一侧可作为城市街区。不能全线以路为界时，至少应在景区的出入口及重要风景点的视廊对景处或城市景观节点处划界，以尽量扩大风景对城市的景观渗透。

对于依托风景区发展的旅游城镇，应从风景区角度对整体城镇空间提出管控要求，从而可更有效的协调景、城关系，突出风景城镇特色与旅游服务职能。在有用地条件时应适当根据旅游人口、旅游服务设施及旅游城镇风貌建设要求，划设相应区域纳入风景名胜区管理，从而提高城镇的环境建设品质。

随着风景区事业的发展，与早期的规划相比，风景区范围有逐渐扩大的趋势，以山西五台山风景名胜区为例，其1983年的规划范围为20 km²，1990年的规划范围扩大至40 km²，而2000年的规划范围则进一步扩大为200 km²。浙江方岩风景名胜区，其为省级风景区时规划范围为36 km²，申报国家级风景区时则扩大至152.8 km²。其中核心景区面积为113.2 km²。新疆天山天池风景名胜区在第一次总体规划时确定的范围是118 km²，2002年修编时，从风景资源和生态环境的完整性出发，规划初步设想将核心景源博格达峰冰川发源的几条山谷河流，及其代表的西北干旱地区垂直景观分带完整纳入风景区范围，扩大至618 km²，由于县市行政边界造成的管理可行性的限制，最终确定的风景名胜区范围为面积548 km²。

天山天池风景名胜区总体规划（2004—2020年）

总体规划（修编）对风景区范围的划定遵循以下原则：

（1）减轻对天池核心景区生态环境的压力，有利于更完整地保护天山天池独特而珍贵的自然景观资源和多样性的生物物种资源。

（2）有利于改变风景区现有的端头交通的状况，使外部交通形成环线；有利于与风景区周围景观资源的整合,形成有机的旅游网络。

(3)有利于丰富景观类型,充实游赏内容,合理地疏导游客。

(4)合理解决景区、牧区和林区之间的矛盾,有利于统一规划管理和调整产业结构,妥善安置牧民,确保林业人员与牧民良好的生产生活条件。

基于上述原则,本次天山天池风景名胜区总体规划的范围在国务院1993年批准的《天山天池风景名胜区总体规划》所划定范围的基础上,向东扩至四工河,向西扩至水磨沟,南面延伸至天山山脊线,北至大平滩煤矿,总面积约548.0 km²。本规划范围基本覆盖1980年成立的新疆博格达天池国家级自然保护区的范围。

风景区范围涉及空间管控的权限,是总体规划的核心问题之一,除了首次规划应依据设立时批复的风景区范围和面积规模之外,规划修编时应依据上一版规划划定的范围,细致核对现实情况,如确需调整则应充分论证。2023年国家林业和草原局自然保护地管理司下发的《国家级风景名胜区总体规划编制大纲指南(试行)》对国家级风景区范围调整提出了具体的要求:

(1)经国务院批准后的风景区范围,是风景区开展保护建设管理工作的重要依据,具有法定性,不得随意调整。确需调整范围的,应通过编制(修编、修改)总体规划实现。

(2)总体规划报批后批准前的修改过程中,规划范围原则上不予调整。确需调整的,需由省级林草主管部门报请省级人民政府同意后,报国家林草局审查。

(3)生态保护红线内的风景区范围不予调整,永久基本农田、村庄、人工商品林原则上不应调出风景区。

(4)涉及违规建设的区域,在按照有关要求整改到位前,不得调出,避免"以调代改"。

6.2 规划依据

我国为保护生态环境、合理利用土地资源、保持生物多样性和维护生态平衡,以及水资源不可移动文物等保护工作制定了一系列相关的法律法规。作为法定规划,风景名胜区规划的编制依据除了直接指导规划的《风景名胜区条例》《风景名胜区总体规划标准》《风景名胜区详细规划标准》等规范性文件、技术标准等之外,还应包括国家及地方自然保护地、宗教活动管理、国土空间规划、"三区三线"划定、生态环境保护、历史文化名城名镇名村、水资源和河湖保护、防洪减灾、文物保护等方面的法律法规、政策规章、法定规划、规范性文件、技术标准等。

浙江桃渚风景名胜区总体规划（2021—2035年）

1. 法律法规

《中华人民共和国城乡规划法》《中华人民共和国环境保护法》《中华人民共和国环境影响评价法》《中华人民共和国土地管理法》《中华人民共和国文物保护法》《中华人民共和国森林法》《中华人民共和国水法》《中华人民共和国水污染防治法》《中华人民共和国防洪法》《中华人民共和国野生动物保护法》《中华人民共和国野生植物保护法》《风景名胜区条例》《规划环境影响评价条例》《宗教事务条例》《历史文化名城名镇名村保护条例》《浙江省风景名胜区条例》《浙江省水污染防治条例》《浙江省饮用水水源保护条例》等法律法规。

2. 国家行政规章与文件

（1）《国务院办公厅关于加强风景名胜区保护管理工作的通知》（国办发〔1995〕23号）；

（2）《国务院办公厅关于加强和改进城乡规划工作的通知》（国办发〔2000〕25号）；

（3）《建设部关于加强风景名胜区规划管理工作的通知》（建城〔2000〕94号）；

（4）《建设部关于发布〈国家级风景名胜区规划编制审批管理办法〉的通知》（建城〔2001〕83号）；

（5）《国务院关于加强城乡规划监督管理的通知》（国发〔2002〕13号）；

（6）《建设部关于贯彻落实〈国务院关于加强城乡规划监督管理的通知〉的通知》（建规〔2002〕204号）；

（7）《建设部关于开展国家级风景名胜区综合整治工作的通知》（建办城〔2003〕12号）；

（8）《关于做好国家重点风景名胜区核心景区划定与保护工作的通知》（建城〔2003〕77号）；

（9）《关于印发〈国家重点风景名胜区总体规划编制报批管理规定〉的通知》（建城〔2003〕126号）；

（10）《关于处理涉及佛教寺庙、道教宫观管理有关问题的意见》（国宗发〔2012〕41号）；

（11）《建设部关于印发国家级风景名胜区总体规划大纲和编制要求的通知》（建城〔2015〕93号）；

（12）《国家级风景名胜区规划编制审批办法》（中华人民共和国住房和城乡建设部令第26号）；

（13）《规划环境影响评价条例》（中华人民共和国国务院令第559号）。

3. 技术标准规范

国家强制性标准《风景名胜区总体规划标准》（GB/T 50298—2018）、《生态保护红线划定技术指南》等。

4. 相关规划

《临海市国土空间总体规划（2021—2035年）》（在编）、《浙江临海国家地质公园规划（2018—2030年）》《桃渚城保护规划（2016—2035年）》等。

黑龙江大沽河风景名胜区总体规划（2021—2035年）

1. 国家法律

（1）《中华人民共和国城乡规划法》；

（2）《中华人民共和国土地管理法》；

（3）《中华人民共和国森林法》；

（4）《中华人民共和国文物保护法》；

（5）《中华人民共和国环境保护法》；

（6）《中华人民共和国野生动物保护法》；

（7）《中华人民共和国水法》；

（8）《中华人民共和国防洪法》。

2. 国家和省市行政规章与文件

（1）《风景名胜区条例》；

（2）《建设项目使用林地审核审批管理办法》；

（3）《中华人民共和国河道管理条例》；

（4）《全国重要生态系统保护和修复重大工程总体规划（2021—2035年）》；

（5）《中共逊克县委关于制定国民经济和社会发展第十四个五年规划和二零三五年远景目标的建议（征求意见稿）》。

3. 技术标准规范

（1）《风景名胜区总体规划标准》（GB/T 50298—2018）；

（2）《风景名胜区详细规划标准》（GB/T 51294—2018）；

（3）《国家级风景名胜区规划编制审批办法》；

（4）《国家级风景名胜区总体规划编制要求（暂行）》；

（5）《黑龙江省地方标准用水定额》（DB23/T 727—2021）。

4. 规划参考

（1）《黑龙江省全域旅游发展总体规划（2020—2030年）》；

（2）《黑龙江省冰雪旅游产业发展规划（2020—2030年）》；

（3）《黑河市国土空间总体规划（2020年—2035年）》；

（4）《逊克县国土空间总体规划（2020年—2035年）》；

（5）国家、省、地方其他相关法律法规及政策要求。

自20世纪七八十年代以来,随着经济社会的发展以及各项事业管理的法治化,风景名胜区出台了一系列关于总体规划的管理文件,如2003年的《国家重点风景名胜区总体规划编制报批管理规定》《关于做好国家重点风景名胜区核心景区划定与保护工作的通知》,2015年的《国家级风景名胜区规划编制审批办法》《国家级风景名胜区总体规划大纲(暂行)》《国家级风景名胜区总体规划编制要求(暂行)》,以及国家林业和草原局2023年发布的《国家级风景名胜区总体规划编制大纲指南(试行)》等。可见随着风景名胜区事业的发展和对风景名胜资源保护和利用认知的加深,规划管理要求在不断细化和深化。

规划工作应针对所编制的风景名胜区的特点,及时跟踪相关法律法规、政策文件和管理办法的出台和变化,满足相关法规和管理的要求。其中,《国家级风景名胜区规划编制大纲指南(试行)》等管理部门的相关管理文件,以及批准后的"三区三线"划定成果、批复的生态保护红线划定方案、自然保护地整合方案等新要求是当前规划应重点关注的工作依据。

6.3 规划原则与目标

风景区规划目的是适应保护、利用、管理、发展的需要,优化风景区用地布局,全面发挥风景区的功能和作用,实现风景优美、设施方便、社会文明,并突出其独特的景观形象、游憩魅力和生态环境,促使风景区适度、稳定、协调和可持续发展。1999年颁布的《风景名胜区规划规范》对应目标提出了十六字方针"严格保护、统一管理、合理开发、永续利用",2006年,《风景名胜区条例》调整为"科学规划、统一管理、严格保护、永续利用",对科学规划的强调和合理开发的去除,体现了风景区保护与利用观念的变化和调整,这十六个字也成为目前风景区规划、建设和管理的基本原则。

规划原则

《风景名胜区总体规划标准》提出风景区总体规划必须坚持生态文明和绿色发展理念,符合我国国情,符合风景区的功能定位和发展实际,因地制宜地突出风景区特征,并遵循下列原则:

(1)科学指导,综合部署。应树立和践行绿水青山就是金山银山理念,依据现状资源特征、环境条件、历史情况、文化特点以及国民经济和社会发展趋势,统筹兼顾,综合安排。

(2)保护优先,完整传承。应优先保护风景名胜资源及其所依存的自然生态本底和历史文脉,保护原有景观特征和地方特色,维护自然生态系统良性循环,加强科学研究和科普教育,促进景观培育与提升,完整传承风景区资源和价值。

(3)彰显价值,永续利用。应充分发挥风景资源的综合价值和潜力,提升风景游览主体职能,配置必要的旅游服务设施,改善风景区管理能力,促使风景区良性发展和永续利用。

（4）多元统筹,协调发展。应合理权衡风景环境、社会、经济三方面的综合效益,统筹风景区自身健全发展与社会需求之间关系,创造风景优美、社会文明、生态环境良好、景观形象和游赏魅力独特、设施方便、人与自然和谐的壮丽国土空间。

上述规划原则是对十六字方针的具体解释,与《风景名胜区规划规范》提出的原则相比,突出了生态意识、绿色发展理念和区域协调统筹的要求,规划工作中应以此为基础并结合风景区自身特色提出相应规划原则。

黑龙江大沾河风景名胜区总体规划（2021—2035年）

1. 科学指导,综合部署

大沾河风景名胜区应充分践行绿水青山就是金山银山理念,依据现状资源特征环境条件历史文化和社会经济条件,统筹兼顾,综合安排。

2. 保护优先,世代传承

深入挖掘并传承鄂伦春族、俄罗斯族民族文化及历史,优先保护其民族世代生活的自然环境。

3. 突出价值,科学利用

充分发挥风景资源综合价值和潜力,提升风景游览主体职能;配备旅游服务设施,提升景区管理能力。

4. 乡村振兴,差异化需求

根据当代游客差异化的出游需求,形成多元化景区,充分利用冰雪资源,发展四季乡村旅游。

5. 多元统筹,优化发展

协调土地、风景资源、社会经济三方面综合效益,统筹风景区自身健全发展与美丽国土空间系统发展。

6. 智慧景区,数字化管理

充分利用多元化媒体平台,数字技术,结合风景资源,打造多样化景观。

规划目标

规划应依据风景区的性质和社会需求,从风景区的自我健全目标和社会作用目标两个方面,遵循以下原则提出适合风景区的发展目标:

（1）贯彻科学规划、统一管理、严格保护、永续利用的基本原则。

（2）充分考虑历史、当代、未来三个阶段的关系,科学预测符合风景区自身特征的发展需求。

（3）因地制宜地处理人与自然的和谐关系。

（4）使资源保护和综合利用、功能安排和项目配置、人口规模和建设标准等各项主要目标，同国家与地区的社会经济技术发展目标和水平相适应。

风景区发展的自身性目标可以归纳为三点：一是融汇审美与生态，文化与科技价值于一体的风景地域；二是具备与其功能相适应的旅游服务设施和时代活力的社会单元；三是独具风景区特征并能支持其自我生存或发展的经济实体。风景、社会、经济三者协调发展，并能满足人们精神文化需要和适应社会持续进步的要求。

风景区发展的社会性目标也可以归纳为三点：一是保护培育国土，树立国家和地区形象的典型作用；二是展示自然人文遗产，提供游憩风景胜地，促进人与自然共生共荣和协调发展的启迪作用；三是促进旅游发展，发挥振兴地方经济的先导作用。

对于某个风景区规划而言，规划应该依据上位规划的要求，考虑与国土规划、区域规划、城市总体规划及其他相关规划的相互协调，因地制宜地突出风景区特性，在充分对资源保护和利用现状进行分析研究、科学预测风景区不同时间段的发展规模与效益的基础上，制定相应的目标。

首先，应依据资源特征、环境条件、历史积淀、现状情况以及区域的经济和社会发展趋势，权衡风景环境、社会、经济三方面的综合效益，统筹兼顾。其次，应严格保护自然与文化遗产，保护地域景观特征，维护生物多样性，加强生态景观培育，平衡好风景保护和资源利用的关系。再者，应充分发挥自身景源的综合潜力，展现风景游赏特色，充实科教审美内容，配置必要的服务设施，改善风景区运营管理，同时防止人工化、城市化、商业化倾向，促使风景区持续发展。

规划目标体系

由于大多风景区面临的问题和需求十分复杂，当有多个目标时，规划应确定各目标之间的优先顺序及其权重，在此基础上，通过突出地域特征、调控动态发展、综合协调、整体优化等手段，从生态效益、社会效益和经济效益协调发展三个方面出发，形成横向和纵向分别由三个部分组成的目标体系。

1）横向上包括：① 资源保护的目标，以保护为基础的风景资源主体系统；② 游赏利用的目标，以便利为主旨的游赏设施配套系统；③ 社区发展的目标，以和谐为核心的居民社会管理系统。

2）纵向上包括：近期、中期、远期的不同发展阶段的目标。

浙江桃渚风景名胜区总体规划（2021—2035 年）

1. 总目标

桃渚风景名胜区优质的文化和自然资源得到完整保护和传承，与国家地质公园加强联动,增强科普教育功能,风景资源保护与社会经济发展形成良性互动。以建设生态文明为目标,塑造自然风景环境优美、历史人文特色突出、服务设施布局均衡、游览线路组织合理的国家级风景名胜区。

2. 分项目标

(1)风景资源保护与管理目标

加强桃渚风景名胜区全域范围的管理力度,建立市级统一的管理机构,实行统一管理。

风景区各项风景资源得到全面而有效的保护及展示,自然生态环境得到全面改善,文化特色得到充分展示,呈现并强化"古城古韵浓、石柱峰林奇、桃渚湿地美"的风景资源特色。

(2)景区建设与旅游发展目标

景区建设依托资源优势,明确发展定位和功能。桃渚片区以古城保护与文化展示、十三渚湿地体验、奇峰异石的流纹岩景观游赏为主体功能定位。龙湾片区的主要功能是海滨休闲度假。两大片区功能互补,差异化发展。

风景区拥有合理的空间布局和游览线路、完善的游览设施和基础设施、丰富的游览内容和体验,游客对游览质量感到满意。风景区形象得到进一步提升,成为国内知名的风景名胜区。

(3)社区协调与发展目标

理顺风景区与乡镇、居民之间的发展关系,通过旅游业和生态农业带动风景区经济社会转型发展,协调环境保护、旅游发展、民生事业之间的关系。完成各项社会调控目标,实现景村共栖、利益共享、协调持续发展。

石阡温泉群风景名胜区总体规划(2012—2035年)

1. 总体目标

充分保护风景资源和自然环境;建立完善的石阡温泉群国家级风景名胜区游赏系统,在保护的前提下,合理开发,突出石阡温泉群国家级风景名胜的温泉文化、历史文化、民族文化和茶文化四大文化的特点,打造以保健、科考、商贸、休闲、度假为主的旅游产品,实现资源、环境、社会、经济的可持续发展。

2. 近期目标(2012—2015年)

重点建设石阡温泉与古建筑群景群和楼上古村落景区。严格保护风景名胜区的自然环境和风景资源;解决风景名胜区范围与标桩立界;健全理顺管理机制,加强保护管理监督;充分利用"国内少有的热矿泉群"这一品牌,发挥自身优势,挖掘温泉文化、历史文化、民族文化和茶文化的内涵,积极发展旅游经济;重点组织开展温泉保健休闲旅游和访古体验等旅游活动,加快旅游服务设施和基础工程建设,增强自身竞争力。

3. 中期目标（2016—2025 年）

带动凯峡河景区和鸳鸯湖景区的开发建设，抓住机遇，充分依托东线旅游线路的联动效应，发挥自身优势，加强与佛顶山自然保护区的联动，通过有效的保护和合理开发，积极发展旅游经济；有序组织凯峡河和鸳鸯湖的观光游览活动，建设旅游服务设施和基础工程，对内强化管理，对外树立形象。

4. 远期目标（2026—2035 年）

加强整个风景名胜区的旅游发展力度，完善、优化整个风景名胜区的旅游服务设施和基础设施，拉动独立景点的开发，丰富游览线路、游览方式；依托石阡县城现有的旅游服务设施，拓展客源市场，提升景区品质；动态调控风景游赏、旅游服务、居民社会 3 个系统之间的协调关系，建立风景名胜区经济社会与自然协调发展的良性循环，充分利用区位优势，将石阡风景名胜区打造成国际生态旅游目的地，成为管理水平、服务质量、游赏项目一流的有特色、有文化的风景名胜区，为风景名胜区由观光型向游憩型转换打好基础。

6.4　性质与特征

在风景资源评价和现状分析形成成果，明确风景区的发展需求和条件等之后，规划重要工作就是用简洁的文字概括风景区的性质，体现该风景区的特有之处。性质确定的原则性要点贯穿于规划规定的各项措施之中，是风景区规划的一项重要工作。

风景区性质的确定，必须依据风景区的典型景观特征、游览欣赏特点、资源主体类型，以及风景区区位因素，优势、矛盾和发展对策、功能选择等因素来确定。经过多年的实践，性质的表述方式逐渐规范和固定，通常应由风景特征、主要功能、风景区级别等三方面内容组成。用词重点突出、准确精练。

风景特征除了从景源评价结论中提取，还要考虑景源同其他资源间的关系，要参照现状分析中关于风景区发展优势和区位因素的论证，明确其在区域中最突出的典型特征所在。其表述常分成自然和人文两个部分，用一句话或若干个词组来做精练的表达。如"广东丹霞风景区：以丹崖—碧水—绿树为整体景观特征，兼有宗教文化景观和历史遗迹"。

风景区的主要功能选择则是通过分析风景区发展的社会、经济、空间环境、技术条件及社会需求，结合风景区的发展动力、发展对策和规划原则来拟定的。风景区的主要功能常从保护培育、文化传承、审美与认知、教育启智、科学研究、休闲游憩、生产与经济这 7 类进行表述。尤应注意的是风景区以保护为基础，其功能类别的提出应与风景资源保护要求和公益性质不相冲突，对于疗养、康养、休养等功能安排应慎重为之。

对于已正式列入如国家级、省级两级名单的风景区,其级别表述应与国务院和省政府颁布的文件一致。对于尚未定级的风景区,规划者可称谓为具有国家意义或省级意义的风景区。

此外,常见规划在性质中以风景区的主要景观特征的概括,以某型来表述风景区类型。如以天下秀著称的峨眉山,其秀丽主要体现在中低山部分丰富的植物种质和群落,黑、白两龙江的清溪、奇石。但至高山部分,海拔3 100 m,一山突起,直插云天,就不仅是"秀",而是"雄秀"了。峨眉山还有丰富的典型地质现象、佛教名山的历史文化和众多的名胜古迹,这样就形成了峨眉山具有悠久的历史和丰富的文化、科学内容,景层高、游程长、雄秀神奇的山岳型风景区性质。

风景区的类型特征,可以参照现行行业标准《风景名胜区分类标准》(CJJ/T 121—2008),根据其最主要的景源价值、特征及其保护管理要求来确定。但是该标准中按照资源保护与管理的严格程度顺序排列的四个大类:圣地类、生态类、胜迹类、风物类。虽然它可以和IUCN体系的管理强度相对应,但是过于概括,难以体现出风景区特色。此外,在我国以国家公园为主体的自然保护地体系建立之后,这一对风景区的分类也不再适用。该标准按形态空间特征划分的10个中类,又未覆盖所有风景类型特征,而均以其他来概括,并不能满足规划实践的要求(表6-1)。

表6-1　风景名胜区各景区类别名称、内容与范围、类型特点的规定

	类别代码	类别名称	内容与范围	类型特点
自然景观	N1	山地型	以山岳地貌为主要特征的景区。此类景区具有较高生态价值和观赏价值	空间形态以山地为主。保护利用突出山地高程、坡度等垂直差异
	N2	河流型	以天然及人工河流为主要特征的景区。包括季节性河流、峡谷、运河、洲岛等	空间形态以河流为主,保护利用突出河道线性特点
	N3	湖泊型	以宽阔水面为主要特征的景区。包括天然或人工形成的水体。	空间形态以湖泊水体为主,保护利用突出环状圈层式特点
	N4	海滨型	以海滨地貌为主要特征的景区。包括海滨基岩、岬角、沙滩、滩涂、澙湖和海岛岩礁等	空间形态以海滨海岛为主,保护利用突出海陆关系
	N5	其他自然景观型	未包括在以上类型中的自然型景区。以典型或特殊地貌、生物景观为主要特征,包括岩石洞穴、丹霞、火山熔岩、热田气泉、沙漠渍滩、蚀余景观、地质珍迹、草原、戈壁等	根据具体类型确定保护利用方式

续表

	类别代码	类别名称	内容与范围	类型特点
人文景观	H1	文化胜迹型	以文化名胜为主要特征的景区。包括文化圣地、宗教圣地、历史名园等	具有中国文化典型代表意义，资源密集呈片区，保护利用方式兼顾静态保护与活化利用
	H2	历史古迹型	以文物古迹、历史遗存为主要特征的景区。包括壁画岩画、石窟造像、帝王及名人陵寝、古遗址、古建筑、古墓葬、古碑石刻、近代代表性建筑、革命纪念建筑等	资源以静态物质遗存为主，点状或线状分布为主，保护利用方式突出物质文化本体保护
	H3	历史城镇型	以历史古城、古镇、历史街区、特色传统民居为主要特征的景区。包括历史文化名城、名镇、历史城区、传统街区、体现民俗风情的特色城镇街区等	以古城古镇为空间载体，物质文化与非物质文化景观兼有，保护利用突出文化、生活、经济、社会的协调发展
	H4	田园乡村型	以乡土村落及具有观赏价值的农、林、牧、渔等生产性景观为主要特征的景区	以田园村落为空间载体，体现乡土社会风情，保护利用要兼顾村庄居民社会发展
	H5	其他人文景观型	未包括在以上类型中的其他人文景观型景区	根据具体类型确定保护利用方式

引自：《风景名胜区分类标准》（征求意见稿）

在《风景规划——风景名胜区规划规范实施手册》一书中，作者将风景区按典型景观的属性特征划分为10类：

1）山岳型风景区：以高、中、低山和各种山景为主体景观特点的风景区。如五岳和各类名山风景区。

2）峡谷型风景区：以各种峡谷风光为主体景观特点的风景区。如长江三峡、马岭河峡谷等风景区。

3）岩洞型风景区：以各种岩溶洞穴或溶岩洞景为主体景观特点的风景区。如龙宫、织金洞、本溪水洞、金华溶洞等风景区。

4）江河型风景区：以各种江河溪瀑等动态水体水景为主体景观特点的风景区。如楠溪江、黄果树、黄河壶口瀑布等风景区。

5）湖泊型风景区：以各种湖泊水库等水体水景为主体景观特点的风景区。如杭州西湖、武汉东湖、贵州红枫湖、青海湖等风景区。

6）海滨型风景区：以各种海滨海岛等海景为主体景观特点的风景区。如兴城海滨、嵊泗列岛、福建海潭、三亚海滨等风景区。

7）森林型风景区：以各种森林及其生物景观为主体景观特点的风景区。如西双版纳、蜀南竹海、百里杜鹃等风景区。

8）草原型风景区：以各种草原草地、沙漠风光及其生物景观为主体景观特点的风景区。如太阳岛、扎兰屯等风景区。

9）史迹型风景区：以历代园景、建筑和史迹景观为主体景观特点的风景区。如避暑山庄外八庙、八达岭、十三陵、中山陵等风景区。

10）综合型景观风景区：以各种自然和人文景源融合成综合性景观为其特点的风景区。如漓江、太湖、大理、两江一湖、三江并流等风景区。

但是，有些风景区的资源类型多样，或者是由多个不同类型的片区组成的，典型景观特征并不一定能概括为某一类别。因此，风景区性质中并不必须有类型的界定。

雁荡山风景名胜区总体规划（2021—2035年）

雁荡山风景名胜区是以具有世界典型性的流纹岩火山地质为自然本底，以雁荡山奇特绝美的峰、洞、嶂、瀑、门为典型景观，兼具中雁荡山的雄峰幽潆、湖光山影、洞府道观，以及南雁荡山的九溪汇流、奇峰幽洞、三教荟萃等景观，自然与人文交相辉映，美学、科学和历史文化价值突出，具有游览观赏、文教科考及休闲养生等多重功能的滨海及山岳型国家级风景名胜区。

大洪山风景名胜区总体规划（2021—2035年）

大洪山风景名胜区是以溶洞景观、自然山水为核心，以佛教文化、红色文化、长寿文化、绿林文化为底蕴，田园乡村为景观特色，具有山水游赏、户外体验、科普研学、休闲度假等综合功能的山岳型国家级风景名胜区。

胶东半岛海滨风景名胜区总体规划（2015—2030年）

胶东半岛海滨风景名胜区以海岛、海湾岬角、海蚀地貌、海市蜃楼等自然景观为风景特征，以仙境文化、海防文化、帝王巡游等人文景观为内涵，集游览观光、爱国教育、文化探源、休闲度假、科学考察等功能于一体的海滨型国家级风景名胜区。

大盘山风景名胜区总体规划（2021—2035年）

大盘山风景名胜区以夹溪十八涡、玉山古茶场、百杖三叠瀑、榉溪孔氏家庙等为景观特色，融神奇壮观的峡谷溪涧、积淀深厚的历史文化于一体，是以生态保育、观光游览、科普科考、度假休闲为主要功能的国家级风景名胜区。

大盘山风景名胜区资源总体特征可概括为"群山诸水的始祖源头，鬼斧神工的地质

遗迹、蜿蜒幽深的溪涧谷壑、丰富珍稀的药材宝库,源远流长的茶场文化、积淀深厚的婺州南孔"。

米仓山大峡谷风景名胜区总体规划(2021—2035年)

米仓山大峡谷风景区以峡谷奇潭、蜀道遗迹、红色人文为主体,以"壮、奇、古、红"为典型景观特征,是具有资源保护、科普宣教、游憩康养等功能的大型国家级风景名胜区。

夫子庙—秦淮风光带风景名胜区(2022—2035年)

夫子庙—秦淮风光带风景名胜区是以"十里秦淮"、明城墙风光、夫子庙为景观特色,以儒家思想与科举文化、民俗文化等为内涵,集旅游观光、美食购物、休闲娱乐、科普教育、节庆活动等功能于一体的城市型省级风景名胜区。

6.5 规划期限

《风景名胜区总体规划标准》指出风景区总体规划作为使风景区得到科学的经营管理并能持续发展的综合部署,一般年限长达20年,对未来的预测需要有配套的分期规划来保证其逐步实现和有序过渡。风景区分期规划一般分两期,即近期和远期。

一般来说,近期规划为1年—5年,远期规划为6年—20年。

每个分期的年限应同国民经济和社会发展计划相适应,便于相互协调。由于各风景区总体规划编制完成时间不同,所以近期规划的时间,一般按规划编制完成的年度到该期国家5年计划结束时间为止。

由于规划期限原则上应与县级以上国土空间规划保持一致,而目前的国土空间规划规划以2035年为期限,因此近年编制的风景区规划总期限常不大于15年。

百丈漈—飞云湖风景名胜区总体规划(2021—2035年)

本规划期限为2021—2035年,近期为2021—2025年。

杨岐山风景名胜区总体规划(2018—2035年)

本规划期限为2018—2035年,近期为2018—2025年。

6.6 环境容量

在平衡风景区保护和利用这一对矛盾中,通过游人为主的容量控制,管控人为干扰的强度,从而制止对自然环境的人为消极作用,保持和维护原有生物种群、结构及其功能特征,保护典型而有示范性的风景资源是规划极其重要的手段。

随着经济社会发展,人们的旅行游览活动不断增长,同时我国特有的长假制度导致高峰期风景区人均资源极度紧缺,风景区的容量问题不可避免成为规划的重要课题。

《风景名胜区总体规划标准》提出了计算容量标准的三个维度:对景物及其所在的生态环境空间而言的生态容量;游人对景物的景感反应的游览心理容量;游人欣赏风景时所处的具体设施条件的功能技术容量。

6.6.1　生态容量

表6-2　游憩用地生态容量表

用地类型	允许容人量和用地指标	
	（人/hm²）	（m²/人）
针叶林地	2~3	5 000~3 300
阔叶林地	4~8	2 500~1 250
森林公园	<15~20	>660~500
疏林草地	20~25	500~400
草地公园	<70	>140
城镇公园	30~200	300~50
专用浴场	<500	>20
浴场水域	1 000~2 000	20~10
浴场沙滩	1 000~2 000	10~5

注:表内指标适用于可游览区域。

《风景名胜区总体规划标准》的生态容量计算标准表(表6-2)中指标变化幅度极大,体现出由于涉及变量过于庞杂,容量计算现阶段难以通过固定公式的计算得出十分确实的数值,而是由相关调研成果和经验数据综合得出。例如,即便是疏林草地这一相对明确的地表类型,由于其所在区域的气温条件、土壤、草种类型、降雨等等不同,导致草地由于人的使用而难以恢复的生态承载量也十分不同。更遑论城镇公园这一本身十分丰富多元的用地类别了。

此外,由于表6-2的用地类型与风景区规划的土地利用分类、景区划分、游览分区、功能区划等均不衔接,且可游览区域的界定对应的物质对象也没有明确规定,因此实践中如何具体运用仍难见有共识的处理。

米仓山大峡谷风景名胜区总体规划（2021—2035年）

游憩用地生态容量指标表

分 区	面积/km²	可游览面积系数	可游览面积/hm²	允许容人量和用地指标	
				人/hm²	m²/人
风景区计			3 656.80		
一、风景游览区	58.06		3 504.8		
1. 龙潭景区	4.69	0.6	281.4	3~4	3 125
2. 大峡谷景区	12.58	0.6	754.8	3~4	3 125
3. 采育场景区	23.03	0.6	1 381.8	3~4	3 125
4. 汉王山温泉景区	16.70	0.8	1 002.0	15~20	660
5. 木门景区	1.06		84.8	30	330
二、旅游服务区	1.90	0.8	152.0	30	330

6.6.2 游客容量

同样地，在游览心理满足的考量中，仅仅是游人对于游览环境拥挤程度的接受度这一因素，也受其年龄、教育程度、经济条件、文化背景等等影响而大不相同。

在实际应用时，通常是计算理论、经济知识和专家判断力相结合，提出概略性指标和数据。如运用较为明确的物质空间要素，如景点面积、游线长度（面积）来作为计算的载体，以获得较为明确和简便的计算方式。

《风景名胜区总体规划标准》建议的游人容量的计算方式有如下三种：

1）线路法：以每个游人所占平均游览道路面积计，宜为 5 m²/人~10 m²/人。

2）面积法：以每个游人所占平均游览面积计。主景景点宜为 50 m²/人~100 m²/人（景点面积）；一般景点宜为 100 m²/人~400 m²/人（景点面积）；浴场海域宜为 10 m²/人~20 m²/人（海拔 0~-2 m 以内水面）；浴场沙滩宜为 5 m²/人~10 m²/人（海拔 0~+2 m 以内沙滩）。

3）卡口法：实测卡口处单位时间内通过的合理游人量，单位以"人次/单位时间"表示。

从给出的数据可以看出，几乎一倍的阈值是对于实践中复杂情况的勉力对应，得出的数据必然是概略性的。因此，计算宜采取多种方式，互为印证。同时应注意，线路法应以面积为计算量纲，而不是道路长度，即要求规划的各级道路的长度和宽度均应明确。

沿河乌江山峡风景名胜区总体规划（2021—2035年）

沿河乌江山峡风景名胜区游客容量表

景区名称	景区容量/人	类别	计算面积/m² 与长度/m	计算指标	容量/人
土坨峡景区	6 300	鲤鱼池古寨	51 500 m²	45 m²/人	1 000
		水上游线	25 980 m	12 m/人	2 200
		一级步行游览道（3 m）	6 600 m×3 m	8 m²/人	2 500
		二级步行游览道（1.5 m）	4 200 m×1.5 m	10 m²/人	600
黎芝峡景区	5 000	冯家寨	35 500 m²	45 m²/人	800
		水上游线	22 824 m	12 m/人	1 900
		一级步行游览道（3 m）	4 700 m×3 m	8 m²/人	1 800
		二级步行游览道（1.5 m）	3 500 m×1.5 m	10 m²/人	500
夹石峡景区	3 600	龙塘沟	21 000 m²	45 m²/人	500
		水上游线	17 964 m²	12 m/人	1 500
		一级步行游览道（3 m）	3 500 m×3 m	8 m²/人	1 300
		二级步行游览道（1.5 m）	1 800 m×1.5 m	10 m²/人	300
土家文化风情独立景点与黔东革命胜迹独立景点	5 600	土地湾、南庄	152 500 m²	45 m²/人	3 000
		一级步行游览道（3 m）	5 200 m×3 m	8 m²/人	2 000
		二级步行游览道（1.5 m）	4 000 m×1.5 m	10 m²/人	600
合计	20 500				

注：采用《风景名胜区规划规范》中的线路法、环境容量测算。计算结果采取四舍五入法计算。

在面积法计算中，作为面积计算的对象有三种选择：① 以整个风景区面积计算；② 以风景区的或者各个片区的"可游面积"计算；③ 以景点面积计算。

第一种虽有简化的优点，但过分概略，适用于风景区域或战略性规划，而不适用于风景区总体规划;第二种虽适合于总体规划,然而"可游面积"难以恰如其分的界定,与总体规划中的各种专项规划也难以相接;第三种适用于各个规划层次,同各专项规划口径一致,适应性较强。

对于规模在大型以下的风景区总体规划通常采用的是在游赏规划确定各景点游览面积数据之后,计算出相应的游人容量数据。同时对景点面积以外的范围,可以用更加概略的指标匡算其容量,补充仅以景点面积计算的不足。

由于国家级风景名胜区通常面积规模巨大,景点常以百个甚至数百个计,实践中,以可游面积为载体计算游人容量仍是许多规划采用的方式,对于计算精度的考虑,可以依据风景区划分的多个景区或片区,从不同区域适宜的容量指标来分别计算,以增加计算的合理性,并与分区规划,以及游赏规划等专项规划相衔接。

实践中,有的只以各区的可游面积来计算。有的规划用线路法、景点面积法分别做容量的计算,二者中取较小值。有的将线路面积和景点面积合计来计算容量。其中,后者的计算方式虽不违反标准,但是如果道路和景点都达到容量极限,则交通疏散恐难以保证安全,因此在实践中应慎用之。

米仓山大峡谷风景名胜区总体规划(2021—2035年)

游人容量计算表

分区	可游览面积/hm²	计算指标/(m²·人⁻¹)	一次性容量/(人·次⁻¹)	日周转率	日游人容量/(人次·d⁻¹)	年游人容量/万人次
风景区合计	3 656.80		30 098		37 275	1 118.25
一、风景游览区	3 504.80		25 491	1	28 061	841.83
1. 龙潭景区	281.40	3 125	901	1	901	27.03
2. 大峡谷景区	754.80	3 125	2 416	1	2 416	72.48
3. 采育场景区	1 381.80	3 125	4 422	1	4 422	132.66
4. 汉王山温泉景区	1 002.00	660	15 182	1	15 182	455.46
5. 木门景区	84.80	330	2 570	2	5 140	154.20
二、旅游服务区	152.00	330	4 607	2	9 214	276.42

同时,《风景名胜区总体规划标准》规定了日极限游人容量不得大于日游人容量的2.5倍。实践中其倍数应综合考虑计算方式,合理选择。

桃渚风景名胜区总体规划（2021—2035 年）

风景名胜区游客容量表

片区	方法	可游面积/km²	人均游览面积/(m²·人⁻¹)	瞬时容量/(万人·次⁻¹)	日游客容量/(万人次·d⁻¹)	日极限游客容量/(万人次·d⁻¹)	年游客容量/(万人次·a⁻¹)	计算公式
桃渚片区		5.76	500	0.96	1.44	2.88	432	瞬时容量=可游面积/人均游览面积
龙湾片区	面积法	2.06	500	0.39	0.59	1.18	117	日容量=瞬时容量×日周转率
合计		7.82	—	1.35	2.03	4.06	549	年容量=日容量×300（d）
桃渚片区		0.83	10	0.83	1.25	2.50	375	瞬时容量=主要游览道路面积/人均游览面积
龙湾片区	线路法	0.12	10	0.12	0.18	0.36	54	日容量=瞬时容量×日周转率
合计		0.95	—	0.95	1.43	2.86	429	年容量=日容量×300（d）
结论				0.95	1.43	2.86	429	

注：根据《风景名胜区规划规范》确定面积法、线路法两种测算方法；考虑到对风景名胜区保护的要求，风景名胜区游客容量取二者较小值；计算公式中日周转率取1.5，年可游天数取300天，以日游客容量的2倍作为日极限游客容量；日游客容量为1.43万人次/d，年游客容量为429万人次/a。

对于某些难以以面积指标来计算容量的景点或者区域，如固定线路的水上游船活动为主的水面，则应单独计算单位时间通过人数来计算游人容量。实际生活中，风景区常有游客必去的核心景点，将风景区中某个游人必去的景点作为卡口，与景区开放时间相比较，得出相应周转率及日游人容量，从而校核其他方法的容量数值，也是规划实践的常见做法。

岳麓山风景名胜区总体规划（2003—2020 年）

游人容量是风景名胜区环境承载力的重要指标，也是确定旅游服务设施配置的主要依据。本规划仅就基本游人容量进行测算，计算范围以8个景区为主，具体如下：

1. 麓山景区

麓山景区是整个风景名胜区的核心和主体，以自然山地游览和古迹名胜观光为主要游览形式。山地游览部分主要采取线路法计算，局部景点辅以面积法进行计算。游人容量具体计算指标确定为：景区内车行及人车混行游览线按 10 m²/人，一级步行路按 6 m/人，二级步行游览路按 10 m/人，岳麓书院、麓山寺、云麓宫等景点按 50 m²/人计算，具体如下：

① 车行及人车混行游览线（长 5.5 km，宽度 7 m）：5 500×7/10 ≈ 3 850 人；

② 步行游览路（一级 1.6 km，二级 9.7 km）：1 600/6 + 9 700/10 ≈ 1 240 人；

③ 岳麓书院、麓山寺、云麓宫等（面积约 1.7 hm²）：17 000/50 ≈ 340 人。

综合以上结果，麓山景区的瞬时游人容量为 5 420 人。

2. 其他七个景区

桃花岭景区、寨子岭景区、天马山景区、橘洲景区、咸嘉湖景区、后湖景区、石佳岭景区均是自然生态与休闲游憩相融合的景区，主要采取面积法计算，计算标准取 1 500 m²/人。

则这七个景区的瞬时游人容量为 13 500 000/1 500 = 9 000 人。

综上所述，风景名胜区八个景区的瞬时游人容量之和约为 1.44 万人。由于麓山景区是整个风景名胜区的核心景区，80% 的游人会到麓山景区。因此，合理的日游人容量应以麓山景区游人容量为依据，采用卡口法计算，周转率取 2。因此，岳麓山风景名胜区的日游人容量为：5 420×2/0.8 ≈ 13 600 人次 /d。

根据岳麓山风景名胜区的分月游人统计数据，岳麓山风景名胜区的游览并没有明显的季节性区别，由此确定风景名胜区的年适宜游览天数为 300 天，因此岳麓山风景名胜区的年游人容量为 408 万人 /a。

上述方法核算出风景区的一次性（瞬时）游人容量之后，根据景区或者景点的日游览周转次数乘以瞬时容量即可计算出景区的日游人容量，日游人容量再依据景区的年可游天数得出年游人容量。一次性游人容量（人 /次）、日游人容量（人次 /d）、年游人容量（人次 /a）这三个层次共同构成风景区规划容量的指标体系。对于管理来说，实践意义更大的应该是日游人容量和瞬时容量，以便对于景区或者某个景点做出及时的预警和管控。

综合确定

应当明确的是，虽然游客容量的计算目前仍难以找到一个通用的精确方法，但是其根本目的是对风景区的游赏利用等人为负荷的控制和降低，维持自然环境的复苏能力，提高其生态系统或自然环境对人为扰动的承载力；实践中，应谨记出发点，综合分析生态保护、游览需求、空间分布、活动类别、开发强度等因素，并与当地的淡水供水、用地、相关设施及环境质量等条件进行校核与综合平衡，以确定合理的游人容量，并作为游赏规划的首条规定引领后续的措施安排。

应当指出，游人容量的计算切忌将满足旅游开发需要作为首要目标甚至唯一目标。并且，以游人心理需求满足为目的游人容量应不超过生态容量。

黑龙江大沾河风景名胜区总体规划（2021—2035年）

风景名胜区游人容量计算结果一览表

景区名称	一次性游人容量 人/次	日周转率/(人·次⁻¹)	日游人容量/(人次·d⁻¹)	日极限游人容量/(万人次·d⁻¹)	可游览天数/d	年游人容量/(万人次·a⁻¹)
鄂伦春族文化传承地——新鄂乡片区	49 250	1.5	73 875	14.7	210	1 551
俄罗斯族第一村片区	15 000	2.0	30 000	7	270	810
克梯河大裂谷片区	4 800	1.5	7 200	1.44	180	129
大寿山片区	3 000	1.5	4 500	0.9	180	16
合计	72 050		115 575	24.04		2 506

6.6.3　居民容量

我国许多风景区较为独特的一点是有相当数量的常住居民存在。因此，对风景区生态环境有较大影响的因素不仅仅是外来游人数，还有当地常住居民数量。由于居民生产、生活等需求更为复杂，其对交通、淡水和用地的需求强度也更大。

对于居民容量的测定，《风景名胜区总体规划标准》要求居住人口密度达到100人/km²时，规划必须测定居民容量。由于社会经济科技的发展，淡水资源与调配、土壤肥力与用地条件、交通等相关设施的改善、产业转型和生产力的变化均会影响居民容量的限值。同时，由于存在社会生育率和移民拆迁政策的变化、与其他规划对于村庄布点等措施的衔接等因素，实践中，除非对于风景资源和生态环境有明确的影响，依托搬迁的措施来减少居民容量的做法已越来越慎重，而更多采取在专项规划中提出产业和村庄布局优化等更为详尽的措施来解决风景环境的压力问题。

总之，风景区总人口容量测算应包括外来游人、当地居民和服务职工三类人口容量，并且三者的总额应不大于风景区的生态容量。但是由于服务职工相对前两者而言，数量一般较少，因此，职工的测算常在游赏和设施等专项规划中明确。

环境容量测算作为风景区规划的基础要则，其计算是规划重要的工作环节，但是由于其涉及生态、游人、设施、管理等方方面面，影响因子十分复杂，目前的技术手段难以得出精确的具体数值。规划研究可以将重点放在风景区核心区域的生态影响和游客数量管理的预警上，借鉴ROS（Recreation Opportunity Spectrum，游憩机会谱）、LAC（Limits of Acceptable Change，可接受的改变极限）、VERP（Visitor Experience and Resource Protection，游客体验与资源保护）等管理手段和模型来根据游赏需求、生境条件、设施配置等因素对风景区内各类人口进行相应的分区分期调控,引导人口和活动的疏密聚散变化,使其各得其所,实现风景区人与自然的协调发展。

6.7 规划分区

6.7.1 各类分区模式与原则

分区是归纳、简化、明确空间特征和问题的技术方法,因此风景区的规划分区,是为了使众多的规划对象有适当的区别关系,以便针对规划对象的属性和特征分区,进行合理的规划设计,进而实施恰当的建设引导与管控。合理的分区是风景区各项管理和建设工作有序进行的基础。

规划分区应展现和突出各区的自身特点,明确各分区的适当规模,并提出相应的规划措施,还应解决各个分区间的分隔、过渡与联络关系。展现和突出规划对象的分区特点,强化风景区的整体特征。分区划界应维护原有的自然单元、人文单元、线状单元的相对完整性。从以下原则出发进行区划:

1)同一区内的规划对象的特性及其存在环境应基本一致。

2)同一区内的规划原则、措施及其成效特点应基本一致。

3)规划分区应尽量保持原有的自然、人文、线状等单元界限的完整性。

由于保护、游赏和建设发展的多维度需求和利益主体的多元共存,风景区规划分区也呈现出不同需要和出发点的多种分区模式,包括功能分区、保护分区、核心景区、景区、生态分区等。其中调节控制功能特征的功能区划分、组织景观和游赏特征的景区划分、确定保护培育特征的保护区划分是实践常见的分区类别。

1999年的《风景名胜区规划规范》并未明确功能分区的类别构成和具体方式。专项规划之一的保护保育规划提出了特级、一、二、三级的分级保护分区之外,还提出了包括生态保护区、自然景观保护区、史迹保护区、风景恢复区、风景游览区和发展控制区的分类保护分区方式,分类保护分区含有的功能意味使其常在实践中用作功能规定。风景游赏规划提出了应把游览欣赏对象组织成包括景区在内的不同类型结构单元,对于空间多样尤其是几个相对独立片区组成的风景区,景区分区由于能有效面对游人组织、活动管理以及各区域分离且景源特色不同的情况,而成为许多风景区的管理分区方式。

保护保育规划中的分类保护方式由于某种程度上体现了保护和利用管理的功能特征区分,成为早期规划分区较多运用的方式。但是,由于在保护层面上,这种分区方式面对以管控负面行为为主体的保护要求,显得不够简洁明确,在后期的规划审批管理中逐渐被分级保护所取代,后者成为上报管理规定中保护保育专项规划必选的分区方式。

相对于《风景名胜区规划规范》,2018年出台的《风景名胜区总体规划标准》淡化了对各类分区方式的强调,但是从保护和利用的不同特征出发,明确了功能分区应划分为特别保存区、风景游览区、风景恢复区、发展控制区、旅游服务区等,近似于之前规范中的保护保育分区(表6-3)。

与此同时,《风景名胜区总体规划标准》在保护保育规划专项中明确了一级、二级、三级的分强度保护分区模式,并取消了分类保护分区模式。将分类保护规划工作明确为对于各类具体对象,如文物古建、遗址遗迹、宗教活动场所、古镇名村、野生动物、森林植被、自然水体、生态环境等要素做相关保护要求。

表6-3　《风景名胜区规划规范》和《风景名胜区总体规划标准》分区模式对比表

分区方式	规　　范	标　　准
生态分区	危机区、不利区、稳定区、有利区	Ⅰ类区、Ⅱ类区、Ⅲ类区、Ⅳ类区
功能分区	—	特别保存区、风景游览区、风景恢复区、发展控制区、旅游服务区
保护分区(分级)	特级保护区、一级保护区、二级保护区、三级保护区	一级保护区、二级保护区、三级保护区
保护分区(分类)	生态保护区、自然景观保护区、史迹保护区、风景恢复区、风景游览区、发展控制区	×
游赏分区	—	—
居民分区	无居民区、居民衰减区、居民控制区	×

注:—表示无具体规定,×表示无该项规定。

一般而言,这几种分区方式分别在总则和各专项规划中并用。应当注意,各类规划分区应该在分界上相互协调,如功能区划分中的旅游服务区不应与保护分区的一、二级保护区有界限交叉。各种分区的大致关系如下:

核心景区是风景区垂直管理的需求,一般对应保护分区中的一级保护区。功能分区中的特别保存区对应一级保护区;风景游览区可纳入一级或二级保护区;风景恢复区一般纳入二级保护区;发展控制区和旅游服务区与三级保护区基本对应;核心景区中的特别保存区可纳入生态红线;生态分区中的Ⅰ类区应包含于特别保存区内,可纳入生态红线。

规划分区的大小、粗细、特点是随着规划深度而深化的。规划愈深则分区规模愈小,各分区的特点也愈显简洁或单一,各分区之间的分隔、过渡、联络等关系的处理也趋向精细。

在这些分区模式中,生态分区和功能分区分别从保护和利用两个不同维度对于风景区的空间管控作出了相关分析和界定,是决定风景区整体土地利用和空间结构的关键,这两个分区的结果是指导各专项规划分区的前提和基础。

6.7.2 生态分区

对于把风景资源保护作为根本目的的风景区,生态环境和生态系统的保护是资源保护的重要对象,尤其是对有大面积自然生态系统的那些风景区而言,生态分区是重要的规划环节之一。生态分区的目标是依据各空间区域的生态价值、生态系统敏感性、生态状况等评估确定分区,并提出相应的保护管控措施(表6-4)。其结果是规划的保护分区划定、功能分区划定、土地使用方式和各项措施规定的重要基础。

表6-4　生态分区及其保护与利用措施

生态分区	评估因素			保护与利用措施
	生态价值	生态系统敏感性	生态状况	
Ⅰ类区	极高	极高/高	优/良	应完全限制发展,并不再发生人为压力,实施综合的自然保育措施
Ⅱ类区	高	高/中	优/良	应限制发展,对不利状态的环境要素要减轻其人为压力,实施针对性的自然保护措施
Ⅲ类区	中	+	+	应稳定对环境要素造成的人为压力,实施对其适用的自然保护措施
Ⅳ类区	低	+	+	应规定人为压力的限度,根据需要而确定自然保护措施

注:+表示均适用。

其中:生态价值评估应包括生物多样性价值和生态系统价值等;生态系统敏感性评估可包括水土流失敏感性、沙漠化敏感性、石漠化敏感性等;生态状况评估应包括环境空气质量、地表水环境质量、土壤环境质量等。由于我国风景名胜区的资源特征十分多元,因此,可根据具体生态特征和影响因素细化评估要素。

《风景名胜区总体规划标准》进一步给出了生态价值评估参考表和生态系统敏感性评估参考表。但是由于各评价因子的权重、分级标准和评价样方的尺度等重要问题并不明确,如何评价还有待规划实践的进一步检验和总结(表6-5、表6-6)。

表6-5 生态价值评估方式一览表

生态价值类型	评价方法
生物多样性价值	综合考虑物种数、珍稀濒危种数、特有种数、模式种数,采用专家评价法进行评估
生态系统价值	综合考虑生态系统原始性、典型性、完整性、多样,采用专家评价法进行评估

表6-6 生态系统敏感性评估方式一览表

敏感性类型	计算方法
水土流失敏感性	取降水侵蚀力、土壤可蚀性、坡度坡长和地表植被覆盖等评价指标,并根据研究区的实际对分级评价标准作相应的调整。将反映各因素对水土流失敏感性的单因子评价数据,将各单因子敏感性影响分布图进行乘积计算,得到评价区的水土流失敏感性等级分布图
沙漠化敏感性	选取干燥指数、起沙风天数、土壤质地、植被覆盖度等评价指标,并根据研究区的实际对分级评价标准作相应的调整。根据各指标敏感性分级标准及赋值,利用地理信息系统的空间分析功能,将各单因子敏感性影响分布图进行乘积运算,得到评价区的土地沙化敏感性等级分布图
石漠化敏感性	石漠化敏感性主要取决于是否为喀斯特地形、地形坡度、植被覆盖度等因子。根据各单因子的分级及赋值,利用地理信息系统的空间叠加功能,将各单因子敏感性影响分布图进行乘积计算,得到石漠化敏感性等级分布图

此外,《风景名胜区总体规划标准》给出了生态状况评估的参考表,但是延续的是《风景名胜区规划规范》的方式,与生态分区评估总表的优/良并不完全对应(表6-7)。

表6-7 生态状况评估方式一览表

生态状况分类	生态状况		
	空气	地表水	土壤
危机区	×	×	×
	−或+	×	×
危机区	×	−或+	×
	×	×	−或+
	×	−或+	−或+
不利区	−或+	×	−或+
	−或+	−或+	×

续表

生态状况分类	生态状况		
	空气	地表水	土壤
稳定区	−	−	−
	−	−	+
	−	+	−
	+	+	+
有利区	+	−	+
	+	+	−

注：× 表示不利；− 表示稳定；+ 表示有利。

在维护风景区生态良性循环中，生态分区对于厘清资源保护上应保护的对象、应制止的行为、应提高的能力具有重要的作用，也是在规划的各个环节和相关专项规划中各项规定和具体措施的编制基础。但是由于生态分析和评价方法不明确等种种问题导致生态分区在规划实践中的运用不足，有待实践和研究的深化。

梅岭—滕王阁风景名胜区总体规划（2022—2035年）

生态系统敏感性分析的内容如下：

以地理空间数据云提供的覆盖风景区全域2021年的Landsat 8遥感影像和地面分辨率为30 m×30 m的数字高程模型（Digital Elevation Model, DEM）作为基础数据源，辅以相关范围边界矢量图、地质灾害风险数据、城市总体规划及土地利用规划中的相关数据。

1. 划分等级

通过对各生态因子的评价，确定风景区各个区域生态敏感性的强弱程度，划分出不同等级的生态敏感区，包括极敏感区、高度敏感区、中度敏感区、轻度敏感区、极低敏感区。根据生态敏感等级，作为划分生态保护区的主要依据。

2. 评价体系

基于构建适用于山岳型风景区的生态敏感性评价体系，以GIS技术为支持，通过对地形条件、自然环境、景观资源、人类活动等生态因子分析，结合风景区现状开发情况，针对性提出分级、分区保护措施。

（1）生态敏感性评价因子

根据研究区资源禀赋及开发现状，选择对其生态敏感性具较大影响的因素为研究对象，依据影响程度及已有资料的可利用性，确定评价4大因子集，11个具体影响因子，具体如下：

地形地貌：地质灾害风险、坡度、坡向、高程。

自然条件：植被覆盖度、水体安全。

景观资源：自然、人文、综合景观资源级别。

人类活动：土地利用类型、道路交通。

（2）评价因子权重

采用九分位相对重要比例标度（因子的一对比较值为1、3、5、7、9，相反时按1、1/3、1/5、1/7、1/9）构造判断矩阵，使用成对比较法和德尔菲法确定各评价因子权重，通过一致性检验判断权重的整合度是否在0~0.1之间，调整比较后最终确定单因子权重。

（3）单因子及多因子生态敏感性评价标准

根据单因子分级标准，利用加权叠加法对生态敏感性单因子指数与权重加权求和，通过ArcGIS栅格计算器计算风景区生态敏感性综合得分，并绘制风景区生态分区综合评价图。

风景区生态敏感性单因子分级标准表

因素层	指标因子	权重	敏感程度				
			极低敏感	轻度敏感	中度敏感	高度敏感	极度敏感
地形地貌	地质灾害风险	0.107 5	安全区	低风险区（滑坡、崩塌、危岩体）	中风险区（滑坡、崩塌、危岩体）	高风险区（滑坡、崩塌、危岩体）	地震断层及1 000 m缓冲区
	坡度	0.118 8	0°~8°	8°~15°	15°~25°	25°~35°	35°~90°
	坡向	0.059 0	正南	东南、西南	正东、正西	东北、西北	正北
	高程	0.131 3	0~80 m	80~150 m	150~250 m	250~350 m	＞350 m
自然条件	植被覆盖度	0.072 1	＜20%	20%~30%	30%~45%	45%~60%	＞60%
	水体安全	0.088 1	＞500 m	300~500 m缓冲区	200~300 m缓冲区	100~200 m缓冲区	水库、湖泊或河流本身及其100 m缓冲区
景观资源	自然景观资源级别	0.097 3	其他区域	四级自然景观资源外围100 m	三级自然景观资源外围200 m	二级自然景观资源外围300 m	一级自然景观资源外围500 m

续表

因素层	指标因子	权重	敏感程度				
			极低敏感	轻度敏感	中度敏感	高度敏感	极度敏感
景观资源	人文景观资源级别	0.107 5	其他区域	四级人文景观资源外围 100 m	三级人文景观资源外围 200 m	二级人文景观资源外围 300 m	一级人文景观资源外围 500 m
	综合景观资源级别	0.079 7	其他区域	四级综合景观资源外围 100 m	三级综合景观资源外围 200 m	—	—
人类活动	土地利用类型	0.059 0	交通工程、游览设施、居民社会用地	风景游赏用地、园地、一般农田	草地、一般水域	林地	永久基本农田、一级饮用水源地、湖泊、水库
	道路交通	0.079 7	道路 0~50 m 缓冲带	道路 50~100 m 缓冲带	道路 100~150 m 缓冲带	道路 150~200 m 缓冲带	道路 200 m 以外缓冲带

3. 各敏感区划分结果

将单因子图层用 ArcGIS 空间分析工具加权叠加、重分类,得出五大敏感区划分的综合评价值,最大为 6.806 4,最小为 2.085 0,将 2.085 0~3.066 3、3.066 3~3.529 2、3.529 2~4.029 1、4.029 1~5.140 0、5.140 0~6.806 4 对应的区段划分为五类敏感区。风景区山、水、田、林、村交融共存的生态环境使其整体的生态敏感性较高,总的空间分布规律是大部分地区处于高度、中度敏感区,东西部山区敏感性高,四周边缘带敏感性低。

6.7.3 功能分区

《风景名胜区总体规划标准》规定了风景区各功能分区划定的原则和方法:

1)风景区内景观和生态价值突出,需要重点保护、涵养维护的对象与地区,应划出一定的范围与空间作为特别保存区。

2)风景区的景物、景点、景群、景区等风景游赏对象集中的地区,应划出一定的范围与空间作为风景游览区。

3)风景区内需要重点恢复、修复、培育、抚育的对象与地区,应划出一定的范围与空间作为风景恢复区。

4)乡村和城镇建设集中分布的地区,宜划出一定的范围与空间作为发展控制区。

5)旅游服务设施集中的地区,宜划出一定的范围与空间作为旅游服务区。

与美国和日本国家公园分区相比,这一功能分区的方式突出了各区的功能特征,体现了一定的空间结构关系,但并没有与空间管控强度的明确对应(表6-8、表6-9)。

表6-8 美国国家公园设施建设的分区控制表

分区	具体要求
Ⅰ原始自然保护区	无开发,人车不能进入
Ⅱ特殊自然保护区/文化遗址区	允许少量公众进入,有自行车道、步行道和露营地,无其他接待设施
Ⅲ公园发展区	设有简易的接待设施、餐饮设施、休闲设施、公共交通和游客中心
Ⅳ特别使用区	单独开辟出来做采矿或伐木用的区域

表6-9 日本国家公园设施建设的分区控制表

分区	具体要求
Ⅰ特级保护区	维持风景不受破坏,允许游人进入,有步行道和当地居民
Ⅱ特别地区(Ⅰ类)	在特级保护区之外,尽可能维持风景完整性,有步行道和居民
Ⅲ特别地区(Ⅱ类)	有较多游憩活动,需要调整农业产业结构的地区,有机动车道
Ⅳ特别地区(Ⅲ类)	对风景资源基本无影响的区域,集中建设游憩接待设施
Ⅴ普通区	为当地居民居住区

风景恢复区的设定,延续了《风景名胜区规划规范》分类保护分区中的做法,反映了我国风景区,尤其是东部地区的风景区中,紧张的人地关系的现状,体现了风景资源的数量有限性和潜力无限性的双重特点,也体现了规划认为风景环境是可以通过修复和培育而提高质量的认知。相关标准虽然没有明确对于这一分区在未来的处理,但是其中所含的风景环境的动态分区观念,是对于风景环境持续发展改善和通过积极保护能够协调人与自然关系的期许。

相对于三级保护分区和核心景区分区,功能分区虽然不具有管理上强制管控的直接意义,但是其形成的空间结构,对于风景区的管理机构设置、建设活动安排和经济社会发展具有指导意义。

功能分区规划的切实有效应注意两个方面:首先,规划中应明确各功能分区与保护分区及其管控强度和措施的对应关系,也就是功能设定应与保护强度分级相联系。其次,各类功能分区的土地利用类型和方式应与国土空间用地类型有所呼应,通过用地布局实现功能安排。否则,功能分区的划定会缺乏落地性和实际意义。

贡嘎山风景名胜区总体规划(2021—2035年)

根据保护和发展需要,将风景区按功能划分为特别保存区、风景游览区、风景恢复区、旅游服务区和发展控制区。

1. 特别保存区

风景区内景观和生态价值突出的区域，包括中部的贡嘎山主峰及周边区域、白海子山区域、瓦灰山区域三部分，面积2 669.94 km²。该区以生态保护为主要功能，除必需的科研、监测和保护外，严禁开展其他建设活动。

2. 风景游览区

风景区内景物、景点等游赏对象集中区域，该区域主要划分为十二大景区，分别为海螺沟、燕子沟、木雅圣地、玉龙西、哈德山、巴王海、木格措、雅拉、塔公、伍须海、莲花海和猎塔湖景区，面积2 740.86 km²。该区以展示风景区的景观、文化、生态和科研价值及提供游客游览、服务为主要功能，是开展游览欣赏、科普休闲等活动的主要区域，可开展必要的景观建设。

3. 风景恢复区

风景区内需要重点恢复、修复的区域，主要包括风景区内石漠化、沙化区域以及泸定桥区域，面积239.50 km²。该区以景观、生态修复与恢复为主要功能，保护自然生态环境，培育景观资源。

4. 旅游服务区

风景区内旅游服务设施集中区域，面积119.81 km²。该区以满足规划期内风景区旅

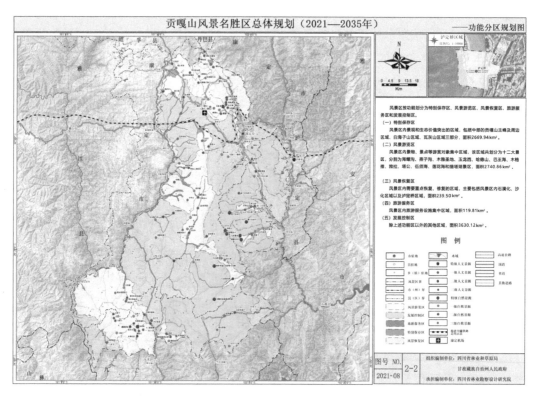

贡嘎山风景名胜区功能分区

游发展需要为主,不得进行旅游地产开发。

5. 发展控制区

除上述功能区以外的其他区域,面积3630.12 km^2。该区以环境维护、景观协调为主要功能,保留现有城镇、乡村等土地利用形式,是风景区居民聚居的主要区域。

6.7.4 空间布局

风景区的空间系统主要有三个部分构成:风景资源保护和游赏区域、旅游配套设施区域、居民社会区域。其中,风景资源保护和游赏系统占有主导地位,而其他两个处于辅助地位。风景区三个职能系统的节点、轴线、区块的有机结合,构成了风景区的整体结构网络。

由于风景区规模和特征差异巨大,空间结构模式难以用一种方式概括。就其职能结构而言,可以分为三种基本类型:

1)单一型结构:在内容简单、功能单一的风景区,其构成主要是由风景游览欣赏对象组成的风景游赏系统,其结构应为一个职能系统组成的单一型结构。

2)复合型结构:在内容和功能均较丰富的风景区,其构成不仅有风景游赏对象,还有相应的旅行游览接待服务设施组成的旅游设施系统,其结构应由风景游赏和旅游设施两个职能系统复合组成。

3)综合型结构:在内容和功能均为复杂的风景区,其构成不仅有游赏对象、旅游设施,还有相当规模的居民生产、社会管理内容组成的居民社会系统,其结构应由风景游赏、旅游设施、居民社会等三个职能系统综合组成。

理想化的空间结构布局就如同许多自然保护区一样,需要保护的资源在核心区域,旅游设施和村镇空间在外围,形成一个圈层结构,风景保护和利用活动的空间、强度和类别得以组织在一个内外有序的科学结构或模型关系之中。但是因为我国的风景区大多人居与自然环境交错。甚至许多风景区是分离的几个片区组成,难以简单形成保存区和游赏区居中,其他区域在边缘的单一圈层模式。

空间规划布局就是在三个系统现状分析的基础上,协调各要素之间的关系,将保护和利用的各组成要素、各功能部分通过不同区位分布、大小规模安排和具体功能分类等手段,全面系统地安排在适当位置,如资源保护的区域应减少居民和设施的存在,风景和生态环境不敏感的外围区域可以适当安排一定规模的旅游和生产生活设施等等。从而使各区划均能共同发挥其应有作用,协调好风景区局部、整体、外围三个层次的关系,兼顾外来游人、服务职工和当地居民三者的需求与利益。

岳麓山风景名胜区总体规划（2021—2035年）

空间结构为"两心三山五园"，呈掌状分布。

"两心"——溁湾镇城市综合服务中心和桃花综合服务中心。咸嘉湖东侧溁湾镇为河西城市综合服务中心，兼具城市公共服务和旅游服务双重功能。桃花综合服务中心结合大学科技城核心区规划建设，在风景区的几何中心——桃花岭片区打造服务于风景区和大学科技城的综合服务中心，旅游管理和休闲度假基地。

"三山"——麓山、桃花岭和寨子岭三座山岭。依据自然山水地理格局，将风景区主体"三山"由原来偏北的位置，调整为位于风景区几何中心位置的三座山岭：麓山、桃花岭和寨子岭。通过重心结构的调整，促进风景区均衡、协调发展。

"五园"——橘洲、天马、咸嘉湖、石佳岭、后湖五个景区。将空间上围绕"三山"主体的五个景区

风景区规划结构

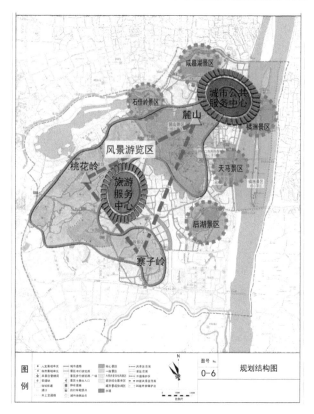

岳麓山规划结构图

规划为"五园"，它们既是风景区的有机组成部分，又各自具有相当的独立性，与所处的周边城区环境具有更密切、更广泛的日常联系，侧重休闲娱乐度假，具有相当的城市公园性质。其中，橘洲、天马两个景区由于在文化价值和山水洲城格局上具有核心价值，与麓山景区共同确定为三大核心景区。

仙居风景名胜区总体规划（2021—2035年）

风景名胜区由神仙居景区、十三都景区、公盂景区、景星岩景区和淡竹景区等五大景区构成，本轮规划立足风景区独特的地理构造和山水格局，针对峰丛绝壁、山间谷地等不同的地理空间特性，确定不同的风景游赏单元和游赏主题，最终形成的"两片四区六带"的风景游赏结构。其中：

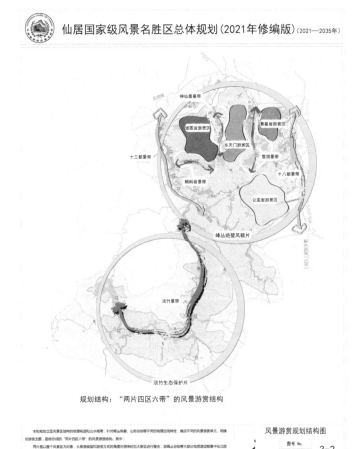

仙居风景名胜区游赏结构图

"两片"是以整个风景名胜区为对象，从景源类型和游赏方式的角度对五大景区进行整合，因峰丛、谷地等大部分地质遗迹都集中在北部四个景区，故将其合并为峰丛绝壁风貌片，而淡竹景区因其在生物多样性保护中的重要地位，将其作为单独的淡竹生态保护片。

"四区六带"是在两大片区的基础上，根据海拔不同的空间特性，形成不同主题特色的游赏单元。本轮中"四区"分别为饭蒸岩游赏区、东天门游赏区、景星岩游赏区和公盂游赏区，"六带"为十三都景带、神仙居景带、雪洞景带、十八都景带、蝌蚪岩景带以及淡竹景带。

游赏区的划分以格局独立的绝峰崖壁，或者连绵成片、不可分割的峰丛为依据，前者以公盂游赏区为例，后者以东天门游赏区为例。游赏带的划分以山下的溪谷林滩和群山之间的山谷为依据，也包括与山谷存在紧密位置关系和视线关联的孤立奇峰，比如蝌蚪崖景带，就包含了紧邻其侧的天柱岩。

本轮的游赏区划针对性较强，围绕独立的地理单元展开，每个景区或景带格局独立，主题明确。游赏范围也只包括游人适宜进入的区域，而不包括不适进入的山林地和保护区。

第七章 >>>>
保护规划

保护规划——保护培育规划

风景区的保护培育规划,是根据本风景区的特征和保护对象的级别,协调处理保护培育、发展利用、经营管理的有机关系,确定强制性和引导性规划措施,使被保护的对象与因素能长期存在下去。在总体规划阶段,保护培育规划是专项规划中最重要的工作。

一方面,保护规划措施是对风景区的自然生态环境和生物多样性的保护,通过维护原生生物种群、结构及其功能特征,严控外来入侵物种,保护有典型性和代表性的自然生境等手段,保持风景区生态系统健康和生物与景观多样性。另一方面,保护规划措施通过系统的承载力分析,合理组织游览时间、空间分布、游人容量、项目内容、利用强度等因素,提出对资源利用和干扰的限制性规定或控制性指标,制止对自然生态环境的人为破坏行为,控制和降低人为负荷,确保自然环境的恢复能力和稳定性。这些措施的系统控制和具体安排,使得保护对象或能在被利用中得到保护,或在保护条件下能被合理利用,或在保护培育中能使其价值得到增强。

保护培育规划包括三部分的内容:

首先,依据景源评价确定的保育对象的级别和特点以及生态和生物多样性保护的需求,划定三级保护分区,依据保育原则制定各级区域的管控和保育措施。例如,生物的再生性就需要保护其对象本体及其生存条件,水体的流动性和循环性就需要保护其汇水区和流域因素,形态突出的山体景观则应保护其视域范围内和主要视点画面中的整体环境,管控相关建设规模和体量。三个级别的保护分区的划定和分级管控措施的明确是这一专项规划工作的重中之重。

其次,是结合保护分区,因时因地因境制宜,有针对性、有效性和可操作性的提出对本风景区特殊保护对象的分类保护要求,形成分区和分对象相结合的,完整的保护保育体系。

最后,应评价和说明各项规划措施的环境影响,并明确风景区在水、空气、噪声等方面的环境质量标准。

7.1 分区与建设控制

7.1.1 分区模式

相对于《风景名胜区规划规范》,《风景名胜区总体规划标准》取消了分类保护分区的模式,仅保留了分级保护分区。分级保护区划是以保护对象的价值和级别为主要依据,明确风景区保护和利用的关系,兼顾风景区的游览欣赏功能所必须配备的旅游服务设施以及风景区内城乡建设的需要,结合土地利用方式而划定一级保护区、二级保护区和三级保护区,用不同梯度的保护强度设定来实现管控。

分级的保护区划方式满足了保护和建设管理上高效性和共通性的要求,但是无法表达各级别分区的资源功能特征,与国外国家公园相比(表7-1),体现了垂直化管理的需求,也避免了分类保护区划和其他管理部门和各类专项管控的矛盾。

表7-1 国外国家公园保护分区模式和我国风景区的对比

国别		分区方式和管控梯度		
美国(并无统一的规定、优胜美地为例)	分区方式	自然纪念地、自然避难所自然区	特殊自然保护区 文化区遗址区	公园发展区 特殊使用区
	管控措施	无开发,人车都不能进入	除必要的交通联系外无车道,有自行车道、步行道,无接待设施(露营地除外)	建有接待设施、饮食设施、休闲设施、公共交通和游客中心开发矿业和伐木区域,居民区
加拿大	分区方式	特殊保护区	荒野区	自然环境区	户外游憩区、公园服务区

国别	分区方式和管控梯度			
加拿大	管控措施	约占4%，人车都不能进入	约占90%，人能进入，车不能进入，但不能排除必要的交通联系	约占1%，限制机动车进入	户外游憩区可以有直达车道，是户外游憩的集中场所 公园服务区是国家公园的接待中心
日本	分区方式		特别保护地区 特别地区（一类）	特别地区 （二类）	特别地区（三类） 普通地域
	管控措施		维持风景不受破坏，可以有步行道和当地居民 在特级保护区之外的，尽可能维持风景完整性，可以有步行道和居民	需要调整农业产业结构的地区，可以有车道	对风景资源基本无影响的区域，是集中建设的区域
中国（《风景名胜区总体规划标准》）	分区方式		一级保护区	二级保护区	三级保护区
	管控措施		严格禁止建设范围。严禁建设与风景游赏和保护无关的设施，禁止安排对外交通，严格限制机动交通工具进入本区	严格限制建设范围 限制各类建设和人为活动，严格限制游览性交通以外的机动交通工具进入本区	控制建设范围 可维持原有土地利用方式与形态

7.1.2 划定办法

一级保护区应按照真实性、完整性的要求将风景区内资源价值最高的区域划为一级保护区，通常是在明确的生态保护对象以及一级景点和景物周围，以一级景点的视域范围或者生态保护所需的完整格局作为主要划分依据。一级保护区主要是需要严格保护生态系统和风景资源的区域，也经常是主要的游览区域。该区包括功能分区中的特别保存区，可包括全部或部分风景游览区。划定宜大则大，宜小则小；

2003年的《关于做好国家重点风景名胜区核心景区划定与保护工作的通知》提出核

心景区概念。核心景区是指风景区范围内自然景物、人文景物最集中的、最具观赏价值、最需要严格保护的区域。核心景区包含在保护分区中的一级保护区内,规划实践中,通常采用将核心景区与一级保护区的区划保持一致的做法。

二级保护区是一级保护区周边的协调保护与缓冲区域。通常将风景名胜资源较少、景观价值一般、自然生态价值较高的区域应划为二级保护区。划定应有利于保护风景资源、恢复景观、修复自然生态环境,可通过改善游览条件和生态环境提高其价值。不宜过大。

三级保护区是一、二级保护区之外的,风景资源少、景观价值一般、生态价值一般的区域。该区管控目标主要是保护景观和控制引导好各项建设,是风景区内建设活动的主要分布区域。

集中发展和建设的城乡建设区域,如镇、乡驻地和发展条件较好的行政村驻地,应划入三级保护区。一级、二级保护区的村庄和社区,应从景源保护完整性要求出发,确定其发展方向和管控政策。

各级保护区的划定宜以景区范围、景点的视域范围、自然地形地物、完整生态空间等作为主要划分依据。在具体边界划定时还应考虑地理空间的完整性、地表覆被特殊性、生物资源多样性、景源的独特性、边界的可识别性等因素,以便标桩定界。

《风景名胜区总体规划标准》相对于《风景名胜区规划规范》,取消了特级保护区区划,原特级保护区内容纳入一级保护区统一规定。这一调整,既是对我国大多数风景区人文与自然交织,核心景源也是游人必至的现实回应,也有助于和其他自然保护地区划的衔接。

合理的三级分区应能使风景区保护培育、开发利用、经营管理三者各得其所,统筹相关自然保护地、生态保护红线、文保单位、名城名镇的区域和单位的保护要求,并有机结合起来。逻辑上,应采取生态和景源优先的划定方式来优先划定保护区,注意保持一级保护区和二级保护区的完整性,各级保护区与功能分区的区划应以一定的对应逻辑来拟合(表7-2)。

表7-2　保护分区和功能分区关系表

分级保护	功能分区
一级保护区	特别保存区
一级保护区	风景游览区
二级保护区	风景游览区
	风景恢复区
	风景恢复区
三级保护区	发展控制区
	旅游服务区

7.1.3 管控要求

在同一级别保护区内,其保护原则和措施应基本一致。随着数十年的实践,因为管理的需求,风景区各级保护区的管控规定也逐渐形成了相对固定的刚性要求,其中:

一级保护区属于严格禁止建设范围。该区应包括特别保存区,可包括全部或部分风景游览区。其中的特别保存区除必需的科研、监测和防护设施外,严禁建设任何建筑设施。其中的风景游览区严禁建设与风景游赏和保护无关的设施,不得安排旅宿床位,有序疏解居民点、居民人口及与风景区定位不相符的建设,禁止安排对外交通,严格限制机动交通工具进入本区。现状与一级保护区要求不符的其他建设应予评估后提出迁出、调整或置换措施。风景游赏服务的相关设施主要指欣赏、休憩、解说、展示、救护、管理、监控、小卖部、环卫等设施,不含旅宿及大型的餐厅、购物、游娱文体等。

二级保护区属于严格限制建设范围。二级保护区应恢复生态与景观环境,限制各类建设和人为活动,可安排直接为风景游赏服务的相关设施,严格限制居民点的加建和扩建,严格控制旅宿床位和接待设施。严格限制游览性交通以外的机动交通工具进入本区。现状与二级保护区要求不符的建设经评估后,应提出迁出、调整、置换或保留等措施。

三级保护区属于控制建设范围。三级保护区是风景资源保护与地方经济社会的协调发展区域,区内可维持原有土地利用方式与形态。根据不同区域的主导功能合理安排旅游服务设施和相关建设,有序控制各项建设,协调居民社会活动。区内建设应控制建设功能、建设规模、建设强度、建筑高度和形式等,与风景环境相协调。

各级分区对具体各项活动的控制措施可参照表7-3。

表7-3　不同保护分区的具体控制措施

保护分区	旅游活动	游览设施	内部交通	居民社会	土地利用	基础设施
一级保护区	游客可以进入,但规模必须控制在允许环境容量之内	可以设没有过夜设施的服务部、休息亭和观景台	除必要的与外界联系的通道外,禁止社会车辆进入,内部实行环保机动车交通	除具有地方文化景观意义并不对遗产保护构成威胁的居民建筑外,其他居民点应逐步迁出	该区应该退耕还林,除必要的交通用地外,都应划入风景游赏用地	禁止设置电力、电信、给排水设施,所有管线应该埋地化处理
二级保护区	可以有户外游憩活动	可以有服务部,有露营地,控制有室内过夜设施的规模	可以有直达机动车,但应限制过境交通	鼓励居民向城镇搬迁、向山下搬迁。居民建筑规模应严格控制	保护耕地,严格限制建设用地	基础设施建设不对风景环境造成破坏

保护分区	旅游活动	游览设施	内部交通	居民社会	土地利用	基础设施
三级保护区	游客进入不受限制	集中布置服务设施村镇	与外界建立通达的交通联系	居民聚集区,有序控制建设规模和风貌	游览设施用地,居民社会用地	完善的电力、电信、给排水等基础设施

对于各级保护区的管控要求应主要从保护风景区的资源要素出发,针对包括风景资源、自然生态系统、旅游服务、乡村和城镇、农林牧用地等在内的要素,对各类设施在三级保护区从正、反两面提出梯度不同的规定。对风景名胜区而言,三个级别的保护区均可开展游赏活动,可根据游赏需要开展强度不同的景观建设。同时,规划应明确不同保护分区的道路交通、餐饮、住宿、宣讲咨询、购物、卫生保健、管理设施、游览设施、基础设施和其他等各类设施建设管控的准入要求,最终形成对以上10类活动的分区设施控制管理一览表。

米仓山大峡谷风景名胜区总体规划(2021—2035年)

一级保护区(核心景区,严格禁止建设范围)范围:

将风景区内资源价值最高、资源集中的区域划定为一级保护区,包含特别保存区和部分风景游览区,包括米仓山大峡谷油坊河至天眼洞段盐井河两侧区域、潜龙十八潭、城墙岩及周边原始森林、汉王山、木门会议纪念馆等景观资源集中的区域以及生态环境敏感区,以保护风景区内峡谷地貌、文化遗产等典型景观资源和生态环境为核心,加强对风景区内核心资源的保护。面积为51.85 km²,占风景区总面积的30.64%。

一级保护区保护要求:

风景区特别保存区除必需的科研、监测和防护设施外,严禁建设任何建筑设施。其他区域的保护要求如下:

(1)以严格保护风景资源的真实性和完整性为目标,只宜开展生态环境保护、观光游览以及生态旅游等活动。

(2)可设置风景游赏所必需的游览步道、观景点、休息亭廊等相关设施,适当设置与游客救援和安全相关的配套设施。

(3)景点的风景游赏设施配备,即游步道、观景摄影台、景点标示等小品的建设都须仔细设计,经有关部门批准后方可实施;游览设施、交通设施、基础工程设施的建设在总体规划和相关详细规划的指导下,仔细论证、设计后,经有关部门批准方可实施。

(4)人文景点的建设完善应在充分尊重其固有风貌和文脉的基础上进行,可进行修葺和风貌改造,但必须先编制方案并经主管部门批准后方可实施。

（5）有序疏解居民点、居民人口及与风景区定位不相符的建设，禁止安排对外交通，严格限制机动交通工具进入本区。

（6）符合规划要求的建设项目要严格按照规定的程序进行报批，手续不全的不得组织实施。

（7）执行核心景区保护要求。

二级保护区（严格限制建设范围）范围：

米仓山大峡谷片区的中石笋至靴子岩盐井河沿岸区域、天眼洞和蔡家洞区域、大佛岩至伟人谷区域、采育场区域、陈家河瀑布至犀牛山区域、汉王山片区除一级保护区及3处居民聚居点外的区域，木门片区青龙寨周边等景观和自然资源较好的区域划为二级保护区。该区包括风景恢复区和部分风景游览区，总面积46.92 km²，占风景区总面积的27.73%。

二级保护区保护要求：

（1）二级保护区以保护和恢复生态景观环境为主，在对风景区土壤、植物群落、水体等资源进行调查分析的基础上，制定科学的专项保护。对重点保育的森林与植被，进行适当林分、林相改造。

（2）加强游览组织管理，控制游客容量，限制与风景保护、风景游赏无关的设施建设，严禁破坏风景区自然生态环境的各种工程建设与生产活动，重点基础设施项目必须经过影响论证，经主管部门批准后方可进入；严格限制游览性交通以外的机动交通工具进入本区。

（3）可以布置游客必需的旅游公路、观光车道和游览步道、观景点等相关设施，可布置为游客服务的参与性旅游设施和服务设施，但应限制娱乐、游乐等建设项目进入，必须经过规划论证和设计，经主管部门批准后方可实施。

（4）区内的接待设施和村庄的发展，要严格控制人口规模，严格限制居民点的加建和扩建。

（5）对于木门会议纪念馆外的各种修建性活动应经风景区主管部门、规划部门、文物管理部门等批准，审核后才能进行。建筑形式以坡屋顶为主，体量宜小不宜大，色彩以青、白、红褐色为主色调，最大建筑高度为3层。对任何不符合上述要求的新旧建筑必须搬迁和拆除，近期拆除有困难的都应改造其外观和色彩，以达到环境的统一，远期应搬迁和拆除。

三级保护区（控制建设范围）范围：

规划将风景区内除一级保护区和二级保护区的其他区域划定为三级保护区，主要包括居民主要生产生活区域，以及开发利用强度较高的区域。该区包括发展控制区和旅游服务区，总面积70.43 km²，占风景区总面积的41.63%。

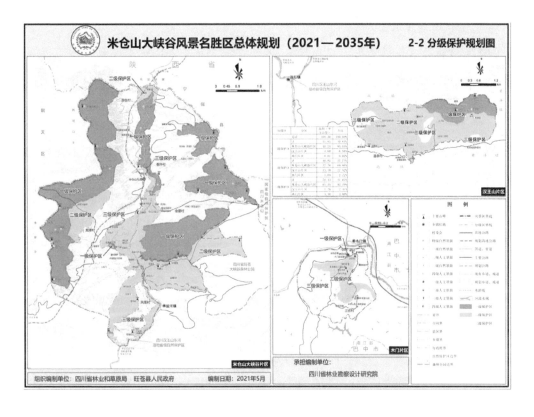

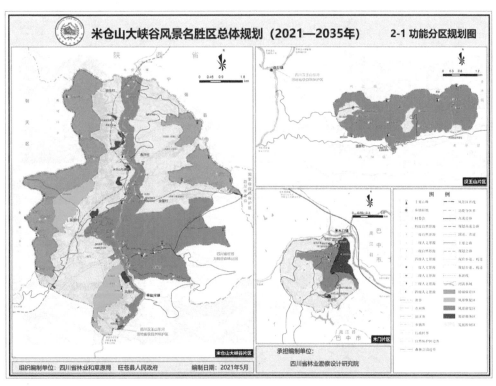

米仓山风景名胜区的保护和功能分区

三级保护区保护要求：

（1）可维持原有土地利用方式和形态，合理安排旅游服务设施和相关建设，区内的旅游村、居民村、游览设施、交通设施、基础工程设施、社会服务设施均须进行详细规划和设计，经有关部门批准后严格按规划实施。

（2）建设风貌必须与风景环境和历史文脉相协调，基础工程设施必须符合相关技术规范和满足环保要求，不得安排工矿企业，景观环境整治在已有设施的基础上采取拆除、整饬或保留的措施。

（3）区内建设应控制建设功能、建设规模、建设强度、建筑布局、建筑高度、建筑风格等应与风景环境的协调。

（4）可以安排各项旅游接待服务设施及基地，必须配置完善的污染防治设施，禁止会造成环境污染的项目进入。

宝鸡天台山风景名胜区总体规划（2017—2035 年）

分区设施控制与管理一览表

设施类型		一级保护区	二级保护区	三级保护区
道路交通	索道等	×	○	○
	机动车道、停车场	△	○	●
	游船码头	△	○	○
	栈道	○	○	—
	土路	○	○	○
	石砌步道	○	○	○
	其他铺装	○	○	○
	游览车停靠站	○	○	○
餐饮	饮食点	×	△	○
	野餐点	×	△	○
	餐厅	×	△	○
住宿	野营点	×	○	○
	家庭客栈	×	○	○
	宾馆	×	△	○

续表

设施类型		一级保护区	二级保护区	三级保护区
	展览馆	△	○	○
	博物馆	×	○	—
宣讲咨询	解说设施	●	●	●
	咨询中心	△	○	○
	艺术表演场所	△	○	○
	银行	×	×	△
购物	商摊、小卖部	△	○	○
	商店	△	△	○
	医院	×	×	×
保健	疗养院	×	×	△
	卫生救护站	○	○	○
	行政管理设施	×	○	○
管理设施	景点保护设施	●	●	●
	游客监控设施	●	●	●
	环境监控设施	●	●	●
	风雨亭	○	○	○
游览设施	休息椅凳	○	○	○
	景观小品	○	○	○
	邮电所	×	△	○
基础设施	多媒体信息亭	○	○	○
	夜景照明设施	●	●	●
	应急供电设施	●	●	●
	给水设施	●	●	●
	排水管网	●	●	●
基础设施	垃圾站	●	●	●
	公厕	●	●	●
	防火通道	●	●	●
	消防站	●	●	●

续表

设施类型		一级保护区	二级保护区	三级保护区
其他	科教、纪念类设施	●	○	○
	节庆、乡土类设施	○	○	○
	宗教设施	○	○	○

注：●表示应该设置；○表示可以设置；△表示可保留，不宜设置；×表示禁止设置；—表示不适用。

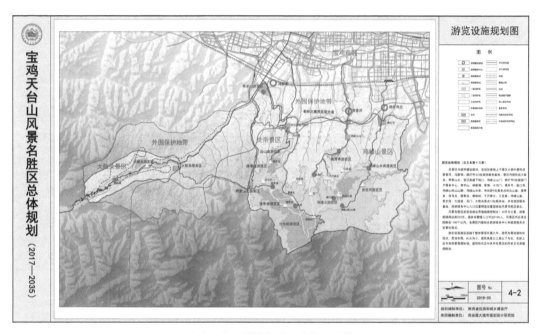

宝鸡天台山风景名胜区设施规划图

7.1.4 外围保护地带

城市型风景区和与城镇接壤的风景区，城镇与风景区在生态、景观、污染、用地等多方面有着各种矛盾：或是风景区外围乡村密集、建设活动活跃，用地不协调；或是风景区与周边区域在资源利用方向冲突，如瀑布水源是用来发电还是景观的经济冲突；或是城市发展对风景区水土保持、动植物生境、生态环境、景观风貌等方面的负面影响。因此，与城市紧密联系、受外围建设影响较大或受周边因素干扰较大的风景区，可以通过划定外围保护地带作为风景区周边的重要缓冲地区，来平衡城景关系。

《风景名胜区条例》不再提及外围保护地带，但是《风景名胜区总体规划标准》仍规定了与风景区自然要素空间密切关联、具有自然和人文连续性，同时对保护风景资源和防护各类发展建设干扰风景区具有重要作用的地区，应划为外围保护地带，并通过规划措施控制外围保护地带区域内的污染、建设及不利影响因素等,如严禁破坏山体、植被和动物栖息环境,禁止开展污染环境的各项建设,协调城乡建设与风景环境等,从而消除风景区周边干扰或破坏风景区资源环境的因素,实现对风景区的整体和长效保护。

但是,由于《风景名胜区总体规划标准》和相关管理条例并没有明确外围保护地带的管理权限归属和具体管理规定,规划对于外围保护地带的要求往往由于空间管辖权的局限,风景区管理部门难以有力有效地执行相关规划规定。因此,规划首要的是将应保护的资源应划尽划,纳入风景区范围,避免管理的难题。

太姥山风景名胜区总体规划(2015—2030年)

1. 外围保护地带的划定

在风景区外考虑到水系、森林、视域、生态廊道、物种交流及保护和旅游配套等因素,根据太姥山风景名胜区的具体情况,划出一定范围作为外围保护地带。外围保护地带用地组成为村庄建设用地、耕地、园地、水体、山林地,是风景区生物栖息地的延伸。

本次规划按照《风景名胜区规划规范》的要求,考虑太姥山风景名胜区的分散布局的特点及其发展状况和道路等基础设施的建设规划,将其外围保护地块分为3个部分,即太姥山岳景区、九鲤溪—杨家溪景区和桑园翠湖景区部分、晴川海滨景区部分,以及福瑶列岛景区部分。外围保护地带总面积 136.34 km^2。

2. 外围保护地带的协调发展建议

(1) 整体规划协调

整体层面上的协调,主要是实现风景区总体规划与土地利用规划、城市总体规划的协调编制。整体层面上两者在功能定位、交通联系上的协调规划。

(2) 局部城市设计

在整体规划协调的基础上,进一步落实功能衔接点具体的空间范围以及功能构成,满足边界融合带中不同感知层次对不同相关景观细节的要求,包括建筑高度细分、建筑体量、风格以及色彩等,通过局部详细设计实现以上这些设计目标。

(3) 管理机制的协调

外围保护地带是风景名胜区与城市发展之间的过渡区域,凡是在外围保护地带内建设的活动都应征求风景名胜区主管部门的意见同意后方可实施。

(4) 地域文化的发掘、体现与延展

通过对各景区深入调研,挖掘其地域文化在规划中予以体现。以民俗文化作为内涵,通过具体景点的设置和游赏路线的组织使各景区的特色在整个太姥山风景区得以延展。

(5) 解决城景矛盾、做到城景协调

明确外围保护地带的景观风貌控制、水域界限保护等具体保护措施,并制定了具体的保护规划措施,使城景关系有机协调。

（6）外围保护地带界限准确定位

对风景区和外围保护地带的界限进行了准确划定,定桩立界,使风景区的保护范围有据可依。

（7）加强各景区联系与协调

通过道路交通、游赏组织、标识系统、管理体系建构等加强各景区联系与协调。规划建立风景区统一管理机构,使风景区形成统一有序的整体。

（8）居民点调控与风景区协调发展规划

协调风景资源保护和居民社会发展的关系,根据居民点不同情况分别采取相应的居民与村庄调控措施寻求良性的经济发展途径,建立有利于风景区保护与经济社会发展的长效机制。

2. 外围保护地带的协调发展措施

（1）村庄建设区域,可以在保持原有村庄肌理的基础上,进行改造,保持乡土建筑风格,协调区内村庄居民点,制定居民社会调控与经济发展引导规划,严格控制区内村庄居民点建设,对其进行分区、分类整合,并对严重影响风景区景观的居民点予以整治,加强绿化,完善环卫等基础设施建设,协调城市景观风貌。

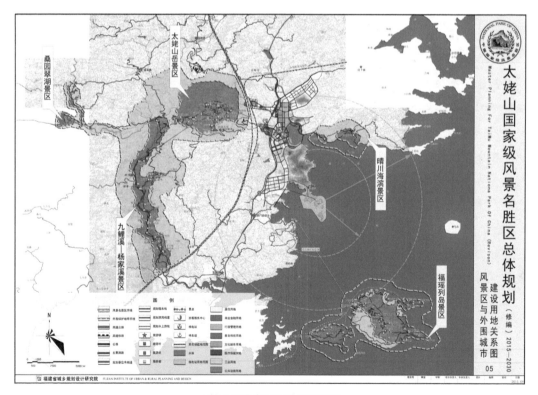

太姥山风景名胜区外围关系图

（2）靠近风景区的村庄及旅游设施的建设则可采用比较自由的建筑形式，主体建筑可借鉴乡土建筑元素，布局上可以采用低层低密度为主，少量允许高层，并严格控制建筑物的立面景观和高度。

（3）应严格保护风景区周边的山体和生态林地，形成良好的景观大背景。形成太姥山自身的景观风貌特色，村镇建设区和风景区相互交融，又各具特色。

（4）加强森林植被的保护培育力度，全面开展植树造林和封山育林，局部退耕还林，恢复自然生态环境；严禁砍伐、开山采石、挖沙、修坟建墓等破坏环境的活动。

（5）严格控制区内土地的开发和利用，其发展应与风景区的保护要求相一致，禁止建设污染、破坏或危害风景区自然生态环境或景观的设施和项目。

（6）在外围保护地带内，可以安排适当的生产、经营管理、旅游配套服务等设施，分别控制各项设施的规模与内容。

（7）城、区观景点、景观点应综合规划布局，可以从视线联系上实现城、区的联系性、协调性，为塑造特色的、可意象性的城市形象提供基础。

7.2　分类要素保护

相对于《风景名胜区规划规范》的分类保护分区，《风景名胜区总体规划标准》强调了各类要素的保护要求，针对的是包括文物古建、遗址遗迹、宗教活动场所、古镇名村、野生动物、森林植被、自然水体、生态环境等各类需要保护的风景区特色要素和典型景观。这些特定的资源通常是体现风景特色和价值的重要载体，分类保护规划就是对这些要素提出更为详细和具有针对性的保护措施，以对分级保护的普适性规定形成有益的补充。

其中生态环境保护首先应充分调查、分析和阐述风景区自然生态系统构成、野生动植物物种和分布特征及受保护状况、环境质量等生态环境基本情况。其次应具体分析生态环境保护面临的主要问题，包括风景区自然生态系统及野生动植物受威胁程度、主要人类活动及其干扰强度、违法违规建设行为等情况。最终明确对珍稀、濒危动植物物种栖息地生态环境的保护要求，提出相关活动的具体管控措施，同时提出各项道路交通、游览设施、基础设施、防灾减灾及提升整治项目等配套建设的生态环境保护与恢复措施。

太姥山风景名胜区总体规划（2015—2030年）

资源分类保护的内容如下：

1. 晶洞花岗岩峰丛石弹地貌保护

在花岗岩峰林保护区内，必须严格保护原有的地形地貌及其生成条件和周围生态环境。严禁一切改变原有地形地貌、开山炸石、砍伐树木的行为。严禁其他与风景旅游无

关的建设。

2. 岩洞景观保护

走廊式裂隙岩洞是太姥山岳景区的重要内容。应保护好岩洞的自然地形地貌,保护好岩洞的生态环境,严禁在岩洞景区内开山挖石。

3. 溪流瀑布景观保护

溪流瀑布等负地貌景观是太姥山的重要特色。严禁在溪流两侧进行与自然景观保护无关的建设活动,严禁破坏自然景观和生态植被,严禁将未经处理生活污水、垃圾排入溪流,污染水体。

4. 海岸、岛礁景观保护

海岸、岛礁是太姥山潜在的旅游资源。严禁在沙滩挖沙,严禁在沙滩进行烧烤,严禁任何破坏沙滩自然环境的活动和行为。禁止在沙滩边缘50 m陆域内进行建筑活动。对沙滩资源应进行综合利用。应保护好海岸的自然景观,严禁炸礁取石。

5. 海岛及海洋生态环境保护

应严格保护大小天湖及其草场,严禁将垃圾、工业污水、生活污水直接排入海域,污水排放必须达到国家标准允许指标方可排放。

雁荡山风景名胜区总体规划(2021—2035年)

资源分类保护的内容如下:

1. 地质遗迹保护

完善地质遗迹保护管理系统,建立地质遗迹数据库,通过信息管理系统跟踪地质遗迹点的变化;完善各地质遗迹点的保护设施,设置解说及警告标示;严禁采石、禁止敲打岩石,未经批准不得采集标本;未经风景名胜区主管部门批准,任何单位和个人不得擅自开发利用山体景观资源;针对地形高差明显的景观应作地质稳定性调查,提出地质环境治理计划与方案。

在岩洞已建有寺庙的洞,原则上不扩建,应进行安全评估和必要治理,防止发生安全事故;如要开发岩洞供游客参观,必要经过安全评估与地质环境治理。

2. 水系水体保护

严格控制水源地区的土地利用,控制部分瀑布源头区人工种植茶园,恢复自然植被,保护遗迹,培育水源、涵养林木;对主要水系进行长期监测,设置固定的观察点以查明流量动态的变化;控制小水库的建设和发展,保护饮用水水库的安全。

3. 文物古迹保护

按照《中华人民共和国文物保护法》对各级文物保护单位进行保护,对没有定级的文物古迹设定相应的暂保等级;文物古迹的修缮或重建应遵循法定程序;加强对寺庙等宗教活动场所的管理,明确宗教活动场所复建或新建审批程序,不得以宗教活动名义破坏文物建筑的真实性和完整性;风景名胜区内文物古迹应建立科学保护管理档案,设立专人负责调查、研究和日常管理工作;加强文物保护宣传,对文物古迹进行挂牌解说。

4. 森林植被保护

严格依法保护森林植被,严禁擅自采伐、采挖林木;严格保护古树名木,完善标识,积极开展古树名木备用资源调查和保护工作;主要景点和游览线周围结合风景特色适度进行林相改造,以自然演替为主,提升现状植被的观赏性;生态保育区森林植被保护采取封山育林自然修复为主、人工促进为辅的措施,营建健康稳定的生态系统;游览服务区内应控制绿地人工化、注重多层次的绿地景观营建,提倡应用乡土、观赏性较强的植物;一般控制区内居民点周围应注重乡土植被种植,营造乡土气息,禁止毁林造田。

5. 野生动物保护

加强野生动物保护宣传;严禁狩猎,确因科研需要采集标本须经主管部门同意后方可限量、限点采集;改进森林病虫害防治措施,宜采用生物防治手段,保护野生动物栖息环境。

6. 非物质文化遗产保护

加强非物质文化遗产保护宣传;注重非遗环境的整体保护,积极培养、扶持非遗传承人;结合游览服务设施,举办多种形式的非遗展示活动。

7.3　环境质量要求

此外,《风景名胜区总体规划标准》提出了各类风景区环境质量控制的要求:

1)大气环境质量应符合现行国家标准《环境空气质量标准》GB 3095规定的一级标准。

2)地表水环境质量应按现行国家标准《地表水环境质量标准》GB 3838规定的I类标准执行,游泳用水应执行现行国家标准《游泳场所卫生标准》GB 9667规定的标准,海水浴场水质不应低于现行国家标准《海水水质标准》GB 3097规定的第二类海水水质标准,生活饮用水应符合现行国家标准《生活饮用水卫生标准》GB 5749的规定。

3)风景区室外允许噪声级应优于现行国家标准《声环境质量标准》GB 3096规定的0类声环境功能区标准。

4)辐射防护应符合现行国家标准《电离辐射防护与辐射源安全基本标准》GB 18871的规定。

这些标准体现了风景区对于降低环境污染的高要求,其中I类地表水环境质量标准的是很多风景区中目前较难达成。为实现这些目标，规划中不仅需要提出应制止的行为、应保护的对象、应提高的能力，而且应结合实际提出环境卫生监控措施、工艺治理净化措施、生物补偿措施、工程稳定措施等规划配套措施。

桃渚风景名胜区总体规划（2021—2035 年）

生态环境保护要求表

保护分级	大气环境质量	水环境质量	环境噪声和交通噪声	绿化覆盖率
一级保护区	达到一类区	达到或优于Ⅰ类标准	优于0类标准	超过85%
二级保护区	达到一类区	达到或优于Ⅱ类标准	优于Ⅰ类标准	超过70%
三级保护区	达到一类区	达到或优于Ⅲ类标准	优于Ⅰ类标准	超过60%

注：大气环境质量执行《环境空气质量标准》（GB 3095—2012）；
地表水环境质量执行《地表水环境质量标准》（GB 3838—2002）；
声环境质量执行《声环境质量标准》（GB 3096—2008）。

第八章 >>>>
游赏规划

游赏规划——风景游赏规划、典型景观规划

明确需要保护的对象以及保护的等级分区之后，在空间管制上也基本明确了资源利用的强度和游憩机会的梯度（Recreation Opportunity Spectrum, ROS）。游赏规划则是在此基础上，通过景观特征的梳理、对应游赏活动的安排、游赏路线的组织等手段发挥风景资源的价值，满足国民的物质和精神生活需求，实现"绿水青山"就是"金山银山"。

风景游赏专项规划是在明确游客容量的基础上，依据景源特征构思游赏主题、组织景观单元、安排游赏项目、建构游赏系统、明确典型景观及其展示方式以及景点建设与管控措施、游线组织与游程安排等内容做出相应的规划安排。

风景区与游乐园在活动安排上的不同之处在于其丰富独特的风景环境或景源素材才是多样的游憩活动项目和相应的设施配备的前提和基础。风景区的游赏项目组织因景而产生，随景而变化。脱离景源条件的游赏项目的无本之木。

景源特点、保护要求、用地条件、社会生活需求、功能技术条件和地域文化观念都是游憩项目组织需要考虑的因素。规划要根据这些因素分析风景资源特色以及游赏活动的环境需求及其对环境的影响，选择与风景相适宜的游赏活动项目，使各项活动与意境特征相协调，使各类相关设施与景物景观相协调，不违背资源本身的限制和特色。既应保证游赏活动能正常进行，满足游览体验，又要保持景物景观不受损害。

8.1 游赏主题与特色展示

8.1.1 游赏主题构思

游赏主题构思，首先是从景观多样化和突出自然美的原则出发，分析景物和景观的种类、数量、特点，归纳资源特征，设定风景游赏活动的主题与形象。其次对特色风景资源的吸引力、空间分布关系、游赏主次关系及利用可行性进行分析总结，对景源的意趣展示及其观览欣赏方式等进行组合和安排。

对景物素材的属性分析，对景物组合的审美或艺术形式探索，对景观特征的意趣感知，对景象构思的多方案比较，对展示方法和观赏点或欣赏点的设想是揭示景源所具有独特价值和各区域或节点之间的赏景关系，从而合理组织游赏行为的基础。

桃渚风景名胜区总体规划（2021—2035年）

1. 古城古韵浓

桃渚城不但是遗存，还是"活"的聚落，目前仍在使用中。古城内外，保留大量当年与抗倭有关的遗迹，且传统民居保存良好。城内街巷至今仍保持着明清风貌，城内民居绝大部分为清代建筑，尤以郎家里宅、郎德丰宅、吴宅、柳宅、文昌殿、财神庙等最具代表性。

对遗存的古迹进行重点保护和修复，设置说明牌、观赏点等。对其周围的游览设施要严格审查，不得影响古城整体环境，需注意周边建筑风格跟高度的控制，不得建设与古城风貌不相适宜的建构筑物。

2. 石柱峰林奇

桃渚白垩纪晚期火山活动在浙东地区具有典型代表意义，至今保存较完好。火山岩地貌景观集中分布在武坑、石柱和白影岩一带，形成典型的峰（石柱峰、玉壶岩、芙蓉峰丛）、熔岩平台（华盖峰）、崖嶂（炼石台崖嶂）、象形石（观音送子、蛤蟆岩、仙女岩）、洞穴（碧云洞、雨花洞）、穿洞（仙人担）、石墙（峰墙穿崖）等。在芙蓉村西南约2 km处屹立着三座塔状岩峰，构成桃渚天然三巨塔。它标志着火山活动的三个火山通道。记录了火山爆发（空落、火山灰流）—火山溢流（流纹岩流）—沿火山通道的侵出，以及后期外动力改造的全过程，是剖析白垩纪晚期火山活动演化过程的典型地区之一。

严格保护桃渚白垩纪晚期火山、火山口、白岩山古火山口等地质遗迹，设置地貌形成的说明牌、观赏点等。对其周围的游览设施要严格审查，不得破坏其周边的自然环境，不得遮挡其主要的观赏点和观赏角度。

3. 桃渚湿地美

桃江十三渚是在全新世晚期河流入海处形成的三角洲相基础上，随着海陆变迁形成的典型滨海湿地景观。河流在入海进出形成的三角洲辫状水系,导致从元代以来桃渚一带逐渐成陆。桃渚港流经桃渚千户所古城东进入石柱下北面的洼地,由峡谷进入宽阔的平原,辫状水系形成了今天的桃江十三渚独特的湿地景观。著名的桃江十三渚是风景区的核心景观之一,因桃江将田畦割裂包围成大小不一、形状迥异的十三个渚而得名。渚,意为"水中的陆地",十三渚区域面积达600多亩[①],星罗棋布,大的有80多亩,小的仅0.5亩。陆地与水域面积各半,是典型的湿地。桃江十三渚水碧田绿,赤山黛影,渚上风光随季节农作物更替呈五彩交替,被誉为中国最美的田园风光。

严格保护桃江十三渚的环境风貌,以及周边山峦环绕的旖旎田园风光,根据日常的农事活动,开展农事体验、田园观光、绿道骑行等活动。呈现江南水乡山、水、田、村的优美意境,展示桃渚古韵,满足当前"慢生活、慢旅游"的需求。

8.1.2 特色景观展示

规划内容与原则

那些代表风景区主题特征或具有独特的风景游赏价值的景观,是构成风景区吸引力的核心要素。如黄果树、壶口和九寨沟等风景区的瀑布、跌水、溪涧景观,龙宫、水洞和双龙等风景区的溶洞、暗河景观,金佛山、马岭河和荔波樟江等风景区的喀斯特山地、峰丛景观,天山天池、贡嘎山和峨眉山等风景区的植物垂直带谱景观,这些自然景观均需按其成因、存在条件、突出特征,规划其游览欣赏方式。而武当山和五台山的宗教建筑群、敦煌和龙门的石窟、猛洞河和黎平侗乡的古镇村寨,这些历史人文为主要特色的景观也需按其历史规律和风貌特征,规划其展示及维护措施。

《风景名胜区总体规划标准》中与《国家级风景名胜区总体规划大纲(暂行)》特色景观展示相关内容对应的是典型景观规划。编制目的是针对构成风景区特色的各类典型景观,制定相关措施使这些景观能发挥应有的作用,结合保护规划中的各类景观要素的保护措施,使其得以永续利用下去。

各类典型景观规划的第一原则是保护典型景观本体及其环境,保持典型景观的永续利用;第二是充分挖掘和合理利用其景观特征与价值,突出特点,组织适宜的游赏项目与活动,发挥其应有作用。

太姥山风景名胜区总体规划(2015—2030年)

1. 景源综述

通过风景资源的评价规划认为太姥山风景名胜区的自然风景资源不仅数量多且价

---

① 1亩约666.7 m²。

值较高,其中以花岗岩峰林地貌、走廊式裂隙岩洞和亚热带海岛风光最具特色,具有国家级品质。以特级景点(具有珍贵、独特、世界遗产价值和意义,有世界奇迹般的吸引力)为例,5处特级景点中有2处是花岗岩峰林,1处是走廊式裂隙岩洞,2处是亚热带海岛风光及自然生态系统。因此,在景源开发中应注重花岗岩地貌和海洋生态环境的保护和基础科学研究,为今后升格成为世界自然遗产奠定基础。同时,除已经开展的花岗岩峰林地貌展示观光游外,还应大力发展以海岛观光为特色的海滨休闲游。

2. 展示主题

(1)太姥山岳景区

太姥山岳景区是以晶洞花岗岩峰丛石弹地貌和走廊式裂隙岩洞为特色的主要展示区,该区景点价值较高,应实行严格保护,并合理安排游赏线路,并进一步突出地质地貌景观展示及科普内容。

(2)九鲤溪—杨家溪景区

九鲤溪—杨家溪景区是以良好的自然植被为基础,以峡谷溪流为特色,可以开展水上活动的重要景区。该景区景点价值较高,生态环境良好,应实行严格保护,并通过合理安排游线,加强与主景区的联系,分流游客,成为主景区扩展的重点。

(3)福瑶列岛景区

福瑶列岛景区是太姥山风景名胜区海岸海蚀地貌、海岛景观和独特生物景观的典型代表,主要以开展海滨度假、海岛观光和科学考察为发展方向。

(4)晴川海滨景区

晴川海滨景区是太姥山风景名胜区海岸沙滩的典型代表,主要以开展海滨度假、渔家乐活动为发展方向。

(5)桑园翠湖景区

桑园翠湖景区是以良好的自然植被和山水风光为基础,考虑到桑园水库是九鲤溪—杨家溪的上游,同时也是周围乡镇的水源地,因此应加强水库水体的保护,严格控制水土流失,加强一重山水源涵养林的营造。

各类典型景观规划措施

我国风景区各有特色,其典型景观虽多姿多彩,但其中较为常见的,并有一定共性的典型景观有以下几类:

1. 植物

除少数特殊风景区以外,植物景观始终是占据风景区景观空间的主体要素。或是景点背景或者游赏对象,或是有机组成部分,都发挥了相应的景观作用,成为风景区自然审美的重要载体。

与城市公园不同,风景区植物保护和营造,在实现提高林木覆盖率和改造林相景观的目标时,首先更为强调要维护原生种群和区系,不应轻易更新改造;其次要利用和创造丰富的植物景观,不应搞大范围的人工纯林;再者由于风景区中各区域保护和利用特征不同,应在保护各级生态公益林的基础上,提出有针对性的分区分级控制措施及相关指标。

规划措施应符合以下规定:

1)维护原生种群和区系,保护古树名木和现有大树,培育地带性树种和特有植物群落,提高生物多样性的丰富程度。

2)因境制宜地恢复、提高植被覆盖率,以适地适树的原则扩大林地,发挥植物的多种功能优势,改善风景区的生态和环境。

3)利用和营造多种类型的植物景观或景点,突出特色植物景观,重视植物的科学意义,组织专题游览活动。

4)对各类植物景观的植被覆盖率、林木郁闭度、植物结构、季相变化、主要树种、地被与攀缘植物、特有植物群落、特殊意义植物等,应有明确的分区分级的控制性指标及要求。

5)植物景观分布应同其他内容的规划分区相互协调;在旅游设施和居民社会用地范围内,应保持一定比例的高绿地率或高覆盖率控制区。

2. 建筑

我国许多风景名胜区的景观特色是自古以来自然与人文要素融为一体的文化景观,其中的建筑物或成为"点缀"或成为"眉眼"而画龙点睛。在很多优秀的风景环境中,建筑成为"组织"和"控制"风景的手段,把人和自然联系起来,甚至建筑物被当做"主景",把山水作为"背景"或"基座"。

在如是风景观中的建筑除了作为游赏风景的场所和满足休憩需求的功能之外,往往也应是风景环境的组成部分。因此,建筑景观规划应从风景环境的整体需求出发,对各类建筑的性质功能、内容规模、位置高度、体量体形、色彩风格等,提出明确的分区分级控制和引导措施,避免其成为"肆意干扰"大自然的败笔或疮疤。

建筑景观规划应符合以下规定:

1)应维护一切有价值的历史建筑及其环境,严格保护文物类建筑,保护有特点的民居、村寨和乡土建筑及其风貌。

2)风景区的各类新建筑,应遵循局部服从整体风景、建筑服从自然环境的总体原则,在人工与自然协调融合的基础上,创造建筑景观和景点。

3)建筑布局与相地立基,均应因地制宜,充分顺应和利用原有地形,减少对原有地物与环境的损伤或改造。

4）对各类建筑的性质与功能、内容与规模、标准与档次、位置与高度、体量与体形、色彩与风格等,均应有明确的分区分级控制措施。

3. 溶洞

我国已开放游览的大中型岩洞超过200个。溶洞风景是能引起景感反应的溶洞物象和空间环境,包括特有的洞体构成与洞腔空间,特有的石景形象,特有的水景、光象和气象,特有的生物景象和人文景源等。岩溶洞景,可以是风景区的主景或重要组成部分,也可以是一种独立的风景区类型。

与地面之上的风景不同,溶洞景观内部光线条件和行进条件往往不足,需要规划一定的游览设施和欣赏条件,使人们安全到达和欣赏的岩溶地下环境,发挥其风景价值。因此,溶洞景观规划有着独特的内容和规律。其规划措施应符合以下规定:

1）必须维护岩溶地貌、洞穴体系及其形成条件,保护溶洞的各种景物及其形成因素,保护珍稀、独特的景物及其存在环境。

2）在溶洞功能选择与游人容量控制、游赏对象确定与景象意趣展示、景点组织与景区划分、游赏方式与游线组织、导游与赏景点组织等方面,均应遵循自然与科学规律及其成景原理,兼顾洞景的欣赏、科学、历史、保健等价值,有度有序地利用与发挥洞景潜力,组织适合本溶洞特征的景观特色。

3）应统筹安排洞内与洞外景观,培育洞顶植被,禁止对溶洞自然景物滥施人工。

4）溶洞的石景与土石方工程、水景与给排水工程、交通与道桥工程、电源与电缆工程、防洪与安全设备工程等,均应服从风景整体需求,并同步规划设计。

5）对溶洞的灯光与灯具配置、导游与电器控制,以及光象、音响、卫生等因素,均应有明确的分区分级控制要求及配套措施。

4. 水体岸线

风景区多以山水为胜、得水而灵,水景是风景区的重要景观类型,岸线是水景与人接触最多,风景最丰富的地方之一。水体岸线景观规划的核心要求是在保证水质的纯净、保持整体岸线自然性的基础上,增加水体岸线景观的丰富性:

1）保护水体岸线的自然形态、自然植被与生态群落,不宜建设硬化驳岸。

2）加强水体污染治理和水质监测,改善水质和岸线水体景观。

3）利用和营造多种类型的水体岸线景观或景点,合理组织游赏活动。

5. 人文景观

"自古名山僧占多。"很多与自然环境协调共生的优秀人文景观是风景区之魂,规划对已有的应极力保护,对历史遗迹可在严格论证的基础上重建和复建:

1）应保护物质文化遗产,保护当地特有的民俗风物等非物质文化遗产,延续和传承地域文化特色。

2）新建人文景观应综合考虑自然条件、社会状况、历史传承、经济条件、文化背景等因素谨慎确定。

3）结合恢复、利用和创造特有的人文景观或景点,组织适宜的文化活动和专题游览。

各风景区规划中除了上述《风景名胜区总体规划标准》中列举的典型景观之外,重点是依据自身的资源特征和自身条件,对构成风景区风景特色的景观要素从保护和利用两个方面提出具有针对性的措施。

天姥山风景名胜区总体规划(2021—2035年)

特色景观包括以穿岩十九峰为代表的丹霞地貌、安溪硅化木构成的地质遗迹,佛教建筑以及与《梦游天姥吟留别》等诗词相映衬的诗画山水。

1. 丹霞地貌

立足科学价值和景观特征,加强整体解说系统建设。

(1)设置观景点和观景线路,完善穿岩十九峰和倒脱靴、石下坑等景区、景点的游步道。通过观景点的布局和空间序列的组织系统展现由丹霞地貌造就的峰丛、峡谷、溪流、洞穴等美景。

(2)在铜墙铁壁、三象沐浴、卧龙洞、穿岩石洞、倒脱靴等景点设立科普解说牌,说明各类构景岩石的沉积韵律构造、节理等关系。

(3)以多角度展示丹霞地貌的雄伟与壮观为目标加强观景设施的建设,同时以保护丹霞地貌免遭破坏为前提,严格控制环境容量和设施规模。

2. 硅化木群

揭示科学内涵,发挥科普与教育价值。

(1)设置地质科学与文化展厅,解说和展示硅化木形成的白垩纪森林生态环境、形成过程以及硅化木地层断面、硅化木单体的美学及科学价值。

(2)设立科普观光游览步道,对不同特点的硅化木地质遗迹挂牌解说。

(3)加强绿化,在遗迹周边种植杉树及具有观赏性的乡土树木,与硅化木象征的古森林相映成景。

3. 古建遗存

严格保护佛道文化遗存,展示资源的历史文化价值。

(1)依据"保护为主、抢救第一、合理利用、加强管理"的方针,加强不可移动文物的保护管理,并全面完成文物保护单位"四有"工作。统筹安排不可移动文物维修、基础设施改造、环境整治等项目,对于保存状况较差、险情严重的不可移动文物给予重点关注。整体保护大佛寺、真君殿等文保单位的建筑及周边山水格局、古树名木等,并设置解说牌。

（2）对于道潜山馆、刘阮庙、天姥寺、天峰寺、伴云庵、百人殿、司马悔庙等历史遗迹、遗址的修缮、清理应根据景点的历史文化背景、功能与作用，充分论证，控制规模和体量，恢复历史格局。

（3）依法拆除或改造历史建筑周边对其保护不利的建筑及设施，保持其历史原真性和文化氛围，对已损毁的历史遗迹、遗址，原则上不应重建和恢复。

4. 唐诗之路

解读山水的诗画内涵，展示唐诗之路的文化景观意境。

（1）从文化景观角度，梳理风景区山水等自然要素，组织游线与景观序列。

（2）加强历史文化资源的发掘，将古驿道作为风景游线加以恢复，结合谢公祠、"李白三登天姥处"碑、沃洲山禅院等文化建筑的建设，将文化意境融入山水体验之中，体现天姥山独有的文化底蕴。对驿道上的传统村落和民居，在保护原有乡土风貌的前提下进行整治。

8.2 游赏系统组织

风景游览欣赏的组织和安排是各类各级风景区规划中的主体内容之一，通过对于游赏对象的属性、数量、质量、时间、空间等因素的分析，从风景区整体游赏需要出发，组织好点、线、面等结构要素，突出游赏重点，安排游赏活动，发挥风景资源价值。其目的在于：① 设定与景源内容与规模、景观特征分区、构景与游赏需求相适应的组织模式；② 使游赏对象在整体中发挥良好作用；③ 为各游览欣赏对象间的相互因借创造有利条件。

规划内容主要包括游赏活动安排、风景结构单元组织、游线与游程安排等。

8.2.1 游赏活动安排

游赏活动规划即是对应景源的特色和空间、环境条件等分析，通过各类活动项目的筛选，游赏方式、时间和空间的安排，场地和游人活动的组织等满足游人的需求，发挥景源价值，同时也因地制宜地提出景观提升和发展的措施。规划原则如下：

1）应符合景观特色、生态环境条件和发展目标，在此基础上，组织新、奇、特、优的游赏项目。

2）应权衡风景名胜资源与自然环境的承载力，保护风景名胜资源，实现永续利用。

3）应符合当地用地条件、经济状况及设施水平。

4）应尊重当地文化习俗、生活方式和道德规范。

各类游憩活动对于景源及其环境条件的需求不同，例如，体智技能运动、宗教礼仪活动、野游休闲和考察探险活动所需的用地条件、环境气氛,以及其与景源的关系等差异较大,对活动进行分类是规划的认知基础。

《风景名胜区总体规划标准》从游憩心理满足的角度将游赏活动分为8类59项(表8-1)。

表8-1 游赏项目类别表

游赏类别	游赏项目
1. 审美欣赏	①览胜;②摄影;③写生;④寻幽;⑤访古;⑥寄情;⑦鉴赏;⑧品评;⑨写作;⑩创作
2. 野外游憩	①消闲散步;②郊游;③徒步野游;④野营露营;⑤登山攀岩;⑥探胜探险;⑦自驾游;⑧空中游;⑨骑驭
3. 科技教育	①考察;②采集;③观测研究;④科普;⑤学习教育;⑥采集;⑦寻根回归;⑧文博展览;⑨纪念;⑩宣传
4. 文化体验	①民俗生活;②特色文化;③节庆活动;④宗教礼仪;⑤劳作体验;⑥社交聚会
5. 娱乐休闲	①游戏娱乐;②拓展训练;③演艺;④垂钓;⑤水上水下运动;⑥冰雪活动;⑦沙地活动;⑧草地活动
6. 户外运动	①健身;②体育运动;③特色赛事;④其他体智技能运动
7. 康体度假	①避暑;②避寒;③休养;④疗养;⑤温泉浴;⑥海水浴;⑦泥沙浴;⑧日光浴;⑨空气浴;⑩森林浴
8. 其他	①情景演绎;②歌舞互动;③购物商贸

《风景名胜区总体规划标准》的该类别表与《风景名胜区规划规范》相差较大,增加了文化体验等大类,体现旅游活动随着时代的变化性,而休养保健类别的取消则体现了风景区游憩活动规划以景源保护为前提的特色。

相对的,旅游规划则常从旅游六要素的分类和构建活动项目库(表8-2)。

表8-2 旅游活动项目库

一级类型	二级类型	三级类型
旅行	人力旅行	步行、越野步行、自行车、划船、竹筏、木筏、皮艇、水底观光走廊、坑道、栈道、人力轿子等
	兽力旅行	大象、骆驼、马驴骡、牛马车、其他兽力车、兽力雪橇等
	自然力旅行	滑翔、滑翔跳伞、帆船、漂流、溜索荡索等
旅行	动力旅行	飞艇、热气球、飞机、直升机、水上飞机、蒸汽机船、游艇、游轮、飞翔船、太阳能船、气垫船、潜水艇、水下观光船、汽车、电瓶车、喷气汽车、太阳能车、摩托、火车、轻轨、小火车、其他动力旅行器、索道缆车、自行爬山车、升降梯等

一级类型	二级类型	三级类型
饮食	冷餐会	地方酒席、异地风情酒席、异国风情酒席等
	风味小吃	手工、烧烤、烘烤、腌制、浸制等
	酒吧茶肆	酒吧、咖啡馆、茶馆、饮用水、自动售货机等
	快餐	现卖现吃、现做现吃、现做外卖、即时外卖等
	自助餐	熟食、烧烤、水煮等
	方便食品	冲泡食品、轻便食品、宇航(高能)食品、保鲜食品、干食品、饮品等
	野炊	烧烤、水煮、蒸煮等
	野餐	阳伞野餐、桌凳野餐、席地野餐、随行野餐等
住宿	市镇旅馆	星级旅馆、青年旅馆、公寓、别墅、汽车旅馆、极地蕨馆等
	度假村	山地度假村、山上度假村、宇宙度假村、其他风情度假村、一般度假村
	机动卧室	火车卧车、汽车卧车、轮船旅馆
	乡土风情旅馆	土著穴居、土著巢居、生土建筑、竹木建筑、毡包、渔民船居等
	野营	穴居、帐篷、露营
购物	旅游用品	鞋帽手套雨具、服装、食品、摄影录像器材、野营装备、垂钓及水上运动装备、其他旅游
	旅游纪念品	自然物产、工艺品、土特产、特产食品、特产日用品、特色生产工具、其他特产
	特价商品	各类特价商品
观光游览	天象景观	风云雨雪、日月星辰、佛光、海市蜃楼、彩虹、极光、陨石等
	地象景观	山岳、典型地质构造、化石点、自然灾变遗迹、岩溶地貌、风蚀地貌、其他蚀余
	水象景观	江河、湖泊、海洋、瀑布、溪涧、冷泉热泉、现代冰川、冰雪等
	生物景观	野生动物栖息地、树木、古树名木、奇花异草等
	草原	其他生物景观
观光游览	历史文化	社会经济文化遗迹、军事遗迹、古城和古城遗址、长城、宫廷建筑、宗教建筑、陵墓陵园、石窟、古代工程、牌坊山门、雕塑、石刻碑碣、各类园林、风俗民情、特色村镇、乡土建筑、民俗街区、节庆、集会、风俗礼仪等
	科教	科技设施、科幻设施、科技城,考古博物、影视基地、研修实习基地
娱乐体育	自然娱乐	冲浪、潜水、帆板、帆船、跳伞、激流或波浪娱乐、滑沙滑草、滑雪滑冰、风筝、其他自然力娱乐

续表

一级类型	二级类型	三级类型
娱乐体育	器械与健身娱乐	摇曳旋转器械、攀滑器械、搬运装挂装置、跳弹跨越设施、多人自行车、特技自行车、滑车、滑板、划船、水上自行车、脚踏轨道车、波浪车道、越野自行车、雪橇、武术气功、体操健身、健美减肥、游泳、人造波游泳等
	动力娱乐	汽车拖曳跳伞、快艇拖曳跳伞、汽车越野、赛车、汽车练习、摩托车、水上摩托艇、摩托艇、碰碰船、碰碰车、游艇、翻滚车、月球车等
	理疗	避暑、避寒、冲击震动理疗、潮湿法理疗、推拿气功、针灸、药膳、理疗浴、沙浴、温泉浴、矿泉浴、负氧离子浴、森林浴、氧吧、桑拿浴、蒸汽浴、冰水浴等
	动物娱乐	动物驯养喂养、驯兽表演、斗鸡斗牛、放生等
	文化观赏娱乐	文化艺术馆、音乐、电影、环球电影、戏剧、茶馆书场、电视、舞会、卡拉OK、各种沙龙聚会、节庆活动、宗教活动、风俗礼仪等
	体育竞技与军事娱乐	彩弹实战、射击、射箭、相扑、击剑、军事娱乐、其他军体竞技、赛艇、赛马、保龄球、草地保龄球、体育竞技观演、高尔夫球、网球、足球、篮球、排球、沙地排球、乒乓球、羽毛球、手球、马球、门球、垒球、棒球、曲棍球、冰球、水球、桌球、其他体育竞技活动
	智力娱乐	迷宫、猜谜、棋牌、越野智力比赛、电子游戏、虚拟现实、其他智力娱乐等
	生产娱乐	狩猎、诱捕、网捕、渔猎、垂钓、放牧饲养、农林种植收获、采撷、食品加工、纺织、锤炼打制、建造制作等

资料来源：吴人韦.旅游规划原理[M].北京：中国旅游出版社,1999.

风景区的游赏项目规划一方面应结合旅游活动的新发展，从时代需求的角度追踪游憩活动的创新；另一方面应详细分析不同活动的环境需求，针对风景区景源特征和条件，"因地因时、因景制宜"择优组织，落实具体地点、规划设计条件及其他要求。最终实现保护和利用的协调（表8-3）。

表8-3　与旅游活动有关的环境条件表

项目	依存要素			用地条件	气象条件	其他	备注
	观光资源	游憩资源	设施	地形、土地利用条件			
观光索道	●		○	选择适宜地段，避开主体景观	风速15 m/s以下	有眺望条件，不能破坏景观	从严控制，严格审查
观光瞭望塔	●		○			有眺望条件	

续表

项目	依存要素			用地条件	气象条件	其他	备注
	观光资源	游憩资源	设施	地形、土地利用条件			
滑雪场	●	○		坡度6°~30°,有草地、积雪50 cm,有防风树林,高差100~150 m	温度小于80%积雪1 m以上有90~100 d/a	视野良好	风速15 m/s停止使用
滑冰场	●	○		有平坦部分	天然的,冰厚平均7 cm以上,冰面温度20~3℃,少雨、雪		
快艇、汽船、滑水	●	○		陆上设施部分坡度0~5°,水深3 m,水岸坚固,湾形良好,静水面	适宜气温20℃~30℃,水温25℃以上,救助视域良好。	潮位:最大1.5m（栈桥式）波高:平均最高0.3 m潮流:最大约3.7 km/h（快艇）风速:5 m/s适宜	
海水浴场	●			沙滩坡度2%~10%,岸线500 m以上,岸上有树林,无有害生物	水温23C以上,气温24℃以上,多晴日	水质:一般应在10 000 MPN/100 ml COD:2 ppm以下,不经常有油膜,能见度不小于30 cm	
球场、运动场等			●	坡度5%以下,平坦,有一定排水坡度	降雪少	植被良好,并有防风树林	
射箭场		○	●	地形富于起伏,坡度40%以下			无悬崖
自行车旅行	○	○	●	坡度最大限8%以下,长距离连续坡度不大于3%		周围景观及眺望景观良好	基准以下的树林、草地、水面变化丰富
观光农业		○	●	地表较平坦,也可为梯田			作物或有森林、草地、果树园等不宜在北坡

续表

项目	依存要素			用地条件	气象条件	其他	备注
	观光资源	游憩资源	设施	地形、土地利用条件			
潜水	○	●	○	水深小于30 m 水底能见度高	温度20~30℃ 适宜	鱼类等景观资源良好	
野营		●	○	坡度5%~10%，有一定水面，地表有森林、草地等	气候温暖，湿度80%以下，早晚温差不大	眺望景观开阔	有给水水源
避暑、疗养		●	○	海拔800~1 000 m，坡度20%以下，地表有森林、草地	8月气温在15~25℃		
避寒		●	○	坡度20%以下，地表有森林、草地、果树园等	2月气温在7℃以上	有温泉等	

注：●表示有强依存性，○表示有依存性。COD（Chemical Oxygen Demand）指化学需氧量。

太姥山风景名胜区总体规划（2015—2030年）

1. 游赏项目组织

根据《风景名胜区规划规范》的要求，并结合太姥山风景名胜区自然景观和人文景观的特点，规划确定将游赏项目分为野外游憩、审美欣赏、科技教育、娱乐体育、休养保健等五大类。

游赏项目一览表

游赏类别	编号	游赏项目	活动地点	期限
野外游憩	1	绿岛野营	大、小嵛山岛、洋鼓尾岛和鸳鸯岛	远
	2	静养场	大嵛山岛、太姥山岳景区	近
	3	特色植物考察基地	九鲤溪—杨家溪、太姥山岳景区	远
	4	森林浴	九鲤溪—杨家溪、太姥山岳景区	远
	5	森林探险	九鲤溪—杨家溪	近
	6	生态野营地	九鲤溪—杨家溪、渡头	近
	7	野生动物放生地	九鲤溪—杨家溪、大、小嵛山岛	远
	8	负离子呼吸区	九鲤溪—杨家溪、大、小嵛山岛	近

续表

游赏类别	编号	游赏项目	活动地点	期限
审美欣赏	1	各景区和景点	各个景区	近
	2	果园	九鲤溪—杨家溪、太姥山岳景区	近
	3	高空热气球	太姥山岳景区	近
	4	农业科技生态园	九鲤溪—杨家溪	远
	5	湿地植物观赏区	九鲤溪—杨家溪	近
	6	沿湖观光木栈道	大、小天湖、太姥山岳景区	近
	7	海岛天湖草场	大、小天湖	近
	8	湖光山色	桑园翠湖景区	近
科技教育	1	入口牌坊	主入口功能区	近
	2	读书堂	九鲤溪—杨家溪	远
	3	郊野音乐堂	九鲤溪—杨家溪	远
	4	吟诗亭	九鲤溪—杨家溪	远
	5	茶艺居	各个景区	近
	6	观瀑亭	九鲤溪—杨家溪	近
	7	观湖亭	太姥山岳景区	近
	8	佛教文化主题长廊	太姥山岳景区	近
	9	药膳中心	九鲤溪—杨家溪	远
	10	换乘中心	主入口功能区	近
	11	畲族民俗艺术展演区	主入口功能区	远
	12	地质博物馆	太姥山岳景区外围	近
	13	展示中心	主入口功能区	近
	14	监测中心	主入口功能区	近
	15	管理中心	福鼎市区	近
科技教育	16	管理副中心	主入口功能区	近
	17	游客中心	主入口功能区	近
娱乐体育	1	九鲤溪—杨家溪漂流	九鲤溪—杨家溪	近
	2	登山健身	各个景区	近
	3	游泳	大嵛山岛、大小筼筜	近
休养保健	1	主入口功能区	太姥山镇	近
	2	各级配套服务设施	各个景区	近
	3	度假宾馆	大小筼筜	远

2. 特色游赏组织

（1）观光系列

① 地质科普旅游：以晶洞花岗岩峰丛石弹地貌、走廊式裂隙岩洞、湖光山色、溪流瀑布为特色，欣赏大自然鬼爷神工和良好亚热带森林环境。

② 宗教人文旅游：以国兴寺、平兴寺、白云寺、一片瓦、香山寺、天门寺等为主要内容，突出宗教人文色彩内涵。

③ 自然生态旅游：以九鲤溪—杨家溪、大嵛山岛天湖草场、大小筼筜等秀丽的自然山水风光，及独特的海岛草场奇观，共同形成秀美的自然风光。

④ 农业观光旅游：结合风景区范围内农业产业结构调整，开展农业观光、果园观光、菜园观光等。以良好的自然环境、较少的旅游设施、低能耗的方式、环境保护教育为主要内容所构成的生态旅游观光，是一种高档次的新兴旅游项目。

（2）休闲度假系列

① 双休日及节假日度假：海滩游泳、森林漫步、登山野餐、古迹寻踪、露天音乐茶座、乡村品茗踏青游、晚间露天歌舞、篝火晚会或观看文艺演出、休疗养院的双休日度假游等。

② 夏令营及野营度假：登山、野营、农事活动、青少年生态监测、动植物观察、探险等。

③ 避暑度假：森林浴、静养、负离子呼吸、沙滩活动、水上游乐活动、垂钓、森林旷野寻幽、湖面泛舟，避暑、休疗养等。

④ 乡村风情节庆度假：果园观光采摘、菜园劳作、野生食用菌栽培或采摘、野生动物放生、品尝特色农家风味和纯天然放养家禽、家畜，参加民俗活动、欢度民间节日、观看民间文艺表演等。

（3）康体娱乐系列

运动健身：游泳、登山、攀岩、骑车、网球、羽毛球、篮球、乒乓球、水球等球类项目健身锻炼。

娱乐项目：各项畲族风情表演、水上游园、音乐会、演奏会等。

（4）文化、科普、科研活动游览系列

舞蹈、绘画、写作、摄影、诗歌专题活动、动植物识别、花岗岩洞穴科研探索开发等。

（5）大型活动系列

各种独具特色的畲族文化节日、乡村民俗节日、伟人诞辰纪念日、特色时令花卉节日、特色产品节日、避暑消夏游、时令水果采摘节、旅游养生文化节等。

8.2.2　风景单元组织

对风景名胜的组织，我国古今流行的方法是选择与提炼若干个景，作为典型与代表，命名为"某某八景""某某十景"或"某某廿四景"等。规划的风景单元的组织是围绕这些特色景观,针对游赏对象的内容与规模、性能与作用、构景与游赏需求,以及景观特征分区等因素,将各类风景素材归纳组合,将风景游赏对象组织成景点、景群、景线、景区等不同层次和不同类型的结构单元,并一定程度上确定空间规模、线路长度、游程时间等量化指标。

具体内容包括景点、景线和景群、景区组织以及景观提升等措施。

景点组织包括各景点的景观景物构成、类型、特征、范围、容量,游赏活动和游赏方式,设施配置等内容。

景线和景群组织包括构成内容、类型、景观特征、范围、容量,游赏活动与游赏序列组织,设施配置等三部分内容。

景区组织包括景区类型、构成内容、景观特征、范围、容量,景区的结构布局、主景、景观多样化组织,游赏活动和游线组织,设施配置和交通组织要点等四部分内容。

景观提升措施包括景观与环境整治、游览空间扩展、景点利用等内容,规划应明确建设项目,提出建设控制要求。

其中,景点和景区组织是规划实践中常用的单元组织手段。规划通过对于各景区的范围面积、包括的风景资源、游赏主题定位、规划构思和游憩活动安排提出相应规定,对各景点的景观价值、增强景观丰富度、拓展景源内涵和游览空间而开展的自然和人文景源的改善与建设项目,实现有序的游览组织,增强游人的游赏体验等措施的安排,从而提升风景区形象,发挥景源价值。

梅岭—滕王阁风景名胜区总体规划(2022—2035年)

景区组织的内容如下:

1. 滕王阁景区

景区面积 0.05 km^2。日游人容量 11 550 人次 /d。

包含主阁、东园、南园、北园、豫章文化园、东牌楼、仿古街共计 7 个景点。

游赏主题:千年滕阁、江南名楼。

开展维护修缮。在景区东部主出入口设立国家级风景名胜区标识。以步行游览方式为主,加强安全防护。建设北园服务部,配置小卖部、饮食点。完善主阁展示陈列内容和解说教育方式。

2. 铜源峡景区

景区面积 9.96 km^2。日游人容量 4 800 人次 /d。

包含铜源峡、水碓群、秦人洞、安峰尖、肖峰、云岩寺、罗珠墓、金坛寺、滑翔伞飞行俱乐部、肖峰露营地、拾遗书院共计 11 个景点。

游赏主题:千古佳缘、农耕体验。

对尼姑山塔墓群进行保护修缮和立碑。挖掘、丰富景区历史人文内涵。对秦人洞进行修缮加固。拓展水碓群农耕文化体验游览项目。利用肖峰高海拔优势,开展露营、滑翔伞等体验型游憩项目。改造升级现有公路,新建和改造游步道。配置公共停车场。在卫东、南岭和肖峰分别设置服务部。整治村庄风貌,有序开展旅游服务。

3. 洪崖丹井景区

景区面积6.57 km²。日游人容量5 830人次/d。

包含洪崖丹井、紫清山、老四坡、四季花谷、520观景台、战鼓坪、音律天地、洪崖遗韵艺术部落、法园寺、翠岩禅寺共计10个景点。

游赏主题:洪崖乐起、丹井飘香。

保护峡谷溪流、洪崖丹井景源特征的原真性和完整性。保护乌井水库水源地。拓展四季花谷、紫清山等景源游览内容。改造升级现有公路,新建和改造游步道。沿乌井路在主要景点入口设置公共停车场。在景区各主要出入口、下新村东部配置服务部。改造提升四季花谷景点服务部。保留琴源山庄和乌井村共同作为景区特色旅游点。整治村庄风貌,有序开展旅游服务。

4. 太平景区

景区面积4.91 km²。日游人容量4 200人次/d。

包含云隐洞、杜鹃花径、千年银杏、皇姑墓、百草园、造钱洞、竹马古道、燕子崖、洞崖等共计9个景点。

游赏主题:千年银杏、养生太平。

对皇姑墓进行保护修缮和立碑。对千年银杏进行专项保护监督,划定禁建范围。清理云隐洞周边场地环境。拓展太平百草园科普休闲项目。加固修缮造钱洞。改造提升现有公路,新建和改造游步道。在太平村配置公共停车场。在太平村、燕子崖旁配置服务部。整治村庄风貌,有序开展旅游服务。

5. 神龙潭景区

景区面积8.30 km²。日游人容量6 400人次/d。

包含卧龙谷、跌水沟、竹海明珠、响水岩瀑布、花老脊、神龙潭瀑布、梅福池、名人别墅、农耕文化园等共计9个景点。

游赏主题:龙潭飞瀑,生态胜境。

保护水域流量和植被生态环境。保护花老脊高山杜鹃种群。恢复响水岩瀑布周边景观环境,采用生态法加固护坡。深入挖掘中国竹文化,策划项目。拓展农耕文化体验游览项目。改造升级现有公路和游步道。在村庄和旅游点内,配置公共停车场。在北部和西部出入口及竹海明珠、卧龙谷、花老脊配置服务部。整治村庄风貌,有序开展旅游服务。

6. 梅岭头景区

景区面积 7.33 km²。日游人容量 6 300 人次 /d。

包含竹脑峰、梅岭头、梅仙潭、葛仙峰、炼丹井、植物园、熊式辉别墅、高坊写生基地、梅仙古道、阳灵观、太阳谷等共计 11 个景点。

游赏主题：梅仙福地，科普基地。

丰富林相景观。保护历史遗存的原真性和完整性。深入挖掘梅福升仙文化脉络。在植物园开展生态科普活动。改造升级现有，新建和改造游步道，开辟绿道骑行线路。配置公共停车场。打通梅岭头公路隧道。在主要游步道沿线，分别设置 4 个服务部。

图 7-1 游赏规划图（梅岭）

梅岭—滕王阁风景名胜区游赏规划图

7. 狮子峰景区

景区面积 7.11 km²。日游人容量 6 000 人次 /d。

包含泮溪湖、狮子峰、野趣园、丛林探险、望狮涧、荷坪碧塘、碧幽湖、垂钓园、农耕艺术园、狮峰古村、狮峰滑翔伞营地、拓展营等共计 12 个景点。

游赏主题：山林野趣，乡村休闲。

保护倒石堆地貌。保护泮溪湖水质，适当开展环湖骑行、垂钓等游览活动。保持乡野风光，丰富林相季候景观。开展乡村田园艺术观赏、劳作体验、乡土运动、山林野营等活动。完善提升现有公路，新建和改造游步道。在狮子峰登山入口和荷坪旅游点配置内部停车场。完善泮溪湖环湖骑行绿道建设。保持中部两处服务部配置。整治村庄风貌，有序开展旅游服务。

8. 紫阳宫景区

景区面积 6.46 km²。日游人容量 4 100 人次 /d。

包含紫阳山、翠竹园、潘仙洞、奇石迷阵、紫阳归隐谷、放生池、紫阳宫、邓真君墓、红源石海等共计 9 个景点。

游赏主题：德教之源，紫阳归隐。

对紫阳官及古墓葬进行保护修缮和立碑，完善祭祀场地建设。保护倒石堆地貌，开展探险活动。发掘紫阳隐逸文化，为游客提供体验古代隐士生活的场景。新建和改造游步道。在南部登山起点和北部下山后的名山村和里观村设置服务部。利用疏解后的村庄建筑，开展民宿、文化体验等旅游服务。

9. 风雨池景区

景区面积 3.23 km²。日游人容量 2 780 人次/d。

包含黄龙台、黄龙池、风雨池、防空隧道、军事主题博览园、元帅桥等共计 6 个景点。

游赏主题：祭天神池、军迷乐园。

清理黄龙池、风雨池场地环境，净化潭池水质。加固修缮防空隧道，清理场地环境，恢复哨口。依托军事遗址，开发军事主题游览活动。建设黄龙台观景平台。新建和改造游步道。黄龙台与军事主题博览园之间利用落差建设滑索、魔毯等设施。结合鱼子背村配置登山途中的服务部。

邛海—螺髻山风景名胜区总体规划（2016—2035 年）

景点规划一览表

序号	景点名称	内容	特征	规模/hm²	规划要点
1	观鸟岛	湿地公园	观赏鸟类及滨水湿地景观	8	由亚热带风情区、渔人海湾区、观鸟区、临海步道区、钓鱼区、草坡树林区等主题游览区组成，为邛海岸边滨水漫步休闲、观赏鸟类的景区
2	梦里水乡	湿地公园	湿地水上游览、植物园湿地、白鹭滩水生植物观赏	62	由生态防护林步行游览带、湿地水上游览观光带、植物园湿地区、白鹭滩水生植物观赏区、自然湿地修复区组团而成。形成了 1 500 m 长的湿地水上航线以及融湿地科普、环境保护和游览观光为一体的文化长廊
3	西波鹤影	湿地公园	亲水绿道	125	通过亲水步道和自行车绿道，有机串联起"踏波栈道""五棵榕""梦回成昆""坐石观海""邛管会旧址""月伴湾"等多个景观节点，在山海之间营造出收放有度，韵律丰富休闲空间
4	烟雨泸州	湿地公园	烟雨邛海，鸥鹭逐飞	193	提取自然要素"气候""日月""光影"，观邛海之"烟雨"；提炼生态要素"河口""群鸟""角洲"形成赏鸟之天堂"鹭洲"；塑造烟雨袅袅，鸥鹭逐飞的生态湿地

续表

序号	景点名称	内容	特征	规模/hm²	规划要点
5	梦寻花海	湿地公园	水月相映	556	规划提取西昌"气候四季如春"的自然要素,以河口水土保持、生物多样性保护和展示为主题,以花为媒,以花为点睛,打造"梦寻花海"的湿地生态系统
6	梦回田园	湿地公园	田园农耕	288	沿邛海地势低洼处恢复为近自然湿地,重塑遗失的古城村落,保留区内大面积稻田耕地,通过增加水塘面积,加强水系联通,将其改造成为农业湿地
7	邛海公园	公园	综合公园	60	对现有公园进行整治,完善景区旅游购物、文化娱乐、公共活动、入口服务等功能;完善景观环境,建设以时令花卉、三角梅等特色花卉为主的"邛海春晓"景观;结合四川省水上运动基地设施条件,建设码头、船坞,使其成为邛海水上活动的中心;对公园对面岗地进行控制,保持自然空间,建观景阁以凭眺邛海
8	灵鹰寺	寺庙	寺庙古迹	20	保护宗教寺庙古迹,完善游览环境;各项建设应遵循文物古迹、历史建筑保护的相关规定
9	青龙寺	寺庙	古树、寺庙、水湾	15	完善保护寺庙建筑及景观环境,修建黄桷树至湖滨及青龙寺至寺后山林的游憩道路,扩大游赏范围与内容;湖滨开展滨水休闲活动;寺东、北面培植风景林
10	月亮湾	河湾湿地	古树、湿地	24	由原月亮湾景区南北方向扩展,形成大尺度的湖湾景色,改造现有岸线为生态岸线,利用南北水上步行栈道设鱼类生物链展示栈道
11	龙行甘雨	民俗	民族文化体验	15	古邛都八景之一,由原青龙寺景区南北方向扩展,展示小青河河口湿地风光,保留现状青龙寺
12	泸山植物园	植物	植物专类园	20	在现状邛海公园生态园基础上扩建,重点展示以泸山和地方特有植物为主的植物景观,开展地方植物科普教育
13	烈士陵园	陵园	革命烈士纪念地	1	整治完善园内景观环境,开展革命历史教育游览
14	奴隶社会博物馆	纪念建筑	全国唯一彝族奴隶社会专题博物馆,国家三级博物馆	3	完善博物馆周边景观环境,合理开辟观赏泸山和邛海的观景点;适当扩大展区,丰富彝族文化展示内容;加强旅游宣传,扩大游人量

续表

序号	景点名称	内容	特征	规模/hm²	规划要点
15	石榴园	农业观光	石榴果树景观	75	利用山坡现有石榴园,扩大石榴种植面积,形成特色观光果园;完善游览步道,配置游憩建筑,开展观光采摘
16	沈家祠	古建筑、园林	传统文化展示	5	保护自然地形及古迹、古树,整治恢复卧云烟雨古典园林,完善整体景观环境;现有烂尾工程清理拆除;开辟三条游览道分别至泸山主峰、山下泸山植物园;合理配备旅游服务站
17	响水沟	溪涧	泉水叮咚	3	整治利用响水沟自然水系,形成巨石山涧溪流、小型瀑布潭池、自然湖泊等多种形态水景;沿水开辟登山游览步道;沿沟谷改造原有云南松纯林,增加阔叶树、观赏花木,丰富沿线植物景观及季相变化
18	风箱口	山景	山顶观景点	1	属于新建景点。规划修建登山步道、观景平台,结合树林生态恢复,注重林相搭配
19	锅背顶	山景	山顶观景点	1	属于新建景点。规划修建登山步道,以土路夯实石板镶边为主,局部附以栈道,石板路,在平坦开阔场地,设置休憩观景亭与服务站
20	西昌农场风情园	园林	民俗风情展示	254	随着西昌农场产业结构调整,由种植业向第三产业转换,集合农业景观、彝族民俗风情展示发展生态休闲旅游
21	五显庙	寺庙	寺庙、水库	4	整治庙宇四周景观环境,加强庙前及水库周边景观绿化,增设游步道和景点建筑;配备旅游服务站
22	光福寺	寺庙	古寺、古树、古碑刻	3	保护文物古迹、古树名木及古碑刻;拆除不利于文物古迹保护的无关建筑,净化宗教及景观环境;加强对新建建筑与邛海景区全景的管理与引导;加强旅游服务设施管理及环境卫生治理
23	三教庵	寺庙	三教合一	7.5	保护宗教建筑历史风貌及文物古迹,各项建设应遵循《风景名胜区总体规划标准》"保护培育规划"一章中对"文物古迹、历史建筑保护"的相关规定;有必要恢复的按原貌进行恢复,严格控制各类建筑形式和体量,不得形成大面积山体破损面,影响泸山整体景观;与文物保护和风景建设无关的建筑应予以拆除;加强绿化,优化景观环境,完善游览序列,配置必需的服务设施
24	文昌宫	寺庙	古建、"泸山赋"壁		
25	观音阁	寺庙	寺庙、明代石刻观音提篮像		
26	玉皇殿	寺庙	寺庙建筑		
27	青羊宫	寺庙	寺庙建筑		
28	三清观	寺庙	寺庙建筑		
29	五祖庵	寺庙	寺庙建筑		

续表

序号	景点名称	内容	特征	规模/hm²	规划要点
30	白庙彝家山寨	村落	民俗村落及文化展示	25	结合村落整治与、邛海湿地搬迁新村安置，保护好山、水、田、林等生态景观资源，合理布局新村聚居点，配套旅游服务及文化展示功能建筑或场地设施，建设具有浓郁彝族风情的民俗新村
31	大菁牧场	草场	小草原风光	30	保护牧场草地景观，对现有村落进行整治，完善其旅游服务功能，开展牧家乐活动
32	仙人洞	溶洞	喀斯特地貌溶洞	10	保护喀斯特溶洞景观，完善灯光设施、步游道及服务设施。对溶洞外围村落进行风貌整治
33	黄联土林	蚀余景观	土柱林立	10	保护土林景观，景区建设不得对土林景观造成损害。完善土林内部的步游道系统和游览服务设施
34	小草坝	植物	高山草甸	10	保护草甸景观，建设登山步游道，设置生态小型服务建筑，为登山游客提供服务
35	干海子	湖泊	古冰川湖泊	5	建设环湖步道及通往八亩地步道，登山道从湖泊东侧穿过，建设完善景点及道路标识；沿干海子东侧沟谷建设观光索道，解决大众游客上山难问题
36	八亩地	植物群落	草甸、杜鹃、红石滩	100	建设步游道串联草甸区、杜鹃林、红石滩等景点，建设完善景点及道路标识
37	金厂坝	草地	高山平台上的草甸	115	保护草甸景观，建设古冰川博物馆，对螺髻山古冰川遗迹景观进行系统展示。建设完善游览服务及应急救援设施，设置一直升机停机坪
38	五彩池	湖泊	古冰川湖泊群、杜鹃林	150	该景点由若干小型冰川湖泊组成，建设串联各湖泊的步游道，设施完善的景点及道路标识
39	骆驼峰	山峰	驼峰状奇峰	10	在合适位置设置观景平台
40	日德林U谷	冰川遗迹	大型冰川运动痕迹	5	保护冰川遗迹景观，通过景点解说介绍其形成原理。沿U形谷设置步游道，在确保安全的前提下开展漂流等活动
41	十里地	森林、沟谷	原始森林、黄水沟源头	40	在合适位置筑生态水坝，解决景区水源问题；设置一生态营地，作为螺髻山探险的北端起点
42	青草海	湖泊	古冰川湖泊、原始森林	5	保护冰川遗迹景观，通过景点解说介绍其形成原理。建设完善步游道及景点解说
43	螺髻山牧场	草地	高山牧场	70	设置一生态营地及服务设施，利用现有草场开展牧场游乐活动

续表

序号	景点名称	内容	特征	规模/hm²	规划要点
44	三节海	湖泊	古冰川湖泊	5	保护冰川遗迹景观，通过景点解说介绍其形成原理。建设完善步游道及景点解说
45	黑龙潭	湖泊	湖水呈黑色	8	保护冰川遗迹景观，通过景点解说介绍其形成原理。设置串联黑龙潭、黄龙潭的步游道，建设一小型服务设施建筑，为游客提供便利
46	黄龙潭	湖泊	湖水呈黄色	8	保护冰川遗迹景观，通过景点解说介绍其形成原理。建设完善步游道及景点解说，建设完善观景休息设施
47	古冰川大刻槽	冰川遗迹	气势雄厚	2	保护冰川遗迹景观，通过景点解说介绍其形成原理。建设完善观景休息设施，完善步游道及景点解说
48	冰川刻槽	冰川遗迹	如蟒蛇过泥的行迹	1	保护冰川遗迹景观，通过景点解说介绍其形成原理。建设完善步游道及景点解说
49	大海子	湖泊	螺髻山最大的海子	30	保护冰川遗迹景观，通过景点解说介绍其形成原理。建设完善步游道及景点解说。建设完善现有服务设施，对该设施建筑进行风貌整治，以与风景区环境相协调
50	珍珠湖群	湖泊	湖泊相连、精巧秀美	100	该景点由若干小型冰川湖泊组成，保护冰川遗迹景观，建设串联各湖泊的步游道，建设观景休息设施，完善的景点及道路标识
51	杜鹃花海	植物	色彩缤纷	80	建设环形步道及观景休息设施，设施完善的景点及道路标识，重点介绍螺髻山多样的高山杜鹃品种及其特征
52	叠翠湖	湖泊	幽趣动人	10	建设滨湖步游道及观景休息设施，设施完善的景点及道路标识
53	蓓蕾峰	山峰	峭壁险峰	5	在合适位置设置观景平台
54	姊妹湖	湖泊	山、水相映	15	建设滨湖步游道及观景休息设施，设施完善的景点及道路标识
55	螺髻主峰	山峰	如海螺，又似发髻	400	在合适位置设置观主峰的观景平台
56	角峰与刃脊群	冰川遗迹	山峰陡立如剑	600	建设生态探险步道
57	螺髻南峰	山峰	峭壁险峰	100	建设生态探险步道，在大漕河设置登山营地
58	大象坪	平台	高山难得的一平台地	2	保护现有传统村落，对村落周边环境经整治，合理利用台地建设大象坪旅游村，旅游村须进行详细规划设计报相关部门审批后方可建设

序号	景点名称	内容	特征	规模/hm²	规划要点
59	螺髻寺	寺庙	古时可与峨眉媲美	10	经相关部门批准后恢复重建螺髻寺,重现其昔日光彩
60	青堡堡	植物	高山草甸、地质景观	10	保护高山草甸景观及山峰地质景观,建设连接螺髻寺方向至青堡堡的游览索道及登山步游道,对接五彩池景区
61	老鹰沟	峡谷	原生态峡谷	100	保护峡谷景观地貌及河流水体景观,沟口建设景区小型游客服务站,沿峡谷建设游览步道和观景休息平台
62	岔河坝	河流	溪流淙淙	0.8	保护河流水体景观,沿河建设游览步道和观景休息平台
63	温泉瀑布	瀑布、温泉	泉瀑一体	5	保护温泉瀑布及周边原生态景观,沿河设置游览观光区,在安全的宽敞场地处设置温泉浴场,并注意与游览区相分隔,互不影响
64	两河口	河流	有猴群、百鸟藏于此	10	集合区内的动物景观,建设生态猴山、百鸟谷等景点
65	药坪子	平台	高山台地	10	保护高山草甸景观,在中山区域建设登山营地,在峰顶设立风景区南端标志

8.2.3　游线组织

游线组织应依据景观特征、游赏方式、游人结构、游人体力、游赏心理与游兴规律等因素,精心组织具有不同难度、体验感受、时段序列、空间容量的主要游线和多种专项游线,包括下列内容:

1)游线的级别、主题、类型、长度、容量和序列结构。

2)不同游线的特点差异和多种游线间的关系。

3)游线与游路及交通的关系。

游人景感的兴奋程度必然会随着时间出现疲劳,游线组织的目的之一就是通过景象空间展示、时间速度进程、景感类型转换等组织手法,实现景感的变换,避免审美的疲劳。良好的游赏组织,是以突出景象高潮和主题区段的感染力为核心,调动各种手段来诸如空间上的层层进深、穿插贯通,景象上的主次景设置、借景配景,时间速度上的景点疏密、展现节奏,景感上的明暗色彩、比拟联想、手法上的掩藏显露、呼应衬托等,使各景物间和单元之间有良好的相互资借与相互联络,创造整体高于局部的风景空间序列的过程。

此外,游赏方式可以是静赏、动观、登山、涉水、探洞,可以是步行、乘车、坐船、骑马等。

不同的游赏方式所需游览时间不同,游线的安排也受到游览天数和交通条件的制约。此外,不同游览方式对体力消耗的要求也不同,因而涉及游人的年龄、性别、职业等变化所带来的游兴体验差异。游线组织是通过多样化游赏方式的组合,安排多样化的游程,满足不同游览时间、不同年龄段、不同游赏取向人群的需要,形成不同时间长度和不同特色的安排:

1）一日游:不需住宿,当日往返。

2）二日游:住宿一夜。

3）多日游:住宿二夜以上。

4）各类特色游线:如休闲、科研、运动等等。

为避免线路重复影响基本的游兴,风景区游赏线路的组织通常以环线为主。不同游览距离、游赏项目所限定的游览日程安排共同决定了风景区交通和服务节点及其设施的设置需求。尤其是二日以上的游程由于其配套的功能设施较多,规划应在满足服务需求的同时不违反风景资源保护的要求,选择适当的节点综合布置。

天姥山风景名胜区总体规划（2021—2035年）

根据天姥山风景名胜区的风景资源特点和空间分布情况,规划组织多内容、多层次、多形式的游览活动线路,以期增强游人的游赏情趣,游线组织的目标和原则如下:

第一,突出风景资源特点,发挥资源优势,使游人充分感受到天姥山诗画山水的风景特质。

第二,结合交通和资源分布特点,利于游人的合理分布和环境容量的适应平衡。

第三,能够将各景点景物组织成富有变化、生动鲜明、合理有序的景观序列,并避免游赏走回头路。

第四,满足不同类型游人的不同游览要求,提供不同的游赏组织方式以供选择。

具体游线游程组织:

由于天姥山风景区各片区空间分布相对独立,从外围交通条件和风景资源分布出发,规划采用环线和节点发散相结合的游线组织模式,形成东部和西部两大环线,各片区内部小环线,并通过外部旅游交通节点的组织,形成各日程的基本游线和四种各具特色的专项游线。

1. 一日游

一日游以各片区内部的游线为主。

（1）大佛寺——十里潜溪片区

① 大佛城—双林石窟—千佛洞—大佛寺—般若谷—潜溪基地(休息)—百丈岩—天烛湖—大石瀑。

② 磕山—七盘仙谷—屏风岩—丁村—酒鬶岩(休息)—大石瀑—天烛湖—百丈岩。

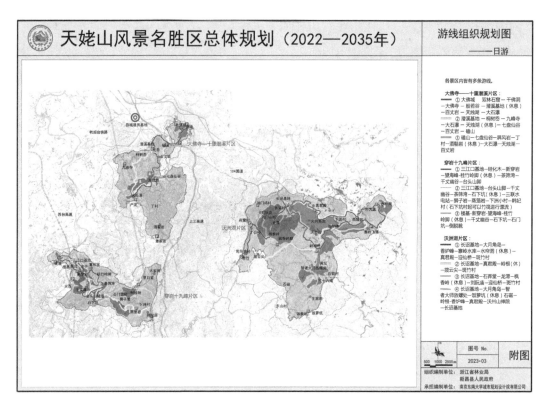

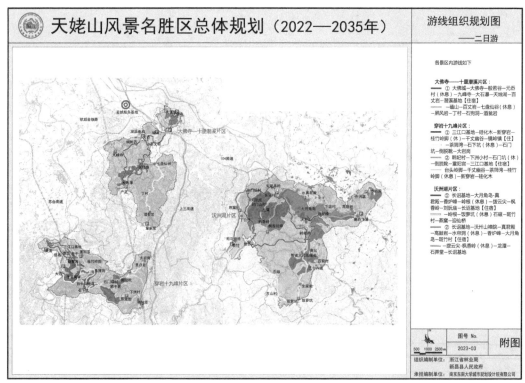

天姥山风景名胜区游程图

③潜溪基地—桐树岙—九峰寺—大石瀑—天烛湖（休息）—七盘仙谷—百丈岩—磕山。

（2）穿岩十九峰片区

①三江口基地—硅化木—新穿岩—望海峰—桂竹岭脚（休息）—茶筛湾—千丈幽谷—台头山脚。

②楼基—新穿岩—望海峰—桂竹岭脚（休息）—千丈幽谷—石下坑—石门坑—倒脱靴。

③三江口基地—台头山脚—千丈幽谷—茶筛湾—石下坑（休息）—三联水电站—狮子岩—蒸笼岩—下洲小村—韩妃村（石下坑村起可以竹筏进行漂流）。

（3）沃洲湖片区

①长诏基地—大月角岛—香炉峰—寨岭水库—水帘洞（休息）—真君殿—迎仙桥—斑竹村。

②长诏基地—石弄堂—龙潭—枫香岭（休息）—刘阮庙—迎仙桥—斑竹村。

③长诏基地—真君殿—岭根（休息）—拨云尖—斑竹村。

④长诏基地—大月角岛—智者大师放螺处—饭萝坑（休息）石磁—岭根—香炉峰—真君殿—沃洲山禅院—长诏基地。

2. 二日游

二日游以各片区内部的游线为主。

（1）大佛寺片区、穿岩十九峰片区

大佛城—大佛寺—般若谷—潜溪基地（休息）—百丈岩—天烛湖—大石瀑—澄潭镇／三江口基地（住宿）—硅化木—新穿岩—桂竹岭脚（休息）—茶筛湾—千丈幽谷—台头山脚。

（2）大佛寺—十里潜溪片区

大佛城—大佛寺—般若谷—元岙村（休息）—九峰寺—大石瀑—天烛湖—百丈岩—潜溪基地（住宿）—磕山—百丈岩—七盘仙谷（休息）—屏风岩—丁村—石狗洞—酒甏岩

（3）穿岩十九峰片区

①三江口基地—硅化木—新穿岩—桂竹岭脚（休息）—千丈幽谷—镜岭镇／大岙（住宿）—茶筛湾—石下坑（休息）—石门坑—倒脱靴—大岩岗。

②韩妃村—下洲小村—石门坑（休息）—倒脱靴—重阳宫—三江口基地（住宿）—台头岭脚—千丈幽谷—茶筛湾—桂竹岭脚（休息）—新穿岩—硅化木。

（4）沃洲湖片区

①长诏基地—大月角岛—真君殿—香炉峰—岭根（休息）—拨云尖—枫香岭—刘阮庙—长诏基地（住宿）—岭根—饭萝坑（休息）石磁—斑竹村—燕窠—迎仙桥。

②长诏基地—沃洲山禅院—真君殿—高鼓岩—水帘洞（休息）—香炉峰—大月角岛—斑竹村（住宿）—拨云尖—枫香岭（休息）—龙潭—石弄堂—长诏基地。

3.三日游、四日游

可灵活组合各片区的一、二日游线，形成多条三日、四日游程路线。

8.3 游赏解说系统

与《风景名胜区规划规范》相比，《风景名胜区总体规划标准》增加了游览解说系统规划的要求。游览解说是一种信息交流的过程，通过一定的媒介和手段，使游客能够在游览中欣赏风景、获取知识、受到教育，并了解风景区中相关游览、服务、管理等内容的信息传播行为。

解说系统规划是通过对于解说内容、解说场所、解说方式、解说设施、解说管理等相关措施的规定，使游人更好地理解风景区的景源特征、科学价值等，提升和完善风景区游览解说的能力，更好地利用风景资源。

规划首先应通过现状调查，分析和评估以下内容：解说内容是否完整、准确，是否易于解和接受；解说场所、解说方式、解说设施是否完善，能否满足游人欣赏、学习、服务等需要；风景区是否需要对游览解说进行专门的管理。

其次应明确向游人展示的解说内容。解说内容包括两个主要方面：一是解说主题，应突出景源特征与价值，包括历史、人文、自然景观、动植物、生态、景点关联性等多方面的资源特征；二是解说信息，包括景源、观赏、教育、交通、游线、特产、设施、管理和区域情况等各类信息。

再次应设定解说方式。解说方式包括人员解说和非人员解说。人员解说主要针对大众游览区域及大众知识传播、教育场所，应对风景区解说员的人数、讲解内容及对解说员的基本语言及标准等级进行规定。非人员解说包括标牌、器材等，设置于风景区开放区域，其中使用器材解说是针对自主游览兴趣和能力较强的游人。应充分发挥数字虚拟技术的发展，创新解说方法。

最后应明确解说场所和解说设施的空间布局和建设管控，做到合理、适量，并应符合下列规定：

1）标牌应系统设置，可分为解说牌、导向牌和安全标志牌提出标牌建设与设置要求。

2）解说中心纳入游客中心建设，其规模应与游人量相匹配。

3）电子设备应规定设置的内容、位置与要求。

其中，标牌应分类布设，明确标牌的必要信息，对标牌的设计风格、色彩、材质、内容、语言种类、设置位置等进行规定。如在国家级风景区入口应设置国家级风景区徽志，在各景点应设置解释性标牌等。解说中心应确定其主要功能,如信息咨询、展陈、视听、讲解服务,对解说中心的风格、材质、体量、规模、配套设施进行规划,其规模与其设置的地点及游人量相匹配,解说中心一般结合其他设施进行建设,如游客中心、旅游服务基地、博物馆、管理处等。

托木尔大峡谷风景名胜区总体规划(2021—2035年)

游览解说系统规划的内容如下:

突出国家风景名胜区的主题,体现科学情趣。对园区内有意义的地质遗迹、各种景观作出科学解释。解说对象定位于社会大众,解说图文表达应通俗易懂,既要符合地球科学的科学性,又要具有趣味性,使游览时具有可读性、可看性、互动性。解说布局上,既要重视户外解说,又要建立博物馆室内展示,体现温宿地区地质的特色,以现代技术方法,再现形成过程,解析各种自然景观形成的科学道理。

新疆托木尔大峡谷风景名胜区解说系统架构表

类型	项目		数量	布局
室内解说系统	地质博物馆		1个	景区入口处
	科普电影馆(影视厅)		1个	设于地质博物馆中
户外解说系统	主碑		1个	博物馆广场
	副碑		3个	托木尔大峡谷景区入口1个,雪山奇霞区1个,盐溪丘谷区1个
	综合及区域说明牌		4个	托木尔大峡谷景区入口1个区域说明,雪山奇霞区1个区域说明牌,盐溪丘谷区1个区域说明牌,主碑广场1个综合说明牌
户外解说系统	景点(物)解说牌		54个	托木尔大峡谷景区入口区1个,雪山奇峡区38个,盐溪丘谷区1个
	公共信息标识牌	保护及知识牌	40个	40个
		安全警示牌	40个	40个
		交通引导牌	16个	16个
	景区电子解说系统		多套	多语种无线收发式导游解说系统,根据游客容量进行配备
其他	科学导游图		1套	公开印刷出版发行
	导游手册		1套	公开印刷出版发行
	风景名胜区光盘		1套	公开制作出版发行

太姥山风景名胜区总体规划(2015—2030年)

1. 解说展示场所

(1)游客服务中心

在进入主要风景名胜区前为游客提供综合服务,包括讲解、咨询,引导以及基本的商业服务。

(2)文化设施

向进行不同特色游览的游客提供关于风景区较为专业与全面的讲解和介绍,主要集中在各个景区入口游客中心。

(3)入口与游步道

根据游览解说需要,在各大景区入口、重要景观景点和游步道两侧设立的图文并茂的解说牌、指示牌和警示牌。

2. 解说展示方式

风景名胜区解说系统建设涉及多个方面,内容比较广泛,不同类型风景名胜区和游客,在解说方式、方法、解说媒介选择等方面也有所差异。

(1)人员解说系统

解说人才是解说系统建设中的能动性因素,可实现与游客的交流互动,包括景区自身专业讲解员、外来旅行社导游、社会解说志愿者、各类兼职讲解员、合作的高校与科研院所的人才等方面。

(2)非人员解说系统

① 游客中心(博物馆、展示中心等)建设

游客中心是风景名胜区的全面展示平台和具有解说、宣讲、咨询和服务功能的大型服务设施。除各个出入口的游客中心外,还可以灵活设置多个解说服务中心。

② 标识标牌建设

标识标牌是风景名胜区解说系统建设的最基本内容,主要包括游览设施、服务设施、接待设施、游乐设施、交通设施等各类景区、景点、景物和设施的说明、引导和指示标牌,如风景名胜区徽志、景区与景点解说牌、道路指示牌、安全警示牌、法律法规宣传牌、温馨提示牌等。

③ 电子解说设施建设

电子解说设施是风景名胜区依托现代信息技术建设的自动化解说服务设施,具有鲜明的时代特征。主要包括各种服务于游客的具有解说、导览甚至呼救、定位功能的电子设施。

④ 多媒体展示设施

多媒体展示解说设施是依托现代科技手段建设的集声、光、电于一体的具有介绍、展示、解说、信息服务等多种功能的服务设施,包括网站、发光二极管(Light Emitting Diode, LED)显示屏信息发布系统、视频、音频、多媒体设备等。

⑤ 三维模型设施

风景名胜区结合自身实际建设的用于向游客解说或展示事物的总体概况、发展变化机理等方面情况的电子或实物模型;如地质地貌模型、水利工程设施模型、生态系统演变模型、动植物保护及迁移模型等。

⑥ 解说出版物

出版物是解说系统中具有持续性、全面性、深入性特点的讲解教育载体,包括与风景名胜区相关的解说手册、科普作品、科研成果、风光展示画册、音像制品、文学著作、资源介绍、历史文化介绍、民族风俗介绍等各类纸质或电子出版物。

第九章 >>>>
设施规划

设施规划——游览设施规划、基础工程规划

《风景名胜区总体规划标准》的设施规划包括《风景名胜区规划规范》的游览设施规划和基础工程规划两部分的内容,并且进一步强调了综合防灾规划的相关内容。不仅是风景资源的游赏需要设施建设的支撑,以便使人们能够安全便利地获得风景审美休憩的满足,风景资源的监测和保护同样需要相关设施。作为风景区运行的支撑系统,设施建设是风景区建设的主体部分,也是最强烈的人工干扰因素。风景区的设施总体上可以分为旅游服务设施、道路交通、基础工程、综合防灾避险四个大类。

9.1 旅游服务设施规划

风景区的旅行游览接待服务设施,简称旅游服务设施或游览设施。20世纪90年代开始,随着旅游逐渐成为产业,风景区的旅游和经济带动功能被各级管理部门尤其是地方政府所看重,为了满足旅游发展的需要,风景区大量建设旅游服务设施,"天下名山宾馆多"的形容凸显了风景区商业化、城市化现象。与之相对的,风景区的保护定位使得管理部门和专业领域对于设施建设一直有所警惕,希望更加谨慎、更加妥善地安排人工设施。

自古以来,我国许多风景名胜地形成了人与自然协调发展,人工建构筑与自然融为一体的历史积淀,风景区不仅应保护吸引游人的风景游览欣赏对象,还应为游人提供游览条件和相关设施也是基本共识。但是,旅游服务设施如果处理不当,可能成为风景的破坏性因素。

《风景名胜区总体规划标准》将旅游服务设施统一归纳为九个类型,即旅行、游览、餐饮、住宿、购物、娱乐、文化、休养和其他类。其中:旅行指游览所必需的导游、休憩、咨询、环卫、安全等设施;餐饮和住宿的设施等级标准比较明确;购物指具有风景区特点的商贸设施;娱乐指具有风景区特点的表演、游戏、运动等设施;文化指展馆、民俗节庆、宗教等设施;休养类包括度假、康复、休疗养等设施;最后,把一些难以归类、不便归类和演化中的项目合并成一类,称为其他类。规划即是对各类设施进行系统配备与安排,从满足需求和管控建设两方面将各类设施纳入风景区的有序发展之中。

旅游服务设施规划的内容包括游人与游览设施现状分析、客源分析预测与游人发展规模的选择、各类旅游服务设施配备与直接服务人口估算、各级旅游服务基地组织与相关基础工程、旅游服务设施系统及其环境分析等五部分。

9.1.1　现状分析

游人现状分析

游人现状分析,应包括游人的规模、结构、增长率、时间和空间分布及其消费状况。主要目的是从历史数据中,统计和分析风景区内的游人情况及其变化态势,既为游人发展规模的确定提供内在依据,也是制定风景区发展对策的重要参照因素。其中,年增长率积累的年代愈久、数据愈多,其综合参考价值也愈高;时间分布主要反映淡旺季和游览高峰变化;空间分布有助于风景区内部各区域功能的调控;消费状况对设施调控和经济效益评估有意义。

游览设施现状分析

主要是掌握风景区内已有设施规模、类别、等级和功能等状况,找出供需矛盾关系,掌握各项设施的供需状况及其与风景环境的关系是否协调,既为现状设施的"拆改留",增减和更新换代提供依据,也是分析设施设置与游人需求关系的重要因素。

9.1.2　游人与设施规模预测

游览设施配备应依据风景区的分区、景点的性质与功能,游人规模与结构,以及用地、淡水、环境等条件,布局和设置相应种类、级别、规模的设施项目。其中,最直接的依据是游人数量。因而,旅游服务设施规划要从游人数量统计和客源市场分析入手,并由此选择和确定游人发展规模和结构,进而配备相应的旅游服务设施与服务人口。具体包括:

1)确定客源市场发展方向和发展目标,确定主要、重要、潜在等三种客源地,并预测三者相互转化、分期演替的条件和规律。

2）利用游人统计资料,预测本地区游人、国内游人、海外游人增长率和旅游收入;

3）合理的游人发展规模、结构的选择与确定。

客源市场分析

不同性质的风景区,因其区位、特征、功能和级别的差异,而有不同的游人来源地。客源市场分析的目的,在于更加准确地选择和确定客源市场的发展方向和目标。客源市场分析,要求第一对各相关客源地游人的数量、结构、空间和时间分布进行分析,包括游人的年龄、性别、职业和文化程度等因素;第二,分析客源地游人的出游规律或出游行为,包括社会、文化、心理和爱好等因素;第三,分析客源地游人的消费状况,包括收入状况、支出构成和消费习惯等因素。

梅岭—滕王阁风景名胜区总体规划（2022—2035 年）

1. 客源分析

（1）国内客源结构

风景区虽经多年开发,但梅岭片区与滕王阁片区客源市场结构有较大区别。梅岭片区近五年游客来源中,散客占 67% 左右,团体占 33% 左右,南昌市区域游客占 92% 左右,省内其他地区游客占 6% 左右,省外游客占 2% 左右,显示出其作为南昌市民周末登山运动、休闲度假的客源市场特征。滕王阁片区随着在全国影响力的逐步提升,旅游形象与品牌力较强,加之演艺、夜游等旅游活动的丰富拓展,省外客源达到 67.18%,主要为浙江、广东、湖南、福建、湖北、江苏、安徽、上海、河南、山东等地游客。

（2）入境客源结构

2016 年江西省接待入境旅游者达 182.18 万人次,2019 年达 197.2 万人次,其中美国是南昌旅游市场入境人数最多的国家,其次是韩国、日本等地。南昌市的整体入境旅游较弱,占比低,旅游消费贡献力较低。风景区入境旅游者资料不详,据估计年旅游人次近 3 000 人次。

（3）市场关注度分析

以百度指数为依据,从辐射城市来看,对近一年内南昌市旅游市场关注度进行分析。南昌市备受市场关注的主要城市除自身外,依次为北京市、上海市、武汉市、杭州市、广州市、深圳市、长沙市、福州市。其中本市、北京市、上海市等大城市对南昌旅游关注度最高,其次为武汉市、杭州市。

从区域辐射力上,除江西省本省外,南昌市旅游受北京市、上海市、广东省、浙江省等省份关注度最高,其次为湖北省、福建省等省份。其余区域的关注度相对较低。

其次,互联网的市场关注度对实际产生的消费有所偏差。数据显示,通过 2016 年 1 月到 2017 年 1 月的全网订单与实际的搜索相对比,互联网搜索的高峰并未对实际客流产生明显拉动作用。

从关注游客构成方面看,关注南昌旅游的人群年龄主要集中在30~49岁,以中青年为主,从性别角度来看,男女各占50%。

（4）游客时空分布

滕王阁占地仅10 hm^{2}左右,其游客总量却接近面积为143 km^{2}的梅岭片区。时空分布上,梅岭片区游客在空间上主要集中于洪崖丹井、狮子峰、神龙潭、洗药湖等景区。游览季节多集中于春游、秋游和黄金周等,形成一条年际波动曲线。

2. 客源市场对策

凭借城市型旅游目的地优势,巩固近距离客源市场。

健全旅游公共服务体系、完善现代旅游业体系、完善旅游推广体系、建设旅游融合创新体系、建立旅游现代治理体系。借助"天下英雄城"名片、海昏侯国遗址公园影响力、八大山人纪念馆(梅湖)历史价值,以及利用自身的滕王阁、洪崖文化的知名度,在全国打出品牌效应,提高市场影响力,向外围开发拓展客源市场。

（1）核心客源市场（一级客源市场）

随着南昌市城市空间的扩张发展,风景区已经从南昌市后花园转变为中心花园,城市与风景区融为一体,构成了城景一体化发展格局。625.5万市域人口成为风景区客源市场的坚强后盾。南昌市域在一级客源市场占主导地位,是风景区的核心客源市场,占风景区客源市场份额的90%左右。

加强区域交通衔接,发挥城市中心花园区位优势,优化旅游服务设施布局,完善和提升旅游服务功能。完善风景区多元消费体系,打造"名品""名景""名街""名节"品牌,建设和提升一批具有区域标识度、多业态融合的消费场景,打造富有特色的夜间消费精品活动和项目,建设夜间消费集聚区,开辟"养生福地"康养旅游项目,大力发展休闲度假活动,推动大众旅游发展。

（2）基本客源市场（二级客源市场）

九江市、上饶市、鹰潭市、抚州市、景德镇市、宜春市、吉安市、赣州市等江西省内主要地级市是风景区的基本客源市场,目前占风景区客源市场份额的6%左右。

促进大南昌都市圈城市群的一体化发展,实施强省会战略,构筑开放协作的区域发展格局。风景区应重点依托南昌市作为都市圈旅游消费中心的地位,利用创建"国家全域旅游示范区"的发展先机,加强营销宣传,提升旅游吸引力和接待服务品质,推动风景区发展迈入新时代。

发挥赣鄱优秀旅游资源优势,促进江西省地级市市域旅游产业融合发展,提高江西省省域市场占有率。将风景区打造成江西省重要的旅游目的地。

（3）机会客源市场（三级客源市场）

拓展江西省外围、港澳台及国际机会客源市场。

学习国内外风景区先进经验,保证良好的游客口碑,充分吸收丰富的客流资源。以长三角、珠三角、京津冀三大国内最发达的城市群为首要目标,倡导红色文化和休闲娱乐游,扩大风景区在武汉、长沙、成都、重庆、西安等周边省会城市的市场份额,培育国内西北部地区的旅游市场。

借助航空、高铁、高速公路交通网络,吸引沿线二、三线城市游客。利用景德镇、庐山在港澳台的影响,继续深入港澳台市场。

实施入境旅游振兴行动,出台入境旅游发展支持政策、奖励扶持办法。精准开展入境旅游市场营销,依托境外知名专业机构在直航城市开展江西旅游营销活动。加强江西国际空港口岸建设,争取在南昌实施外国人72 h过境免签政策。推动新增和加密南昌昌北国际机场至境外重点旅游城市的航班,开通和加密赣州、景德镇、宜春、上饶、吉安等城市与国内著名入境旅游目的地的直航航班,提升入境旅游便利化程度。支持九江发展国际游轮旅游,提升泊船码头等设施建设。加快建设昌景黄高铁,加大力度引进在黄山的境外游客。丰富入境旅游适销产品供给,提高入境旅游服务质量。规范发展出境旅游,支持有条件的旅游企业"走出去",构建海外旅游接待网络。

游人规模预测

游人规模预测以历年游人规模增长情况的统计分析为基础,依据本风景区的吸引力、发展趋势和发展对策等因素,结合规划分期,分为长期(10年以上)、中期(5~10年)和短期(5年内),提出游人发展规模预测。由于受到历年资料准确与否和预测因素复杂多元的制约,游人规模预测的精确性难以实现,实践中常见的是用历年游人增长统计的平均增长结合逐年增长率预测的方法来简单计算(表9-1)。

表9-1 游人统计与预测表

项目	年度	海外游人		国内游人		本地游人		三项合计		年游人规模/(万人·a^{-1})	年游人容量/(万人·a^{-1})	备注
		数量	增长率	数量	增长率	数量	增长率	数量	增长率			
统计												
预测												

应当注意,合理的年、日游人发展规模不得大于风景区的游人容量。

浙江天台山风景名胜区总体规划(2012—2025年)

1996年至2005年天台山游客数量统计分析如下:

游客规模统计

年份	1996	1997	1998	1999	2000	2001	2002	2003	2004	2005	平均
游客规模/万人次	49.8	55.6	60	73.8	85.4	108	146	131	150	160	—
增长率/%	—	11.6	7.9	23	15.7	26.5	35.2	-10	14.5	6.7	14.6

从分析可以看出,前十年游客年均增长率约为14.6%。

逐年游人规模计算公式表达为:

$$y = x \times \left[1 + (y_1 + y_2 + y_3 + \cdots + y_n)/n \right]$$

式中:y——预测值;x——今年游客人数;$y_1, y_2, y_3, \cdots, y_n$——历年游客增长率;$n$——年数。

风景区的发展在不同阶段(如创始阶段、发展阶段、平稳阶段等)是很不平衡的,有时会随着某些因素的改变出现跃升式的增长。天台山作为第二批国家级风景名胜区,与同期的其他大部分风景区相比,其发展速度相对缓慢。但随着规划建设工作的深入,基础服务设施不断完善,经济效益将明显提高,未来几年将是天台山风景名胜区的快速发展时期。

随着杭州湾大桥的修建通车,周边地区居民生活水平的不断提高,游客规模将不断扩大。预计递增速度与社会经济发展速度密切相关,年均增长率将不尽相同,现作游客规模预测,预计至规划结束期的2020年前,游人发展规模尚未超过风景区允许游人容量。

游客规模预测表

年份	1996	2005	2006	2007	2008	2009	2010	2015	2020
增长率/%	平均14.6		11.9	平均11		平均8		平均6	
游客规模/万人次	49.8	161	179	200	220	237	256	343	460

旅宿设施规模预测

在九类旅游服务设施中,餐饮和住宿是大多数风景区服务设施用地和建设规模中的主体内容,且住宿床位反映了风景区的性质和游程安排,影响风景区的空间结构和基础工程及配套管理设施,是风景区设施规划的一种标志性指标。

旅宿床位由游人规模预测推导得出。规划应注意严格以风景区环境容量和其他资源条件限定其规模和标准,并做到定性、定量、定位、定用地面积及范围,同时据此推算出床位直接服务人员的数量。

旅宿床位预测

计算公式：

$$C = R \times N/T \times K$$

式中：C —— 住宿游人床位需要数；

R —— 全年住宿游人总数；

N —— 游客平均停留天数；

T —— 全年可游览的天数；

K —— 床位平均利用率。

游客平均停留天数 N 是对风景名胜区留宿旅客住宿情况综合分析的加权平均值，主要取决于风景区的性质、服务功能、区位条件等。如果风景资源条件好，规模大，且游玩项目开发较多，游客的停留天数就长。对于有组织的旅游，如由单位组织或旅行社组织的旅游团体，停留天数按旅程时间确定；在以大量散客为主的旅游地，游客停留天数须根据多年统计资料计算平均值。一般无特殊的休闲度假项目的风景区，游客的游程停留天数以1~2天为多。

全年住宿游人总数 R 可由下式确定：

年住宿人数＝年旅游人数 × 留宿百分率

入住百分率应着重以客源市场需求、风景区的资源特点、风景区与客源市场的对接程度来分析。对风景区而言，如华山，区外交通（西临高速公路）和内部交通（华山索道）的改善，旅游人数会相应逐年增加，但入住人数和入住百分率却不断下降，这一变化也直接影响到其他服务行业的经济效益。因此，通常来说，道路交通的建设会促成旅游人数的增加，但并不意味着住宿需求的增加。

实际上，由于气候的关系和我国休假制度和的现状，大多数风景区的旅游季节性变化非常明显，旺季十分集中，旺季入住率可达100%，淡季入住率则极低。因此，仅使用高峰期数据计算旅宿床位需求常会出现大量的淡季空置。通常各类旅宿设施，如宾馆、饭店、度假村的床位年利用率不应低于60%，否则会出现亏损现象，农家乐则由于兼具自住使用功能，对淡旺季波动的承受力较强。

缙云山风景名胜区总体规划（2011—2025年）

1. 计算公式及参数取值

计算公式：$W = NS/TY$

参数取值：

W —— 旅游床位；

N —— 年住宿人数，近期为总游人数40%，远期为总游人数45%；

S —— 平均停留天数为2天；

T —— 年旅游天数，依据景区特点不同，取可游天数不同；

Y —— 床位利用率，近期70%，远期85%。

2. 床位数及其分布

根据风景区的特点，本次规划缙云山风景片区年游览天数取值为300天，钓鱼城风景片区取220天，嘉陵江峡谷风景片区取220天。

缙云山风景片区：

近期 $W = 72$ 万 $\times 40\% \times 2/(300 \times 70\%) = 2\ 742$（床）

远期 $W = 132.5$ 万 $\times 45\% \times 2/(300 \times 85\%) = 4\ 676$（床）

钓鱼城风景片区：

近期 $W = 23.5$ 万 $\times 40\% \times 2/(220 \times 70\%) = 1\ 220$（床）

远期 $W = 43.2$ 万 $\times 45\% \times 2/(220 \times 85\%) = 2\ 079$（床）

嘉陵江峡谷风景片区：

近期 $W = 40.4$ 万 $\times 40\% \times 2/(220 \times 70\%) = 2\ 098$（床）

远期 $W = 74.3$ 万 $\times 45\% \times 2/(220 \times 85\%) = 3\ 575$（床）

合计近期6 060床，远期10 330床。

为了减少风景区开发力度，保护风景资源，同时依据风景区与周边北碚、合川城区的关系旅游接待床位50%可安排于紧邻风景区的北碚城区与合川城区，风景区内部只保留50%的床位，即近期3 030床，远期5 165床。

3. 直接服务人口

直接服务人口估算应以旅宿床位或饮食服务两类游览设施为主，其中，直接服务人口估算公式为：直接服务人口＝床位数×直接服务人员与床位数比例。

风景区直接服务人口与床位之比取1：5，则：

近期（至2015年）直接服务人口＝3 030×1/5＝606人。

远期（至2025年）直接服务人口＝5 165×1/5＝1 033人。

9.1.3　服务设施布局

分级控制

风景区游览设施的配备既要满足游人的多层次需求，也要符合风景区保护管理和风景环境的要求，并考虑必要的弹性。因此，规划除了设施总量的安排和控制之外，还应根据风景区的性质特征、不同保护强度分区、不同用地的条件进行合理布局，体现"山上游、山下住""区内游、区外住"的原则，采用相对集中与适当分散相结合的原则，在不同的空间区位分级配备相应功能类型、相应级别、相应规模的游览设施，形成相应的级配结构和定位布局。

旅游服务设施的分级配置应能与风景游赏和居民社会两个职能系统相互协调。据其设施内容、规模大小、等级标准的差异,通常可以分为服务部、旅游点、旅游村、旅游镇、旅游城、旅游市等六级旅游服务基地。

各级旅游服务基地的功能应有所区别,按需按级配置(表9-2)。其中:

服务部的规模最小,其标志性特点是没有住宿设施,其他设施也比较简单,可以根据需要而灵活配置。

旅游点的规模虽小,但开始有住宿设施,其床位常控制在数十个以内,可以满足简易的宿食游购需求。

旅游村有比较齐全的"行游食宿购娱健"等各项设施,其床位常以百计,可以达到规模经营,需要比较齐全的基础工程与之相配套。旅游村可以独立设置,可以三五集聚而成旅游村群,宜依托已有的村落设置;例如黄山温泉区的旅游村群、鸡公山的旅游村群。

旅游镇相当于建制镇的规模,有着比较健全的行游食宿购娱健等各类设施,其床位常在数千以内,并有比较健全的基础工程相配套,也含有相应的居民社会组织因素。旅游镇可以独立设置,也可以依托在其它城镇;例如庐山的牯岭镇,九华山的九华街,衡山的南岳镇,漓江的兴坪、杨堤、草坪等镇。

旅游城相当于县城的规模,有着比较完善的行游食宿购娱健等类设施,其床位规模可以近万,并有比较完善的基础工程配套。所包含的居民社会因素常自成系统,所以旅游城很少独立设置,常与县城并联或合成一体,也可以成为大城市的卫星城或相对独立的一个区;例如漓江与阳朔、井冈山与茨坪、嵩山与登封、海坛与平潭、苍山洱海与大理古城等。

旅游市相当于省辖市的规模,有完善的游览设施和完善的基础工程,其床位可以万计,并有健全的居民社会组织系统及其自我发展的经济实力。它同风景区关系也比较复杂,既有相互依托,也有相互制约的,风景区的旅游经济在市域经济的比重也各有不同。例如桂林市与桂林山水、承德与避暑山庄外八庙、泰安与泰山等。

不适合六级旅游服务设施体系的风景区如城市型、中小型风景区,可根据实际情况采用其中的部分分级,灵活建立旅游服务设施体系。

表9-2 服务设施与旅游服务基地分级配置表

设施类型	设施项目	服务部	旅游点	旅游村	旅游镇	旅游城	备注
一、旅行	1.非机动交通	▲	▲	▲	▲	▲	步道、马道、自行车道、存车、修理
	2.邮电通信	△	△	▲	▲	▲	电话亭、邮亭、邮电所、邮电局

续表

设施类型	设施项目	服务部	旅游点	旅游村	旅游镇	旅游城	备注
一、旅行	3.机动车船	×	△	△	▲	▲	车站、车场、码头、油站、道班
	4.火车站	×	×	×	△	△	对外交通,位于风景区外缘
	5.机场	×	×	×	×	△	对外交通,位于风景区外缘
二、游览	1.审美欣赏	▲	▲	▲	▲	▲	景观、寄情、鉴赏、小品类设施
	2.解说设施	▲	▲	▲	▲	▲	标示、标志、公告牌、解说牌
	3.游客中心	×	△	△	▲	▲	多媒体、模型、影视、互动设备、纪念品
	4.休憩庇护	△	▲	▲	▲	▲	座椅桌、风雨亭、避难屋、集散点
	5.环境卫生	△	▲	▲	▲	▲	废弃物箱、公厕、盥洗处、垃圾站
	6.安全设施	△	△	△	△	▲	警示牌、围栏、安全网、救生亭
三、餐饮	1.饮食点	▲	▲	▲	▲	▲	冷热饮料、乳品、面包、糕点、小食品
	2.饮食店	△	▲	▲	▲	▲	快餐、小吃、茶馆
	3.一级餐厅	×	△	△	▲	▲	饭馆、餐馆、酒吧、咖啡厅
	4.中级餐厅	×	×	△	△	▲	有停车车位
	5.高级餐厅	×	×	△	△	▲	有停车车位
四、住宿	1.简易旅宿点	×	▲	▲	▲	▲	一级旅馆、家庭旅馆、帐篷营地、汽车营地
	2.一般旅馆	×	△	▲	▲	▲	二级旅馆,团体旅舍
	3.中级旅馆	×	×	▲	▲	▲	三级旅馆
	4.高级旅馆	×	×	△	△	▲	四、五级旅馆
五、购物	1.小卖部、商亭	▲	▲	▲	▲	▲	—
	2.商摊集市墟场	×	△	△	▲	▲	集散有时、场地稳定

续表

设施类型	设施项目	服务部	旅游点	旅游村	旅游镇	旅游城	备注
五、购物	3. 商店	×	×	△	▲	▲	包括商业买卖街、步行街
	4. 银行、金融	×	×	△	△	▲	取款机、自助银行、储蓄所、银行
	5. 大型综合商场	×	×	×	△	▲	—
六、娱乐	1. 艺术表演	×	△	△	▲	▲	影剧院、音乐厅、杂技场、表演场
	2. 游戏娱乐	×	×	△	△	▲	游乐场、歌舞厅、俱乐部、活动中心
	3. 体育运动	×	×	△	△	▲	室内外各类体育运动健身竞赛场地
	4. 其他游娱文体	×	×	×	△	△	其他游娱文体台站团体训练基地
七、文化	1. 文博展览	×	△	△	▲	▲	文化馆、图书馆、博物馆、科技馆、展览馆等
	2. 社会民俗	×	×	△	△	▲	民俗、节庆、乡土设施
	3. 宗教礼仪	×	×	△	△	△	宗教设施、坛庙堂祠、社交礼制设施
八、休养	1. 度假	×	×	△	△	▲	有床位
	2. 康复	×	×	△	△	▲	有床位
	3. 休疗养	×	×	△	△	▲	有床位
九、其他	1. 出入口	×	△	△	△	△	收售票、门禁、咨询
	2. 公安设施	×	△	△	▲	▲	警务室、派出所、公安局、消防站、巡警
	3. 救护站	×	△	△	▲	▲	无床位,卫生站
	4. 门诊所	×	×	△	▲	▲	无床位

注：×表示禁止设置；△表示可以设置；▲表示应该设置。

旅宿建筑及用地规模

根据风景区总体规划的相关要求,规划应明确设施的总建筑面积规模,以便于后期管控。据统计,在一次旅游活动中,旅游者有1/3~1/2的时间实在旅馆中度过的。因此,旅宿建筑是风景区设施建筑的主要部分。

由旅宿床位数预测数据测算住宿设施建筑面积和用地规模时,可采用下列公式进行估算。同时应考虑当地的消费水平,合理划分不同的旅宿设施类型和级别,确定各自面积指标,以便更为准确地测算出旅宿建筑面积。

旅馆建筑总面积的计算:

$$S = n \times P$$

式中: S —— 旅馆区总面积;

　　n —— 床位数;

　　P —— 旅馆区用地指数($P = 120 \sim 200 \ \text{m}^2/\text{床}$)。

旅馆建筑用地面积计算:

$$F = n \times A / p \times L$$

式中: F —— 旅馆建筑用地面积;

　　n —— 床位数;

　　A —— 旅馆建筑面积指标;

　　p —— 建筑密度,一般标准为20%~30%,高级旅馆约为10%;

　　L —— 平均层数。

旅馆建筑面积指标 A 是指每床位平均占建筑面积。标准较低的旅馆: 8~15 m²/床;一般标准旅馆: 15~25 m²/床;标准较高的旅馆: 25~35 m²/床;高级旅馆35~70 m²/床。

风景区的旅宿设施除了规模满足游人的需求之外,布局上既要集约用地,又要与风景环境相协调。结合不同级别和类型的组合,合理安排层数、用地强度。此外,由于我国风景区的淡旺季十分明显,利用风景区原有村落安排提供食宿的农家小院、布置可以恢复环境的露营地,在旅游黄金时段布置可供游人住宿的临时帐篷等也是满足规模需求的有效手段。

风景区规划应依据不同级别和类型估算旅宿建筑的综合面积规模(表9-3)。而客房可容纳床位数应根据时代发展和各地市场发展需求合理估算,通过确定单人间、双人间、家庭间和套间等不同的标准间数量,以不同标准间的配比来满足旅宿床位的要求。应当注意的是,风景区旅宿设施由于其服务特色,相比一般的城市旅馆,大床间和家庭间的比重可有所增加。随着消费水平的提高,总的趋势是每间的综合建筑面积标准也有所增加。

表9-3　设计级别和类型的不同旅宿建筑综合面积规模指标表

等级	配置指标
高级旅馆	综合平均建筑面积: 85~120 m²/间
中级旅馆	综合平均建筑面积: 75~85 m²/间
一般旅馆	综合平均建筑面积: 60~75 m²/间
简易旅宿点	综合平均建筑面积: 50~60 m²/间
营地(帐篷或房车、拖车等)	综合平均建筑面积: 90~150 m²/单元 (每单元平均接待4人)

苍岩山风景名胜区总体规划（2021—2035年）

1. 床位规模预测

根据游人规模,风景名胜区床位需求量如下:

$$e = N \times P \times L / (T \times K)$$

式中:e——床位预测数(床)。

N——年游人规模(万人次);2020年约65万人;2025年约95万人;2035年约152万人。

P——住宿游人百分比;近期基本以短途的一日游为主,住宿游人百分比估算为30%,中后期随着风景名胜区知名度的提高,基础设施、服务设施的不断完善,远途及度假客人的增多,两日游的比例增高,住宿游人百分比分别约为50%、60%。

L——平均住宿天数;1天。

T——全年可游天数;本地区旅游季节为4—11月份,实际可游天数210天。

K——床位平均利用率;近期床位平均利用率为0.5,中期床位平均利用率为0.65,远期床位平均利用率为0.75。

则风景名胜区所需床位数为:

近期(2020年):1 850张;

中期(2025年):3 500张;

远期(2035年):5 800张;

2. 床位规模分布

基于对游人发展规模的预测,到2035年,风景名胜区总床位需要5 800个,风景名胜区范围内床位控制在2 400张之内。在床位规模控制与分布中体现"多元配置""外建内迁""特色打造"的基本原则。

"多元配置"即将床位提供方式分为商业宾馆、乡居民宿和野营等多种方式,满足不同游客的多元化需求;

"外建内迁"即在对现有宾馆进行整治的同时,通过苍岩山、銮台垴、峪沟等各级旅游服务设施的建设与完善,承担主体接待床位。在苍岩山旅游服务中心建成后,将福庆寺景区内现在的接待设施外迁,以恢复苍岩山的古朴风貌。

"特色打造"即利用张河湾和峪沟水库的资源,打造山区滨水休憩空间与设施,以突出苍岩山整体的水景特色。

床位规模控制与分布

游览设施级别	名称	位置	接待床位/张
旅游服务中心（2 100张）	苍岩山	胡家滩北*	1 600*
	南寺掌	南寺掌村东	500
	南寺掌	南寺掌	200
	老牛峪	老牛峪*	200*
	南高家峪	南高家峪*	200*
旅游村（2 000张）	徐汉	徐汉*	300*
	崔家峪	崔家峪*	200*
	杜家庄	杜家庄*	200*
	冯家庄	冯家庄*	200*
	雁过口	雁过口*	200*
	胡家滩	胡家滩*	300*
	銮台垴	銮台垴	400
旅游服务点（1 000张）	峪沟	峪沟水库北	600
	銮台垴	銮台垴	250
野营地（临时性）（700张）	白家寨	白家寨	150
	南坡垴	南坡垴	150
	十八庙	十八庙	150
总计			5 800
风景名胜区范围内总计			2 400

注：*代表床位安排在风景名胜区范围之外。

用地布局与建设管控

旅游服务基地选址应符合以下原则：

1）应有一定的用地规模，既应接近游览对象又应有可靠的隔离，应符合风景保护的规定，严禁将住宿、饮食、购物、娱乐、保健、机动交通等设施布置在有碍景观和影响环境质量的地段；

2）应具备相应的水、电、能源、环保、抗灾等基础工程条件，靠近交通便捷的地段，依托现有游览设施及城镇设施；

3）避开有自然灾害和不利于建设的地段。

在旅游服务基地的用地布局中，用地规模应与基地的功能业态和等级规模相适应。通常从风景区边缘到内部规模呈现梯级减小的布置。选址中，大规模的旅游服务基地在可建设用地紧缺的山地风景区，应充分论证风景环境的承载力和基础工程条件，必要时应缩小或降低设施标准。旅游服务基地应与景点有一定的空间隔离，以山水地形为主要手段隔离两者，并充分估计各自未来发展的影响。

用地条件难以满足需求时，不宜勉强配置旅游服务基地，宜因地因时制宜，结合居民社会发展，依托村落等用临时床位等代偿方法弥补，配置在各级居民点中。居民家庭旅馆应明确用地范围、规模、建筑外观风貌（必须与村落风貌协调）、污水处理、垃圾收集处理等，设定准入条件，引导有序经营。

家庭旅馆的设置对风景区居民的经济发展能起到积极作用，居民通过旅游服务业受益，对经济的引导和风景资源的保护均有利。帐篷营地、汽车营地等在内的临时床位，也是解决游客量淡旺季极不均衡情况的有效办法。这些纳入规划容量的临时床位，应必须避开洪水、山地灾害等的影响，并配套公厕、垃圾收集设施等。满足建设安全、不影响景源、污水处理措施符合要求等条件。

桃渚风景名胜区总体规划（2021—2035年）

旅游服务基地按照旅游城、旅游镇、旅游村（服务园）、旅游服务点、旅游服务部等五级进行设置。规划结合美丽乡村建设的政策导向，把适合开展农家乐的村落也单独列出，以作为旅游服务基地的补充。

风景名胜区外围依托临海、台州中心城区设立旅游城级服务基地，依托桃渚镇区设立旅游镇级服务基地。桃渚镇区紧挨着风景名胜区，故旅游镇级服务基地——桃渚旅游集散中心，就设在桃渚互通附近。

桃渚片区依托现状居民点和拟建设的旅游设施设置5处旅游村（服务园）级服务基地，分别是位于主入口的桃渚游客服务中心、古城服务园、石柱下服务园、芙蓉古村入口服务园、武坑服务园。在片区内重要的景点位置，结合附近农居点建设，共设置3处旅游服务点，包括岭根服务点、塘里洋服务点、童燎服务点。另外，石柱下、下庄村、缺头村、武坑村、呑底陈村等村资源与交通条件都有优势，可以根据实际情况适当开展农家乐。

龙湾片区依托现状居民点设置2处旅游村（服务园）级服务基地，即龙湾游客服务中心、大尖山服务园。在片区内重要的景点位置，结合景点或农居点建设，共设置2处旅游服务点，包括大尖山服务点、鸡笼峤服务点。此外，龙头村、老灯村、石仓村等村资源与交通条件都有优势，可以根据实际情况适当开展农家乐。

各级旅游服务基地的建设应当符合分级保护中的相关要求，严格控制建筑高度与建筑密度，严禁在景区内建设房地产项目。各级旅游服务设施的高度控制为：一般建筑控制2层，檐口高度6 m；局部建筑控制3层，檐口高度9 m；极少数建筑控制4层，檐口高度不得超过12 m。

旅游服务基地布局规划表

级别	位置		规模/万m²	主要服务功能
旅游城	临海、台州中心城区		—	建立市级旅游集散中心,提供综合全面的旅游咨询、交通换乘、购物、餐饮、娱乐、住宿、邮电通信、医疗保健等服务
旅游镇	桃渚镇综合服务中心		—	依托桃渚镇设立,可结合中心镇区商业服务设施建设,进行风景名胜区内外交通、住宿、餐饮、休闲娱乐、邮电通信、医疗保健、旅游商品售卖、旅游咨询、导游服务等功能的安排
旅游村（服务园）	桃渚片区	桃渚游客服务中心	3.0	包括风景名胜区内外交通集散及换乘、住宿、餐饮、购物、旅游咨询、邮电通信、休闲娱乐、卫生医疗等服务
		石柱下服务园	2.0	依托现状村庄建设,提供住宿、餐饮、停车、旅游咨询、农家乐、特色农产品购物等服务
		古城服务园	0.6	依托现状村庄建设,提供住宿、餐饮、停车、旅游咨询、农家乐、特色农产品购物等服务
		芙蓉古村入口服务园	1.0	依托现状村庄建设,提供住宿、餐饮、停车、旅游咨询、农家乐、特色农产品购物等服务
		武坑服务园	2.0	依托现状村庄建设,提供住宿、餐饮、停车、旅游咨询、农家乐、特色农产品购物等服务
	龙湾片区	龙湾游客服务中心	1.5	包括风景名胜区内外交通集散及换乘、住宿、餐饮、购物、旅游咨询、邮电通信、休闲娱乐、卫生医疗等服务
		大尖山服务园	0.5	依托现状村庄建设,提供住宿、餐饮、停车、旅游咨询、农家乐、特色农产品购物等服务
旅游服务点	桃渚片区	岭根服务点	0.5	依托现状农居点,提供停车、住宿、餐饮、农产品零售、休闲养生等服务
		塘里洋服务点	0.5	依托现状农居点,提供停车、住宿、餐饮、农产品零售、休闲养生等服务
		童燎服务点	0.5	利用天然的山脚谷地、水库湖畔的环境,提供宿营场地、帐篷等过夜装备,配备相应的水电及安全庇护设施
	龙湾片区	大尖山服务点	0.5	利用山谷环境,提供宿营场地、帐篷等过夜装备,配备相应的水电及安全庇护设施
		鸡笼屿服务点	0.3	利用海岸环境,提供休憩、观景等服务设施,配备相应的水电及安全庇护设施
旅游服务部	风景名胜区内零星分布的小服务点,如小茶室、饮食点、商亭等		0.5	提供茶饮、小吃、旅游商品零售等服务
小计			13.4	

注：不包含风景名胜区外围的游览设施用地。

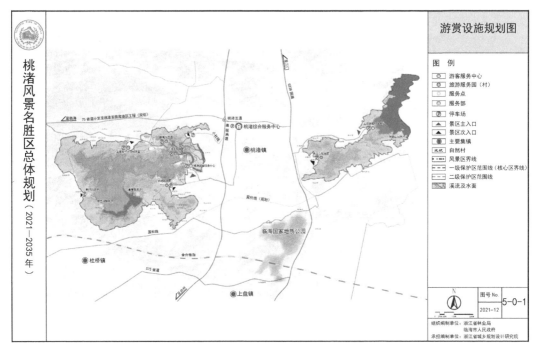

桃渚风景名胜区设施规划图

9.2 道路交通规划

道路交通规划是从满足风景区整体布局的需求并与风景环境特点相适应的角度出发,对交通体系组织、道路网络和相关设施进行的措施安排。交通设施建设是风景区中投资金额巨大,对环境干扰剧烈的建设项目。规划应根据各类交通流量需求预测和现状设施的调查、分析,提出风景区各类交通安排,满足可达性的同时尽可能减少工程对环境的破坏和干扰。

9.2.1 交通体系

系统构成

风景区交通从空间界限角度分为外交通和内部交通两个部分,二者要求相差甚远。对外交通,目标是使客流和货流快捷流通,能够方便地到达风景区。规划主要是梳理周边的航空、陆运和水运等条件,依托外部的机场、铁路、长途汽车站、港口码头等交通设施,确定风景区的出入口设置,构建与周边城市和外围交通网络的交通联系。

内部交通,虽然也有解决客货流运输任务的需要,但在多数情况下,风景区开放时间内客流的需求远大于货流的需求,因而,相较于快捷,安全、可靠和有序更符合风景区内部交通的特点。规划在流量上应与游人容量相协调,在流向和网络构建上要沟通主要集散地和主要风景游览区域,在交通方式或工具上要满足景观观赏和保护的要求,在输送速度设定上应与风景游赏相结合,在风景资源集中处应留有足够的感知时间。

总之,"旅要快、游要慢""旅要便捷、游要委婉"。风景区的对外与对内交通之间的要求不同,同时二者有相互联系、转换的需要。

风景区交通设施规划要求如下:

1)对外交通应快速便捷,宜布置于风景区以外或边缘地区。

2)内部交通应方便可靠,并在符合风景保护和展示的基础上分级设置形成合理的网络系统。

3)对内部机动交通的方式、线路走向、场站码头及其配套设施,均应提出明确有效的控制要求和措施。

4)慎重布置客运索道及其他快捷交通设施建设,难以避免时应优先布置在地形坡度过大、景观不敏感的区域。

类型与选线

从交通工具角度,风景区的交通设施可以分为车行交通、步行交通、快捷交通(索道、电梯等)、水域交通、静态交通等设施类型,以及码头、场站等转换节点(图9-1)。

路域交通
水域交通
空域交通

动态交通
静态交通

快捷交通

图9-1 风景区交通设施分类图

其中车行和步行道路构成了大多数风景区基本的交通网络。因为游览方向的相对明确性和尽量不重复的需要,风景区的道路网络一般为以主干道路与各区分枝道路组成的各级环线为主,尽量避免设置四岔路口。在网络体系的基础上,规划应依据各种道路的使用任务和性质,选择和确定道路等级,进而合理利用现有地形,正确运用道路标准,进行道路选线设计。

道路选线具体原则如下:

1）应合理利用地形,因地制宜地选线,同所处景观环境相结合。

2）应合理组织风景游赏,有利于引导和疏散游人。

3）应避让景观与生态敏感地段,难以避让的应采取有效防护、遮蔽等措施。

4）道路等级应适应所处的地貌与景观环境;局部路段受到景观环境限制时可降低其等级,以减少对景观环境的破坏。

5）应避免深挖高填。道路边坡的砌筑面高度和劈山创面高度均不得大于道路宽度,并应对边坡和山体创面提出修复和景观补救措施。

6）应避开易于塌方、滑坡、泥石流等危险地段。

7）当道路穿越动物迁徙廊道时,应设置动物通道。

在规划路网体系、确定道路等级和选择具体线路和断面三个规划设计环节,均应遵循景观保护和游览组织相平衡的原则,不得损伤地貌、景源、景物、景观,力求减少道路建设对风景和生态环境的影响,并做好施工恢复措施的要求。

9.2.2　各类交通设施

车行交通

风景区车行道路的功能主要是输送游人到达各游览点。不应单纯追求交通速度,应结合沿路景点分布和风景视线的处理优化选线,最大限度地保护自然山体、植被等自然环境(图9-2):

1）应根据地形条件,结合选用车种确定其路幅宽度、转弯半径与纵向坡度。

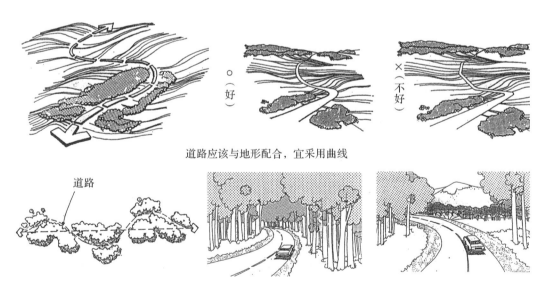

道路应该与地形配合,宜采用曲线

道路选线与环境配合,避让林木等景观资源

图9-2　风景区道路选线示意图

2）在地形较陡,植被恢复困难的地区,宜调整设计标准减少对山体及其生态环境的破坏。

3）在坡度较大的山体设置道路宜利用单幅单向,宜采用悬架式道路,最大限度地保护原有植被、生态环境、景观空间和视线。

4）专用车行路线与停靠站宜避开景点、景物等游览集中的地段。

总之,风景区车行道路建设对环境的影响巨大,相较于一般的道路设计,应更注重连接景点的需要和交通安全、生态环境影响的平衡,不应追求道路等级,游览道路可以结合时速设定,车型选择,尽量减少路幅宽度和转弯半径,纵向坡度也可以相对公路设计标准有所增加。尽量避免产生大量景观破损面,并按规定实施相应的恢复和改善措施。

风景区内过境车辆和居民社会车辆交通应服从游览交通组织的要求,过境道路应避让核心景区及重要游览区域。在环境评估的基础上,可增加交通线路,实现社会交通与游览交通系统分离。不能分离的路段应完善相应的交通管制设施与措施。

步行交通

风景区步行游览路应根据景源分布特点、游赏组织序列、游程与游览时间、地形地貌等影响因素统筹安排,宜设置为环路,尽量避免回头路线。道路宽度宜为0.8~2.0 m,确有必要放宽的路段不应大于3 m。

静态交通

风景区停车场主要是为了满足游览需要而设置,选址应在风景区和各景区的出入口,以及交通集散或转换处,不应在主要景观区域和游览区域设置大型停车场。当风景区内的环境条件不足以满足停车场规模需求时,有条件的应在风景区外结合出入口另行安排,或者利用风景区内外的城镇、乡村进行安排。应当指出,由于风景区的停车场往往规模巨大,对风景环境影响严重,其用地规模不应以满足最高峰停车需要为标准,而应考虑结合交通疏导手段解决停车问题。

对于风景区来说,停车场地面积规模的计算,可按下列公式:

$$A = r \times g \times m \times n / c$$

式中:A —— 停车场面积,m²;

r —— 高峰游人数,人;

g —— 各类车单位规模,m²/辆;

m —— 乘车率,%;

n —— 停车场利用率,%;

c —— 每台车容纳人数,人。

乘车率和停车场利用率可根据风景区实际情况取值,如均取80%。

快捷交通

各国类似的自然保护地,对于索道等快捷交通的建设有不同的态度(表9-4)。随着社会老龄化的发展和人们对游览条件的要求提高,风景区建设索道、电梯、扶梯和滑道等快捷交通的需求日趋强烈,但规划应牢记风景区资源保护的根本目标,对各类快捷交通的设置应严格控制,充分论证,选择不影响核心景观保护和主要游赏体验的区域。同时,快捷交通是重大基础设施,应做好环境影响和景观影响评价。

表9-4 美国和日本国家公园索道建设情况表

国家	相关规范	建设现状	相关国家公园
美国	美国国家标准ANSI B77.1,客运缆车系统法	美国国家公园都不设索道,只有在一些滑雪胜地,为了将滑雪者送上山顶,才会考虑建造索道	无
日本	日本铁道事业法第三章索道事业(1986年)、索道设施有关技术上基准制定省令、索道设施设计与管理规范	日本国家公园内设置的缆车数为全世界最多,至1999年全日本共建造了3 108座缆车。其中,有3 069座空中缆车,经过层层开发许可程序后兴建	富士箱根伊豆国立公园、大雪山国立公园、阿寒国立公园、阿苏九重国立公园、十和田八幡国立公园、南阿尔卑斯国立公园、六甲国立公园、上高地国立公园

梅岭—滕王阁风景名胜区总体规划(2022—2035年)

云端休闲区地带由于地处风景区海拔高点,不仅是风景区的避暑胜地,亦成为游客必到的登高览胜、星月夜游、云端音乐会、露营聚集地、网红打卡点。因山高路远,游人众多,换乘车辆无法满足需求,致使大量私家车辆蜂拥而至。由于山顶平坦空间有限,停车场地严重不足,公路沿线停满车辆,对区域生态环境造成极大影响。

为有序开展云端休闲区观光览胜、生态休闲活动,保护生态环境,规划建议建设由湾里城区至洗药湖、梅岭休闲接待中心至洗药湖两条游览索道。索道交通的优势主要体现在以下四个方面:

1. 减轻生态环境压力

索道作为一种绿色环保交通工具,建设中对环境破坏相对较小,运行中没有尾气排放,点对点的运输也减少了游客生活垃圾对景点的污染,将加速游客周转。

2. 增加风景区对外门户

从湾里城区上山为风景区增加了一个新的对外门户,能有效分流大部分游客,将大大减轻现状旅游公路高峰期的交通压力,降低交通事故发生概率。

3. 避免对地形地貌的破坏

山顶区域地形起伏,若依然采用现有交通方式,则在游客激增的现状下,需要配建大型的停车场才能满足。目前管理部门只能通过交通管制的办法,对游客进行引导,但效果不佳,游客抱怨较多。因此,建设由两大旅游接待中心直达山顶的索道,既能避免建设大型停车场对山顶地形地貌的破坏,也能让游客舒适、安全的达到休闲旅游的目的。

4. 拓展观景方式

风景区主体为山岳型风景区,从空间欣赏壮美的山水景观,是每个游客到风景区的主要目的之一,索道既是交通设施,也是高空观景设施,让游客可从不同视角尽情欣赏美景。

综上所述,云端休闲区的索道建设必要且迫切。为使索道建设满足风景区保护管理等相关要求,待本规划批复后,应做好充分的选址论证和环境影响评价等工作,按程序审批通过方可进行建设。

江郎山风景名胜区总体规划(2021—2035年)

索道综合选址考虑以下几方面:

1. 保护分区

索道下站选址位于景区外围,将结合游客中心进行建设。索道上站选址在风景区一级保护区外围,保证游客与核心景点的便捷联系的同时尽量降低对核心景区的影响。

2. 安全因素

索道下站位于山脚,地势平坦开阔;索道上站位于半坡,坡度在35°左右,较为缓和。

3. 视觉影响

浮盖山峦作为由山深线望向景区方向的制高点,周边视觉敏感性较高,可见性最强,索道选线时避免了对这片可见性较高区域的影响,将下站选择在偏离山脊视线通廊的位置,这样游客在乘坐索道上山时既可以在车厢中看到浮盖山峦这一特色景观,又不至于对山体视觉景观产生过于强烈的影响。

4. 生态敏感性

索道站选址位于较低敏感区,索道选线尽量避让高敏感区,降低对生态环境的影响。

综上,根据浮盖山景区的地形地貌特点和整体选址评价,提出架空索道选址方案。

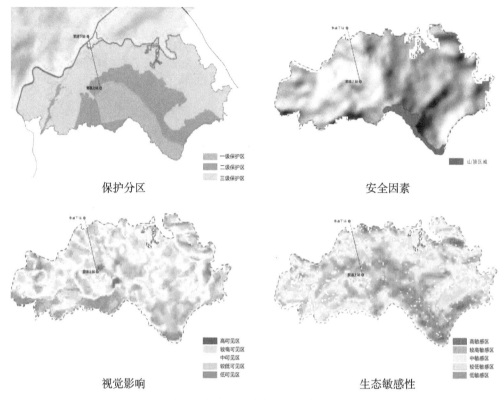

保护分区	安全因素
视觉影响	生态敏感性

江郎山风景名胜区索道选线影响评价图

9.3 基础工程规划

　　风景区内各项旅游设施在分布上的相对集中,如旅游村、旅游镇、旅游城等旅游基地,必然带来相关的基础工程配建问题。由于风景区的地理位置和环境条件十分多样,因而所涉及的基础工程项目也异常复杂,各种形式的交通运输、道路桥梁、邮电通信、给水排水、电力热力、供热及燃料能源供应(包括供热工程、燃气工程、太阳能、风能、沼气、潮汐能)、水利水电、环境保护、环境卫生、人防军事和地下工程等基础工程均可能遇到。

　　风景区中通常必需的基础工程包括供电、给水排水、邮电通信、环境卫生等,规划还可以根据各地区的实际需要,选择包括供热、燃气等在内的基础工程内容,编制相应专项规划。

　　这些专项规划的编制除了符合各自专业的国家或行业技术标准之外,还应符合风景区规划的特色:

　　1)满足风景区保护、利用、管理的要求。

　　2)同风景区的特征、功能、级别和分区相适应,不得损坏景源、景观和风景环境。

3）要确定合理的配套工程、发展目标和布局,并进行综合协调。

4）对各项工程设施的选址和布局提出控制性建设要求。

5）核心景区及景区、景点范围内不应建设高速公路、铁路、水力发电站及区域性的供水、供电、通信、输气等工程。

总之,规划应结合周边基础工程设施条件,满足使用需求的前提下,尽量减小各类设施建设的规模及其对于风景和生态环境的影响。

9.3.1 邮电通信规划

风景区的性质、规模及其内部居民社会的情况不同,邮电通信的需求也有着很大差异。规划应依据风景区空间布局和服务半径、服务人口、业务收入等基本因素,分别配置相应等级的邮电局、所,并形成邮电服务网点和信息传递系统。随着移动通信技术的发展,风景区游赏系统对传统的电话和邮政服务的需求不断减少,但是也应注意移动通信基站等的布局建设和风景资源的关系。

邮电通信规划,应提供风景区内外通信设施的容量、线路及布局,并应符合以下规定:

1）应配备能与国内外联系的通信网络设施。

2）在景点范围内,不得安排架空电线穿过,宜采用隐蔽工程。

3）移动通信基站的选择应避开主要景点的可视范围,必须布置时,应采取措施消除景观视觉的影响。

9.3.2 给水排水规划

风景区的给水排水规划包括现状分析,用水量、排水量预测,水源地选择、输配水管网布置、给水处理工艺的选择及其他配套设施,确定排水体制、划定排水分区、布置排水管网、确定污水处理措施等内容。给水排水设施布局应符合下列规定:

1）在景点和景区范围内,不得布置暴露于地表的大体量给水和污水处理设施。大体量的给排水设施宜结合风景区居民村镇设置。

2）排水体制应采用分流制,污水不得任意排放,处理程度和工艺应根据受纳水体、再生利用要求确定。

规划应在分析水源、地形、规划要求等因素基础上,根据各类服务设施的需要预测用水量和污水量(表9-5)。正确处理生活游憩用水(饮用水质)、工交(生产)用水、农林(灌溉)用水之间的关系,满足风景区生活和经济发展的需求,平衡水资源利用,有效控制和净化污水,保障相关设施的社会、经济和生态效益。

由于景观、用地和经济性的限制,风景区的污水处理多难以集中处理而采用分散的小型污水处理装置。污水排放必须符合现行国家标准《污水综合排放标准》(GB 8978—1996)、《地表水环境质品质标准》(GB 3838—2002)以及地方排放标准。

表9-5　风景区旅游服务设施和配套服务设施用水量指标

用水设施名称	单位	用水量指标	备　注
宾馆客房			不包括餐厅、厨房、洗衣房、空调、采暖等用水；宾馆指各类高级旅馆、饭店、酒家、度假村等，客房内均有卫生间
旅客	L/(床·d)	250~400	
员工	L/(人·d)	80~100	
普通旅馆、招待所、单身职工宿舍	L/(人·d)	80~200	不包括食堂、洗衣房、空调、采暖等用水
疗养院、休养所	L/(床·d)	200~300	指病房生活用水
餐饮、休闲娱乐业			
中餐酒楼	L/(人·d)	40~60	
快餐店、职工食堂	L/(人·d)	20~25	
酒吧、咖啡馆、茶座、卡拉OK房	L/(人·d)	5~15	
商业场所	L/(m²·d)	5~8	
办公场所、游客服务中心	L/(人·班)	30~50	
道路浇洒用水	L/(m²·次)	1.0~1.5	浇洒次数按气候条件以2~3次/d计
绿化用水	L/(m²·d)	1.0~2.0	
洗车用水	L/(辆·次)	40~60	指轿车采用高压水枪冲洗方式
消防用水			按《建筑设计防火规范》(GB 50016—2006)规定确定
不可预见水量			含管网漏失水量，按上述用水量的15%~25%计算

9.3.3　供电规划

风景区供电规划包括供电及能源现状分析、负荷预测、供电电源点和电网规划等内容，并应符合下列规定：

1）在景点和景区内不得安排高压电缆和架空电线穿过，避免对景观造成视觉影响（图9-3）。

2）主要供电设施宜布置于用电负荷中心的服务建筑、居民村镇及其附近。

风景区的供电和能源规划,在人口密度较高和经济社会因素发达的地区,应以供电规划为主,并纳入所在地域的电网规划。在人口密集较低和经济社会因素不发达并远离电力网的地区,可考虑其他能源渠道,例如风能、地热、沼气、水能、太阳能、潮汐能等清洁新能源。

图9-3 雪窦山风景名胜区架空电力线视觉影响

9.3.4 环卫设施规划

环卫设施规划应根据旅游服务设施、游览道路及游人量的规划确定垃圾的收集、运输、处理和处置方式,明确旅游厕所、垃圾转运设施的标准、位置及数量,并应符合下列规定:

1）风景内不宜设置垃圾处理设施。

2）垃圾转运设施宜靠近垃圾产量多且交通运输方便的地方但不宜设在游客集中区域。

公共厕所布置可以采用:游人密集商业服务区公厕服务半径300~500 m,主要观光游览区域服务半径500~700 m,一般观光游览道路间距700~1 000 m。

环卫设施应避免布置在主要景观视线范围内。对于厕所和垃圾桶的布局不应单纯追求数量和便利,处理好设施与景观的关系,避免对景观造成影响。

黄山风景名胜区总体规划(2007—2025年)

1.电力系统规划

(1)用电功率标准

用电功率标准按住宿游客、不住宿游客、管理服务人员三种类别划分。

近期:住宿游客平均为300 W/床;不住宿游客平均为20 W/人;管理服务人员为300 W/床。最高峰负荷为700 kW。

中远期:住宿游客平均为600 W/床;不住宿游客平均为100 W/人;管理服务人员为500 W/床。最高峰负荷为1 600 kW。

(2)黄山风景名胜区供电电源由苦竹溪110 kV变电站引入(松谷庵供电由耿城镇方向引入)。

(3)保留白鹅岭35 kV变电站(装机容量10 000 kW)与温泉35 kV变电站(装机容量12 000 kW)。近期保留现有风景名胜区内供电线路及配电方式,规划中的改造后的云谷索道用电专用线并入温泉变电站供电线,太平索道用电专用线并入白鹅岭变电站供电线。

(4)中远期在玉屏索道10 kV变电站到天海10 kV变电站之间引10 kV线路,形成全山环路供电。

(5)结合电缆更新将架空线改为埋地敷设,新设线路均应采用埋地敷设。

(6)电缆敷设应符合以下国家规范:《城市电力规划规范》(GB 50293—1999)和《城市工程管线综合规划规范》(GB 50289—98)和《低压配电装置及线路设计规范》(GBJ 54—83)等。

2.邮政通信系统规划

(1)电信系统规划

规划保留现有的电信网络总体结构,设电信机房8个,具体位置调整如下:黄山宾馆、云谷山庄、北海宾馆、狮林大酒店、西海饭店、白云宾馆、玉屏楼、改造后的云谷索道下站。

规划保留现状的通信光缆;增设从温泉景点经玉屏楼景点至天海景点的通信光缆,形成环形结构的传输路由。

通信管道宜采用PVC硬塑管,特殊地段可采用双波纹塑料管或钢管,通信管道应沿道路采用地下敷设方式。通信引入管应与建筑同步施工,通信管道和其他管线及建筑物的最小净距应符合国家《城市建设邮电通信服务设施设计标准》(DB 43/007—96)等有关规范,严禁与其他地下管线在同一地点引入建筑物。

(2)无线通信规划

微波塔、无线通信基站应该使用小型化的、对景观无破坏的设备、设施。

规划范围内共设无线通信基站14个,分别位于:寨西、汤口(2个)、山岔、乌泥关、管委会、温泉景点、云谷寺景点、莲花亭、玉屏楼景点、天海景点、北海景点、基石峰和钓桥庵；无线直放站2个，设于西海景点、慈光阁。

经营移动通信业务的各公司所设置的基站只限于上面提到的基站地点，不得另设新的基站位置。

（3）综合信息传输网规划

规划将风景名胜区内有线广播电视网系统改造成集视频图像、数据和语音于一体的数字多业务网，即综合信息传输网。系统可以实现风景名胜区的游客时空监控、森林防火监控、供水供电的自动化控制、计算机局域网建设、智能化公寓、办公自动化等功能。近期通过光缆网工程建设实现全山广播电视联网，全面提高和促进风景名胜区信息化水平。

风景名胜区管理机构应组织进行综合信息传输网的专业规划，规划须经过环境影响评价。

3. 给水规划

（1）规划原则

遵循"统筹兼顾，重视生态；节水优先，提高效率；科学预测，改革水价"的规划原则。

（2）规划给水指标

用水量标准按住宿游客、不住宿游客、管理服务人员三种类别划分。

住宿游客平均为300 L/（床·d）；不住宿游客为20 L/（人·d）；管理服务人员为150 L/（人·d）。

黄山风景名胜区各类用水单元日用水量746 m³（不含区内居民用水量和厕所冲洗用水）其中，游客日用水量629 m³，管理服务人员日用水量117 m³。

按日最高峰用水量的75%计算年用水量，预测年用水量将达到20.4万 m³。

供水年设计保证率取95%，复蓄系数取3.5，年供水利用率取90%，则需要有5.0万 m³的水库库容。

（3）水源、水厂规划

采用分区供水系统，将黄山供水系统分成南片（温泉景点、天海景点、北海景点、西海景点、云谷寺景点）、北片（松谷庵景点）和西片（钓桥庵景点）。规划保留现有6座水库中的5座，水库库容可作适当调整，各水库的蓄水量下表。加强对作为饮用水水源的水库水环境管理工作，确保水质达到《山岳型风景资源开发环境影响评价指标体系》和《地表水环境质量标准》的Ⅰ类区标准。

水库规划蓄水量

序号	名　称	规划蓄水量/m³
1	五里桥水库	100 000
2	云谷水库	10 000

续表

序号	名 称	规划蓄水量/m³
3	天海水库	12 000
4	西海水库	30 000
5	散花坞水库	5 000
	总计	157 000

黄山风景名胜区规划为一个水厂,即虎头岩水厂(7 200 m³/d),四处净水站:西海净水站(2 500 m³/d)、天海净水站(2 500 m³/d)、云谷净水站和温泉净水站,日最大处理能力为1.3 万 m³,在满足用水量需求下,可作适当调整。

4.排水规划

(1)规划目标要求

黄山风景名胜区的污水处理率达100%。

在满足污水排放要求的基础上,充分考虑污水回用,尽可能节约用水,减少风景名胜区供水压力。

(2)污水处理厂规划

黄山风景名胜区内有污水的建筑设施,必须建设污水处理设施,达标后排放。风景名胜区内规划保留的现有污水处理设施如果不达标,必须进行更新改造,确保污水处理后达标排放。污水处理工艺推荐采用SBR工艺和生物接触氧化工艺。

污水处理设施一览表

现状设施地点	规划处理量/(t·h⁻¹)	规划措施
温泉景点南片 花苑饭店	100 (50+20+30)	温泉南污水处理(50)设施改造,新建温泉北(20)和逍遥亭(30)污水处理设施。将温泉南、温泉北、慈光阁(含水厂)的生活污水预处理后再集中到温泉南污水处理设施进行处理。
云谷寺景点	10	保留
北海宾馆 狮林大酒店	50	保留并改造狮林大酒店污水处理设施,处理北海景点污水
西海景点	20	改造,相当于新建
排云楼	15	保留
天海景点	10	保留并改造
玉屏楼宾馆	15	保留

续表

现状设施地点	规划处理量/(t·h⁻¹)	规划措施
白鹅山庄	—	宾馆取消,设施取消
光明顶山庄	—	宾馆取消,设施取消
松谷庵景点	12	保留
半山寺	4	改造
玉屏索道	4	保留并改造

注:规划总体污水处理量为240 t/h。

每年山上污水总体处理量为240×24×365=210.2(万t)。完全能够满足规划年用水量21.4万t的需要。

(3)中水利用

污水应该进行中水处理,循环利用。到2010年,黄山风景名胜区范围内中水利用率应达到或超过20%;到2025年,黄山风景名胜区范围内中水利用率应达到60%以上。

(4)污水管网规划

完善风景名胜区配套污水管网,新建管线约10 km,管径φ200~φ600。

污水管网必须考虑冬季防冻和夏季膨胀问题,推荐采用焊接钢管和铸铁管为主。

5.环境卫生设施规划

(1)环卫设施规划目标

实现垃圾减量化,将垃圾处理设施搬离风景名胜区;环卫设施配置、布局合理化,满足游客使用;最终提供给游客一个清洁、优美、舒适的风景名胜区。

到2025年,风景名胜区内100%的垃圾做到了分类收集与分类处理;100%的垃圾的收集和运输达到密闭化;100%的垃圾处理达到了《城市生活垃圾处理及污染防治技术政策》中的相关标准。

到2010年,风景名胜区内90%的垃圾做到了分类收集与分类处理;90%的垃圾的收集和运输达到密闭化;90%的垃圾处理达到了《城市生活垃圾处理及污染防治技术政策》中的相关标准。

(2)垃圾产生量预测

按住宿游客、不住宿游客、管理服务人员三种类别划分:住宿游客每日废弃物产生量预测1.3 kg/d,不住宿游客为0.3 kg/d,管理服务人员为1.0 kg/d。预测日垃圾产生量在高峰时达到4.8 t,年垃圾产生量将达到1 314 t。

（3）环卫公共设施规划（公厕）

规划在松谷庵景点、梦幻游览区和莲花峰兴建3座公厕，公厕应慎重选址，避免对水源的影响；改造温泉大花园、西海景点、蒲团松、白鹅岭、气象处和半山寺等6座公厕；不能进行集中污水处理的厕所应采用环保型无污染厕所。

（4）环卫工程设施规划

近期取消西海焚烧场，对白亭、天海景点、北海景点和玉屏楼景点的焚烧设施进行改造，增设旋风除尘器和布袋除尘器，将白亭垃圾填埋场改造为综合卫生填埋场。

远期完善"净物上山、垃圾下山"机制，结合规划的道路交通系统（包括索道）合理组织货运路线，拆除天海景点、西海景点、北海景点和玉屏楼景点的垃圾处理设施，对白亭垃圾场进行综合改造，或者寻找新的垃圾处理厂址。

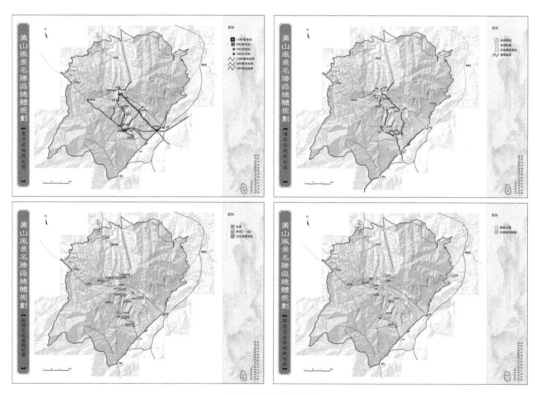

黄山风景名胜区图

9.4 综合防灾避险规划

风景区环境复杂，地质灾害、地震灾害、洪水灾害、森林火灾、生物灾害、气象灾害、海洋灾害和安全防护不足等都有可能威胁游人的安全，规划宜根据风景区各类灾害的危险性、可能发生灾害的影响情况，坚持平时功能和应急功能的协调共用，统筹防灾发展和防御目标,协调防灾标准和防灾体系,整合防灾资源,综合确定防御要求,提出游客安全防护、安全保障、应急避难等设施的建设要求及安全管理措施。各类灾害设防标准不应低于国家或地方制定的相关自然灾害防治条例或标准中的规定。

9.4.1　防灾类型

防火

除了建筑物防火之外,风景区防火的重要内容是森林防火。森林防火规划应针对风景区的特点构建森林防火救灾体系,提出森林防火的管理措施,包括防火宣传教育和检查措施、森林防火监控体系、森林防火指挥调度系统和通信网络等。

防洪排涝

防洪规划应收集洪水信息,确立防洪标准,从保护和治理入手,蓄排结合,提出风景区水系清理、整治的措施,提出洪水防范的技术措施。不宜单纯提高水利设施的标准,应以"既要设防,又要适度"的原则,避免工程对自然景观的影响。

防洪标准应符合现行国家标准《防洪标准》(GB 50201—2014)的规定。承担风景区防洪应急救灾和疏散避难功能的应急保障基础设施和避难场所的预定设防水准应高于风景区防洪标准所确定的水位,且不应低于50年一遇防洪标准。对于保护对象也应按规定相应设防(表9-6)。

表9-6　文物古迹的等级和防洪标准

等级	文物保护的级别	防洪标准(重现期/a)
Ⅰ	国家级	≥100
Ⅱ	省(自治区、直辖市)级	100~50
Ⅲ	县(市)级	50~20

风景区排涝标准应合理确定降雨重现期、降雨周期、排除周期。

1)降雨重现期不宜低于20年一遇。

2)降雨周期宜按24 h计。

3)降雨排除周期不宜长于降雨周期,涝灾损失不大区域可适当延长降雨排除周期。

防风

东南沿海的台风灾害等风灾对风景区的影响同样不可忽略,风灾防御应考虑临灾时期和灾时的应急救灾和疏散避难,相应安全保护时间对龙卷风不得低于3 h,对台风不得低于24 h。风灾的预定设防水准应按不低于百年一遇的基本风压对应的灾害影响确定。

地质灾害

地质灾害防治规划在调查研究地质灾害类型,分析地质灾害的危害情况的基础上,按照《地质灾害防治条例》的规定对风景区中常见的地质灾害有地质,以及滑坡、崩塌、泥石流、地面塌陷等地质灾害危险性做出评估,提出相应的管控措施和防治的技术措施。

位于抗震设防区的风景区,地震的预定设防水准所对应的灾害影响不应低于本地区抗震设防烈度对应的罕遇地震影响。

严禁在地质断裂带、洪灾区等危险地带安排居民点、旅游服务设施、重要工程设施等建设,已有的应进行相应调整。

9.4.2　综合布局

规划应在风景区灾种的评估分析和防灾规划标准的基础上,以风景游览区和旅游服务区为重点梳理防灾避险空间布局,根据风景区灾害环境,结合重点防御灾种统筹考虑其他突发事件,明确地质灾害防治、防洪、森林防火等规划措施,对应急保障基础设施、防灾工程设施、应急服务设施等进行综合规划布局。

应急保障基础设施指应急救援和抢险避难所必须确保的交通、供水、能源电力、通信等基础设施。风景区综合防灾避险规划应根据风景区实际情况,确定风景区基础设施需要进行防灾性能评价的对象和范围,结合风景区基础设施各系统的专业规划,针对其在防灾、减灾和应急中的重要性及薄弱环节,提出应急保障基础设施规划布局、建设和改造的防灾减灾要求和措施,并符合下列规定:

1)应明确基础设施中需要加强安全等级的重要建筑和构筑物。

2)确定应急保障基础设施布局,明确其应急保障级别设防标准和防灾措施,提出建设和改造要求。

3)对重大旅游设施和可能发生严重次生灾害的旅游设施,进行灾害及次生灾害风险、抗灾性能、功能失效影响和灾时保障能力评估,并制定相应的对策。

4)应对适宜性差的基础设施用地,提出改造和建设对策与要求。

黄山风景名胜区总体规划(2007—2025年)

1. 防火规划

(1)防火规划遵照"联防联治,依法治火,预防为主,防灭并重"的原则。

(2)加强《中华人民共和国森林法》《中华人民共和国消防法》《中华人民共和国文物保护法》《森林防火条例》《安徽省森林防火办法》《安徽省消防管理办法》等的宣传学习,提高游客和居民的防火意识和消防知识。

(3)鼓励生物防火技术等先进技术手段的应用。

（4）火源管理。加强各进山口的火种检查，严禁烧荒、野外焚香烧纸，风景名胜区内部要强化宿营点等特殊区域的用火管理。

（5）防火分区规划。黄山风景名胜区内，根据客流量的分布特点和火灾发生的规律以及地形、地物和植被情况，划分为天海、玉屏、温泉、松谷、钓桥5个防火区。各防火分区管辖区域及面积详见下表：

防火分区一览表

防火分区	管辖区域	面积/hm²
天海防火区	西海景点、北海景点，莲花、光明、丹霞、狮子、始信、石柱等山峰，云谷寺景点	1 470
玉屏防火区	天都和玉屏二峰、半山寺和莲花沟	550
温泉防火区	慈光阁、逍遥亭、眉毛峰和桃花峰等	6 300
松谷防火区	仙人铺路、芙蓉居等	3 870
钓桥防火区	白云溪、汤岭关、小岭脚等	3 260

注：防火分区边界的最终确定需要与相关管理部门进行协调确认。

（6）设施规划。近期保留现状防火预测预报网、瞭望监测网和交通通信网，中远期结合"综合信息传输网"建设防火自动监控系统；消防器材应及时维修、更新，完好率须达到90%以上。防火设施在设置过程中不得造成视觉景观的破坏。

（7）林火阻隔规划。规划保留在风景名胜区边缘地带55 hm²的防火林带；石笋矼、光明顶、丹霞峰以及北海景点—芙蓉洞、天海景点—西海景点、天海景点—莲花沟、仙人指路—皮蓬、九龙亭—云谷寺景点、马鞍山步道、醉石—小岭脚共45 km长的防火道；同时保留常绿阔叶林防火墙及防火林。防火林应尽可能使用本地树种，如确有需要引进外来树种，必须进行严格的环境影响评价。

（8）黄山风景名胜区管理机构应组织进行黄山风景名胜区防火专项规划。

（9）在进行有效预防，并能保证人民生命财产安全、保护风景名胜区的自然资源和文化资源及其价值的前提下，可以考虑适度恢复或者再现自然过程，可以适当疏导自然火。

2. 防洪规划

（1）持续开展水文资料的收集等基础科研工作，划定重点防治区。

（2）结合自然资源监测系统与综合信息传输网建设水文监控预警系统，适时采取防治措施。

（3）在水体上建设防洪工程和其他水利工程、水电站等，应当符合防洪要求。

（4）黄山风景名胜区管理机构应组织进行防洪专项规划。

3.其他防灾规划

（1）防灾规划遵照"预防为主、综合治理"的原则。

（2）地质灾害防治规划。加强对山体破碎地段的监控,在资源有限利用区、设施建设区以及社区协调区内及时清理或固定松动土石,加强对可能发生灾害地段的监控。禁止开山采石,并尽量减少工程建设时的土方量。

（3）生物灾害防治规划。原则禁止携入或引进外来物种,对确需引进的外来物种应进行严格的环境影响评价;对已引进的外来物种应加强监控,预防其酿成生物灾害;森林病虫害防治应坚持以生物防治技术为主,加强风景名胜区的植物检疫工作。

（4）加强防雷击、防震、防雪灾等自然灾害的工作。

（5）黄山风景名胜区管理部门应按照本规划的原则进行黄山风景名胜区防灾专项规划。

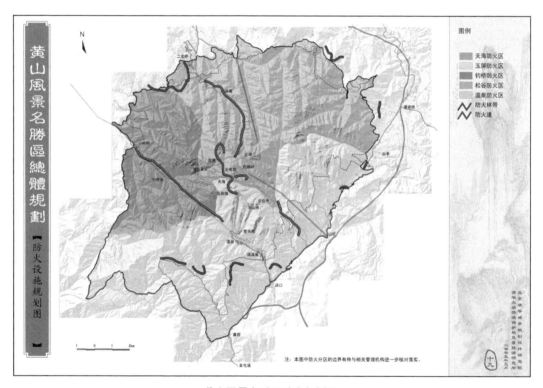

黄山风景名胜区防火规划图

9.5 重大建设项目管理

风景区中的重大建设项目包括:

1）占用或穿越风景名胜区的大型工程建设项目,如高等级公路、铁路（包括城市地铁和轻轨）、桥涵、隧道、机场、港口、码头、输油（输气）管道、高压输电线路、通信线路、水电站、大型水库、风力发电机组、军事国防类设施、区域安全工程、扶贫工程等交通、能源、水利、电力、通信、军事国防、民生等基础设施和公共服务设施项目。

2）服务于旅游接待活动开展的大型工程建设项目，如索道、缆车、电梯、玻璃栈道、实景演出场所、露天造像，以及体量规模较大的旅游道路、酒店、文体游乐设施、古迹复建和宗教建筑、游客接待中心、出入口建（构）筑物等，位于核心景区内，对重要风景名胜资源可能产生较大影响的建设项目，其他经认定投资额较大、建设规模较大的建设项目。

这些大型工程或其他对景观干扰性较大的工程项目，有时直接威胁景源的存亡，有时引起景物和景观的破坏与损伤，有时引起游赏方式和内容的丧失，有时引起环境质量和生态的破坏，有时引起民族与文化精神创伤。对这类工程和项目，规划应对项目必要性和可行性进行分析、景观敏感性分析，进行方案深入论证和方案比选、提出建设运营对景观资源和生态环境的影响评估、预防和减轻不利影响的措施等；并且按照《中华人民共和国环境影响评价法》和相关技术导则，在说明书或基础资料汇编中用专门篇章做规划环境影响评价。

三百山风景名胜区总体规划（2017—2030年）

1. 索道选线方案比选

（1）拟建索道线路选址

根据对风景区的地形、风景名胜资源空间分布及总体布局安排等全面分析，项目线路选址区域为过桥垄—福鳌塘区域。

下站位于过桥垄入口区域，与三百山旅游集散中心相连，有旅游公路到达。

上站位于福鳌塘区域，在火山瑶池、东禅寺、尖峰笔等视域范围之外，不对山顶风景资源产生影响。

（2）拟建索道路线方案比较

根据现场地形踏勘情况，综合风景资源保护及发展需求，本次形成三个比选方案。

方案一：站址A（下站）——站址C（上站）；

方案二：站址A（下站）——站址D（上站）；

方案三：站址B（下站）——站址E（上站）；

过桥垅索道方案比选分析表

比选内容	方案一（A—C）	方案二（A—D）	方案三（B—E）
拟选线线路	原矿泉水厂仓库东北侧的山坳里—山顶公路垭口西侧	原矿泉水厂仓库东北侧的山坳里—滴水观音西南侧	原矿泉水厂仓库北侧500 m的山坳里—长坑中国移动信号塔北侧
索道总水平距离/m	2 570	3 000	3 180

续表

比选内容	方案一（A—C）	方案二（A—D）	方案三（B—E）
上下站高差/m	440	475	470
风景名胜资源保护	①区域内无风景资源，基本无影响 ②对核心游览区无影响	①区域内无风景资源，基本无影响 ②对核心游览区无影响	①线路跨越东江第一瀑，影响东江第一瀑观景视线 ②对核心游览区影响不大
主要景观视线	①在过桥垄入口区可见，通过措施可以减缓 ②在山顶福鳌塘、东禅寺、尖峰笔均不可见 ③在上山通景公路上局部可见，但山体植被可以消除影响	①在过桥垄入口区可见，通过措施可以减缓 ②在山顶福鳌塘、东禅寺、尖峰笔均不可见 ③在上山通景公路上局部可见，但山体植被可以消除影响	①在过桥垄入口区可见，通过措施可以减缓 ②在天台、东江第一瀑、知音泉等可见 ③在上山通景公路上局部可见，但山体植被可以消除影响
交通衔接	①山上与环保车站相连，利于山上游览开展与集散 ②山下与入口景区服务中心衔接便利，利于游览交通组织	①山上与环保车站相连，与福鳌塘、东江第一瀑游步道相连，利于山上游览开展与集散 ②山下与入口景区服务中心衔接便利，利于游览交通组织	①山上与天台—东江第一瀑游步道相连，但场地高差较大 ②山下与入口景区服务中心衔接便利，利于游览交通组织
游览组织	有利于福鳌塘建立精华游览线，并有利于福鳌塘、九曲溪、尖峰笔三景区构筑大游览环线，可观峡谷群峦、森林生态、游览体验性一般	有利于福鳌塘建立精华游览线，并有利于福鳌塘、九曲溪、尖峰笔三景区构筑大游览环线，可观峡谷群峦、森林生态、游览体验性较好	有利于福鳌塘和九曲溪景区游览组织，有利于增加观峡谷群峦、森林生态、瀑布跌水，游览体验性强
上下站址用地条件	①下站位于三级保护区，用地空间充足 ②上站位于三级保护区，地形平缓，用地条件较好，有利于山顶交通集散、换乘	①下站位于三级保护区，用地空间充足 ②上站位于二级保护区，地形平缓，用地条件较好，有利于山顶交通集散、换乘	①下站位于三级保护区，用地空间充足 ②上站位于二级保护区，地形高差较大，用地空间局促，不利于交通集散

　　通过上述比较，结论如下：

　　选线方案一上、下站房均在三级保护区内，对资源区的景观和观景无影响，工程施工条件可行，交通衔接良好，但上站交通衔接较差，游览体验性一般；方案三上站房靠近东江第一瀑，线路尾段出露在东江第一瀑观景视线内，但游览体验性强；方案二上站对资源景观、观景均无影响，游览体验性较好。综合以上分析，认为方案一、方案三较优，方案二次之，索道的最终线路在另行编制的索道规划选线（选址）论证报告中确定。

1. 建设可行性分析

（1）工程地质条件可行性

根据国家标准《建筑抗震设计规范》（GB 50011—2010），本区抗震设防烈度为6度。通过勘察，拟建索道场地属中山地貌单元，沿线地形坡度较大，附近无活动断裂构造和不良地质作用，场地稳定，可以作为索道建设场地。

（2）经济可行性分析

考虑到福鳌塘景区为三百山游览的必游景区，风景区近期年上山游客量为90万人，考虑到上山开通了环保车游览公交及东风湖景区的开放，则乘坐索道的游客按70%计，则游客量为63万人。

按人均120元计，则年总收入为7 560万元；索道正常运作后，企业收益率取50%，则年收益为3 780万元。

索道建设成本按1.2亿元计，则3.2年可收回成本，且开始赢利。投资年化收益率达到30%，说明项目可行性较高。

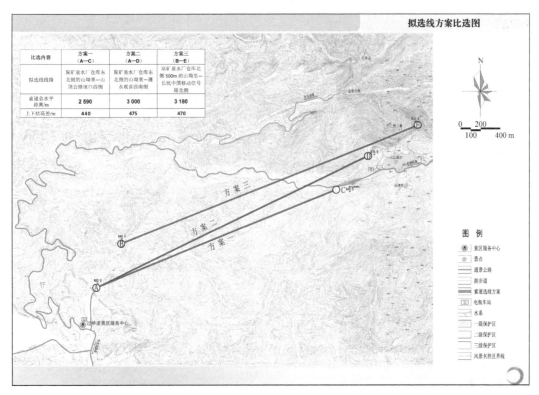

三百山风景名胜区索道选线方案比选图

第十章 >>>
居民点协调发展规划

居民点协调发展规划——居民社会调控规划、经济发展引导规划

我国大多数风景区中都存在一定数量的常住居民及其所形成的居民点,其中的常住居民依赖风景区的环境生存,是风景区规划中不可回避的利益主体,其聚居的乡村或城镇则是风景区空间要素之一。

这些居民有的是传统村落的居住者乃至风景环境的要素,有的生产生活行为却与风景区保护需求存在冲突,有的成为风景区的管理与服务业态的提供者。风景名胜区的设立和保护对这些居民的生产生活方式带来了不可避免的变化。

10.1 居民社会调控规划

居民社会调控规划目的是合理组织和调控居民点的发展方向、规模和形态,对各居民点的人口、分布、产业类型和社会发展等问题进行整体控制、调整和引导,并提出相关措施促进其产业类型和人口分布的转变,实现游人、管理者和居民等利益相关者的协调并存,使居民点成为风景区积极的经济社会因素。

由于受风景区管理机构的行政权所限,风景区中城镇乡村的建设一方面受风景区保护和发展的制约,另一方面受区域经济社会发展需求的指导。因此,编制居民社会规划既是风景区有序运转的需要,也是风景区与村镇、城市、区域协调发展的需要。

10.1.1　协调发展内容

风景区规划范围与城市、镇规划存在交叉或者重合的,应将风景区总体规划中的保护要求内容纳入城市、镇规划,使其规划适应风景区的特殊需要与要求。村庄规划及村庄布点规划等规划范围与风景区存在交叉或者重合的应符合风景区总体规划的要求。居民社会调控规划就是引导这些村镇生产力和人口合理分布、落实经济社会发展目标的基础工作,是调整、变更行政区划的重要参考,又是实行宏观调控的重要手段。

规划的核心是以居民点发展方向为主要内容的居民点类型及其分布安排,包括居民点规模分区、类型界定及管控措施。其基本原则如下:

1) 在人口发展规模与分布中,需要贯彻控制人口的原则,尤其是对外来人口输入的控制。

2) 在社会组织中,需要建立适合本风景区特点的社会运转机制,保证居民生产生活及相应利益。

3) 在居民点性质和分布中,应以风景名胜资源保护为前提,优化居民社会的空间格局。条件许可时应进行生态移民,建立适合风景区特点的居民点系统。

4) 在居民点用地布局中,需要为创建具有风景区特点的传统村落、旅游特色村配备条件。

5) 在产业和劳力发展规划中,需要引导产业发展和有效控制淘汰型产业的合理转向,促进风景区永续利用。

10.1.2　居民规模分区

居民社会调控规划的首要任务,是在风景区范围内,科学预测和严格限制各种常住人口的规模及其分布。在此基础上,根据风景区保护和功能分区,结合发展需要,划定无居民区、居民缩减区和居民控制区。在无居民区,不准常住人口落户;在衰减区,要分阶段地逐步减小常住人口数量;在控制区要分别定出允许居民数量的控制性指标。这些分区及其具体指标,要同风景保护规划和居民容量控制指标相协调。

10.1.3　农村居民点类型及管控要求

在分区的基础上,相对于《风景名胜区规划规范》,《风景名胜区总体规划标准》将农村居民点的四类调整为三类,不再强调搬迁型的居民点类型,规定应从协调农村居民点发展与风景区保护的相互关系,将农村居民点划分为疏解型、控制型和发展型等三种基本类型,分别控制其规模和布局,并明确建设管理措施。体现了对于居民与风景区关系认知的变化。

居民社会因素比较丰富的风景区，居民点类型及其管控要求必然涉及所在地域的城市和村镇的行政体系和规划要求，规划应充分协调风景区内外的居民点规划，对相关城镇村点，从风景区保护利用管理的角度提出符合风景区特色的居民点体系及相应的管控要求。对于风景区内的历史文化名城名镇名村和特色风貌村点，规划应结合相关规划要求提出符合其特色的引导与保护措施。

在土地利用层面，风景区内的居民点规划中不得安排破坏生态环境的建设项目，不得在景区和景点范围内安排工业项目、城镇和其他企事业单位用地，不得在风景区内安排有污染的工矿企业和有碍风景资源保护的农业生产用地。

百丈漈—飞云湖风景名胜区总体规划（2021—2035年）

1. 调控类型

（1）疏解型居民点（4个）

规划要求风景区核心景区内居民实行分期逐步外迁，包括黄坦镇石岭、杜山、上金3个村和大峃镇吴样村在峡谷景廊入口区因县城防洪需要而建设里阳水库所淹没的居民点。在疏解居民点的同时应配套优惠补偿、引导鼓励的相关政策，在相应集镇区安置，并拆除山上所有违章建筑，恢复为风景用地。

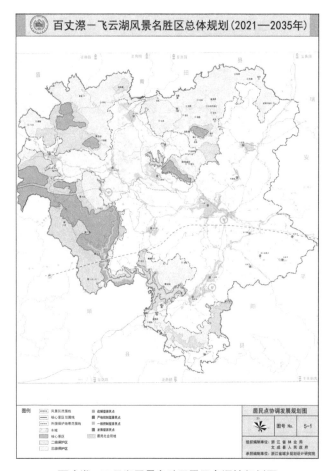

百丈漈—飞云湖风景名胜区居民点调控规划图

（2）严格控制型居民点（17个）

规划要求风景区二级保护区范围内居民点进行严格控制，禁止风景区外人口流入，鼓励控制区内人口向风景区外城镇迁移。规划缩减现状人口，人均建设用地按 75 m² 控制。具体包括：珊溪镇牛坑、平坑、松根，黄坦镇取垟、千秋门、叶山、驮加、高西、西北山、上坪、莲头，铜铃山镇中垟、三合、岭垟，南田镇驼湖、武阳，西坑畲族镇梧溪蟹坑。

（3）一般控制型居民点（44个）

规划对风景区三级保护区范围内居民点进行一般控制，要求严格按照文成县国土空间规划和相关乡镇及村庄规划要求,控制人口规模不增加,人均建设用地按 100 m² 配置。具体包括:珊溪镇牛坑、平坑、松根,黄坦镇取垟、千秋门、叶山、驮加、高西、西北山、上坪、莲头,铜铃山镇中垟、三合、岭垟,南田镇驼湖、武阳,西坑畲族镇梧溪蟹坑。

(4)发展型居民点(13个)

规划对风景区非核心景区范围内现状人口大于 1 000 人的居民点进行发展聚居,并根据景区规划,适时引导转型成各具特色的旅游村,人均建设用地按 150 m² 配置。具体包括:珊溪镇新红、新湖、雅坪、塘山、鳌洋,南田镇梅树、龙上、十源、高新,玉壶镇朱坪、金星,二源镇谈阳、椆树根。铜铃山镇镇区在符合本总规要求的前提下,按照文成县国土空间规划和乡镇规划执行。

2.居民点调控措施

核心景区内的居民点应当在尊重居民意愿的前提下逐步缩减人口,保障居民权益和生活水平不降低。核心景区疏解出的居民优先安排至邻近的镇,也可根据其意愿,由文成县政府统一安置。疏解后的用地进行生态恢复和绿化。

新建住宅以2~3层为主,提倡少建独立式住宅和单层建筑。村落建设以改造为主,严格控制新增建筑,临近景区周边原住民建筑控制在2层以内,景区外围原住民建筑控制在3层以内。整体建筑风格为温州传统民居风格,色彩以白、青灰为主。

10.2　经济发展引导规划

风景区内的经济活动包括管理机构和职工的各种资源的维护、利用、管理等活动;当地居民的生活和生产活动;外来游人的旅游消费与旅游活动等方面。这些经济活动有的发挥了风景区的资源特色,促进了风景区的发展,对地方经济振兴和绿色发展具有重要的先导作用。有的无关甚至损害了风景环境,或者对资源价值发挥的合理性不足。

经济发展引导规划就是从风景区的保护和建设出发,以国民经济和社会发展规划、风景与旅游发展战略为基本依据,鼓励符合风景区发展需要的经济形态,最终形成与风景区有着内在联系并且不损害风景资源,独具风景区特征的经济运行条件,形成与资源相协调的产业发展模式,促进风景区经济的可持续发展。

10.2.1　特征与内容

风景区是人与自然协调发展的特殊环境,主要满足人们的精神文化需要,这种特性决定了经济社会发展不同于常规乡村和城市空间,是国民经济与社会发展的特殊地区。

其经济发展依赖于自身的风景资源,各种经济活动直接或者间接的服务于风景游赏行为,产业选择与空间布局受到风景资源保护的限制,构成了特有的经济系统,体现出明显的特殊性、依赖性、服务性和限制性等特性。

风景区经济受到季节和资源制约,自身不是完全独立运行的经济形态,不足以单独成为区域经济的支撑产业。一方面,地区经济社会政策和计划是风景区经济社会发展的基本依据。风景区的旅游服务设施和基础工程项目以及用地布局,需要分批纳入国民经济和社会发展的计划。另一方面,国民经济和社会发展规划确定的有关建设项目,如交通道路建设,会改变风景区等经济发展条件。

为此,风景区总体规划的经济发展引导规划旨在与风景保护和区域经济社会发展有机配合,制定独具风景区特征的经济发展措施。内容包括:经济现状调查与分析;经济发展的引导方向;经济结构及其调整;空间布局及其控制;促进经济合理发展的措施等内容。

10.2.2 引导方向

风景区经济引导是以风景资源保护和可持续利用为前提,选择合适的经济活动,结合经济结构和空间布局的合理化,提出适合风景区经济发展的模式及保障经济持续发展的步骤和措施。

风景区经济活动选择的方向应是直接或间接为风景区的资源保护和游赏功能服务。如部分农业生产是风景区山水田园风光的直接组成部分,也为旅游业提供大量的农副产品,它属于风景区经济发展的引导方向之一。相反,如果部分农业生产与资源保护存在冲突,或者其它不能正确体现风景区功能的任何经济活动(如采矿企业),这种与风景区发展不相容的一般经济,则应迁出。

此外,受风景的制约,作为一般区域经济主体的第二产业在风景区域受到严格的限制。即使是体现风景区功能的经济活动,如第三产业中为旅游业服务的相关设施,只要其规模或者形态损害了风景资源或生态环境如大型游乐设施等,也不能列入风景区经济发展项目,以避免破坏性建设。

目的是形成一个既包括旅游经济,也包括当地居民的某些生活生产经济的综合系统。一方面要通过风景区资源的统筹配置,形成适宜的产业组合,实现最优的整体效益;另一方面要把生产要素按地域优化组合,以促进生产力发展。

10.2.3 结构与布局

经济结构合理化应以景源保护为前提,科学合理利用风景资源,选择主导产业与确定产业组合。明确风景区旅游产业、生态农业等各项特色产业的合理发展途径和发展策

略,充分发挥旅游的经济催化作用,形成独具特征的经济结构。同时应该注意:

1) 主导产业应与其余产业协调发展,追求规模与效益的统一。旅游产业通常是风景区的主导产业,无限制地追求游人数量确实给旅游部门增加了收入,但却给生态环境、基础设施、居民生活带来了更大的压力和破坏,综合经济效益并不一定提高。

2) 旅游业不能仅仅局限于对风景资源的利用,还应当带动地方工农业的开发,为旅游业提供丰富的产品,尤其是具有地方特色的旅游产品。从而发挥第三产业的发展对促进社会分工、市场发育、经济繁荣的催化和带动作用。

风景区经济的空间布局合理化是以景源永续利用和风景品质提升为前提,识别风景区不同区域资源环境的特性和价值,把资源要素与利用方式分区优化组合,明确各类产业要素的空间区位选择,引导各区的产业发展定位、重点发展产业,明确限制与禁止发展的产业。促进生产用地的生态化发展与景观化利用,形成经济效益与环境效益的统一。

空间布局应包括下列内容:

1) 明确风景区与所处区域的空间关系,促进风景区与区域的协调发展。

2) 优化风景区内部的产业结构布局和管控措施。

3) 合理建构风景资源保护区划、风景游览区划、旅游服务基地与相关产业布局的关系。

在探讨风景区产业布局合理化时,要加强风景区与周边地区、所在地域的关联研究,以区域协调和共享发展为指导,优化风景区与周边的整体产业格局,促进风景区所在地经济的绿色发展。一般来说,在风景区内"控制优化一产和三产、严格限制二产",在风景区在周边"鼓励三产、控制一产、限制二产"。依照"门内消、门外长"的变化规律,引领所在地城市发展旅游服务和现代服务业,推进风景区与所在地城市的协调。

百丈漈—飞云湖风景名胜区总体规划(2021—2035年)

经济发展引导的内容如下:

百丈漈—飞云湖风景名胜区经济发展的基本原则是以旅游为龙头的经济结构,与其空间布局的合理化结合。

1. 发展模式

将一产、二产导向以旅游业为先导的第三产业。超常规地提高生态经济(生态林业,生态农业等)的技术能力,强化景源保护,稳固和提高一产的发展质量,为经济注入持续的发展动力。限制转移区内的二产,强化三产服务功能,提高三产发展水平,以旅游经济为龙头,增创三产新优势。

2. 主要措施

总体上允许风景区内第一产业的保留和适度发展,但须逐步导向结构高度化、产品特色化和经济高效化。发展产品优质、观赏性好、经济效益高的特色农林渔产品,发展农林牧渔复合结构的生态农业,发展乔灌草结合、常绿落叶阔叶和针叶混交的生态林业,发展浅水、深水鱼、虫、藻、草复合结构的生态渔业。

取缔并禁止采掘业、制造业、污染型加工业或需外来劳力的加工业在区内发展。关闭风景区内的现有采矿企业、乡镇工业企业。严禁在百丈漈—飞云湖风景名胜区范围内发展采掘业、制造业。严格控制建筑业在风景区范围内的发展方式、地点和规模。将建筑业引向风景区外围的旅游镇。二产以无污染或可降解的旅游纪念品、特色农副产品加工为主。

旅游业应从低附加值的观光型旅游,逐步向度假旅游方向发展,同时开拓生态旅游、旅游购物、修学旅游、会议旅游等专项旅游市场,带动风景区外的周边地区房地产业、交通运输业、商业、饮食服务、贸易、信息服务、居民服务、文教体卫的发展,以有选择的旅游发展,催化上述相关产业的发展,形成良好的第三产业发展组合,为旅游注入持续的发展动力。

探索旅游经济、生态农业和工业的合理发展途径。其核心是强化三者的协作关系。其中,生态农业、生态林业、生态渔业示范区可发展成为生态旅游、乡村旅游、科普修学旅游的基地。其特色产品可打进旅游购物、旅游餐饮市场,其产品,农业生产过程、加工过程本身,也可就地进入旅游市场。通过旅游业的龙头地位及其催化作用,促进产业结构的全面调整。

协调经济发展与风景区保护、建设和管理的关系。旅游经济长期竞争的焦点,是与环境保护、生态建设的竞争。百丈漈—飞云湖风景名胜区的经济发展,必须以景源保护为前提和持续发展为根本动力。风景资源的开发利用必须是永续利用,并在任何时间、任何地点均坚持必要、低度、低调三条原则,以保护和强化风景本体特征,即项目功能无可替代、项目规模无可更小、自然美绝对优先。充分调动现有管理和技术能力,最大限度地制止破坏性建设,降低开发性影响。

黎平侗乡风景名胜区总体规划(2016—2030年)

经济发展引导规划的内容如下:

1. 旅游业发展规划与布局

黎平县城作为风景名胜区旅游服务城,是湘、黔、桂三省结合部,是贵州东进两湖、南下两广的桥头堡,是全县的政治、经济、文化、信息中心,拥有丰富的人文景观与自然景观,规划配套高档的宾馆住宿、餐饮娱乐、商贸购物等。应逐渐完善旅游服务系统,提升旅游服务水平,满足游客观光度假的需求。

规划将肇兴、茅贡2处镇区设置为旅游服务镇,规划以观光、度假为"旅游业+"的主导发展方向,逐步完善以上各镇镇区的基础设施配置和旅游接待服务设施配置;给游客提供旅行、游览、饮食、住宿、购物、娱乐、保健等综合性服务,满足游客的需求。

2. 农业发展与布局

黎平侗乡风景名胜区农业发展总体规划思路为:大力发展观光农业,提高农业和旅游业的关联作用,充分开发风景名胜区内具有观光、旅游价值的农业资源和农业产品,把农业生产、科技应用、艺术加工和游客参与农事活动等融为一体;大力发展生态农业,保持农村资源和风景资源的可持续发展,调整农业产业结构;大力发展特色农业,推动农业生产向"高产、优质、高效"方向发展,提高"农业+"经济效益,带动地方经济的发展。

(1)目前黎平县已形成"侗乡春"雀舌茶、"侗乡茶油"、山核桃等一批农产品重点品牌,并且发展成为我国重要的林业产地,有"杉木之乡"的美称。规划积极引导个体、民营企业利用风景名胜区及周边丰富的资源条件,加强对油茶和其他农副土特产品的种植与加工,结合风景名胜区的发展,加大地方农产品品牌与黎平侗乡风景名胜区的宣传,增强风景名胜区与农业两者的联系。

(2)结合堂安、厦格、纪堂、铜关、地扪、少寨等村寨发展观光农业,选择种植适宜生长和具有观赏性的地方蔬菜和特色瓜果,提高游客的农耕劳作参与性同时在堂安、厦格等村寨加强梯田景观的展示,将农业生产与观光旅游相结合,发挥农业与旅游业的关联集聚效益。

(3)在山地区域,以生态林业种植为主要发展方向,加强林相改造,沿景观道路两侧平缓耕地可适量发展特色种植,增加植被绿化、增加植物景观、推行"退耕还林"战略。

3. 综合经济分区

(1)风景游赏区:在资源得到有效保护、永续利用的前提下,以发展文化体验、休闲度假、徒步探险、风景旅游等旅游业为主。

(2)服务区:包括风景名胜区内的各旅游服务镇、服务村和部分旅游服务点,以发展接待、度假、购物、娱乐等服务业为主。同时,与游览线路联系紧密的村寨也可作为小型服务设施,为游客提供游赏和服务。

(3)特色产品区:在天生桥——八舟河景区主要以茶叶、苗木种植为主,结合茶园组织开展农业观光旅游活动;在肇兴景区打造特色的侗族文化旅游街区和商业街区,形成风景名胜区主要旅游商贸核心。

4. 发展步骤和措施

(1)优先发展旅游业

发展第三产业是区内经济发展的主导风向,而旅游业是风景名胜区发展第三产业的突破口。它事关本地经济的结构和市场竞争力。旅游业是启动、带动本地经济良性发展的关键因素。

（2）以旅游镇建设推动城市化进程

旅游镇建设是存进经济发展的核心措施，它将带动本地区的城市化、信息化它是提高旅游接待档次、规范市场竞争秩序、降低季节波动、提高基础设施利用效率和第三产业比重的重大措施。

（3）调整农业生产结构

发展生态农业和优质高效农业，在风景名胜区内坚持生产用地的景观化、生态化原则，向生态农业进军，大力发展绿色食品。引导第一产业向生态化、旅游型农业发展，部分基本农田要按规划要求退耕还林。

（4）加强旅游产品的开发

尽快出台鼓励发展旅游商品生产的政策，组建民营性的旅游工艺品、纪念品宣传品、旅游仪器开发、生产研究机构和加工企业，以本地木、竹、草、藤、植物种子、水产品等资源优势为依托，以地方传统工艺、艺人、产品和引进人才、工艺、产品相结合，开发既适宜本地销售，又能挤进国内旅游购物市场的旅游商品，鼓励发展旅游购物商业网点。

第十一章 >>> 相关规划协调

相关规划协调——土地利用协调规划

风景区范围内的自然和人文要素丰富多元,总体规划涉及多种对象,如水利设施、文保单位等等,这些对象有着不同的管理部门和相关法规、管理要求。同时,很多风景区与城镇建成区相邻甚至在其中。此外,在自然保护地体系中,风景区也要解决与其他自然保护地的关系问题。因此,风景区规划需要在时间、空间和内容与其他众多规划和管理相互关照、相互协调。

这些协调不仅包括在"统一底图、统一标准、统一规划、统一平台"的基础上与国土空间规划("三区三线")以及与其他自然保护地规划的协调等等在空间区划以及管理措施上的协调,也包括与水资源保护与利用、生态环境保护、林地保护、文物保护、宗教活动场所、旅游管理等等相关管理规定上的协调。这些协调是风景区总体规划获得共识和有效实施的保证。

这些协调在定性方面主要是资源利用的多重性引发的性质选择,在定量方面主要是用地规模、人口规模、开发利用强度所带来的矛盾,在经营管理上主要是与责、仅、利相关的土地管理权限或管理体制等难题。协调这些要素的有效手段是落实到土地利用和空间管控措施中,落实到国土空间"一张图"中。

11.1 国土空间规划协调

土地是由自然要素组成的自然综合体和一切人为活动的载体,土地利用规划中的土地指规划范围内地面上所有自然物和人工物所占用的土地,既具有与自然相关的自然属性,又具有与人类经济、社会活动相关的经济属性、社会属性和法律属性,各种属性之间紧密相连、相互制约、相互影响。

风景区中的一切保护、开发建设活动都最终落实到土地上。土地利用的不合理是风景区环境恶化的最重要、最根本的原因。土地利用规划协调的任务一方面是根据风景区这一特定区域的发展战略和规划要求,结合区域的自然生态特征和社会经济具体条件,解决在未来的土地利用中用什么地、做什么用、用多少地、什么时候用等问题,做出符合风景区土地属性的土地资源分配和安排;另一方面是对应国土空间用地用海的规划,协调与其在定量、定性、定位、定序等方面的关系,以平衡土地上的供需矛盾,优化土地利用结构。

11.1.1 风景名胜区用地分类

国土空间中风景名胜区所属土地分类的背景与问题

国家标准《土地利用现状分类》(GB/T 21010—2017)的土地利用分类与2007版相比,更强调对自然资源的保护。如分类标准在"03 林地"下增加二级类"0304 森林沼泽"和"0306 灌丛沼泽",在"04 草地"增加二级类"0402 沼泽草地",为"湿地"归类奠定了基础。"03 林地"下增加二级类"0303 红树林地",强化对特色树种资源的保护。"风景名胜设施用地"在该版中归为"09 特殊用地"一级分类中,定义为管理机构和旅游服务设施的建筑用地。

2020年的《国土空间调查、规划、用途管制用地用海分类指南(试行)》(自然资办发〔2020〕51号)则将用地用海分类设置为24种一级类、106种二级类及39种三级类,其中无"风景名胜设施用地"的概念。与风景区相关的特色用地类型包括一级类"15 特殊用地"的"1507 其他特殊用地"(指包括边境口岸和自然保护地等的管理与服务设施用地),以及"1504 文物古迹用地"(指具有保护价值的古遗址、古建筑、古墓葬、石窟寺、近现代史迹及纪念建筑等用地),不包括已作其他用途的文物古迹用地。

以往的许多"文旅"项目就利用了风景名胜设施用地性质不明、用地规模弹性大的问题布置大规模设施建设,甚至直接用风景名胜设施用地作"文旅地产"开发,导致风景资源受到威胁、风景区的公益性质遭到破坏。

风景名胜区的用地分类

土地的用途有很多种,同一块土地也同时具有多种不同的用途,但有主导用途和非主导用途之分。风景区用地分类就是以风景区用地特征及规划、管理需求为基础,依据风景区土地使用的主导用途对其进行划分和归类。现行的《风景名胜区总体规划标准》中风景区用地分类的代号,大类采用中文表示,中类和小类各用一位阿拉伯数字表示。《风景名胜区总体规划标准》的土地分类中只有大类和中类,基本满足风景区总体规划的需要,详细规划可以自行根据需要划分小类(表11-1)。

表11-1　风景区用地分类表

大类	用地类别及名称 中类	小类	概念与范围	规划限定
甲 风景 游赏 用地	甲1 风景点用地		游览欣赏对象集中区的用地,向游人开放 景物、景点、景群、景区等的用地,包括风景点建设用地及其景观环境用地	▲
		甲11景物本体用地	风景单元内的景物本体用地	
		甲12道路交通用地	风景单元内的道路、广场、交通及铺装场地	▲
		甲13游览设施用地	风景单元内的咨询、小卖、环卫、安全设施用地	
		甲14绿地	风景单元内的各种植物占地	
		甲15管理及其他用地	风景单元内除上述四项以外的用地	
	甲2 风景保护用地		独立于景点以外的自然景观、史迹、生态等保护区用地	
		甲21保护对象占地	保护区内的保护对象本体占地	
		甲22道路交通用地	保护区内的道路、广场、交通及铺装场地	▲
		甲23游览设施用地	保护区内的导游、休憩、环卫、安全设施用地	
		甲24绿地	保护区内的各种植物占地	
		甲25管理及其他用地	保护区内除上述四项以外的用地	
	甲3 风景恢复用地		独立于景点以外的需要重点恢复、培育、涵养和保持的对象用地	
		甲31恢复对象占地	恢复区内的恢复对象本体占地	
		甲32道路交通用地	恢复区内的道路、广场、交通及铺装场地	▲
		甲33游览设施用地	恢复区内的导游、休憩、环卫、安全设施用地	
		甲34绿地	恢复区内的各种植物占地	
		甲35管理及其他用地	恢复区内除上述四项以外的用地	
	甲4 野外游憩用地		独立于景点之外,人工设施较少的大型自然露天游憩场所	
		甲41游憩场所占地	山水、冰雪、沙、草等游憩场区等	
		甲42道路交通用地	游憩区内的道路、广场、交通及铺装场地	▲
		甲43游览设施用地	游憩区内的导游、休憩、环卫、安全设施用地	
		甲44绿地	游憩区内的各种植物占地	
		甲45管理及其他用地	游憩区内除上述四项以外的用地	

续表

用地类别及名称			概念与范围	规划限定
大类	中类	小类		
甲风景游赏用地	甲5 其他观光用地		独立于上述四类用地之外的风景游赏用地。如宗教、田园等	
		甲51 对象本身占地 甲52 道路交通用地 甲53 游览设施用地 甲54 绿地 甲55 管理及其他用地		
乙旅游服务设施用地			直接为游人服务而又独立于景点之外的旅游接待、游览服务设施建设用地	▲
	乙1 旅游点建设用地		独立设置的各级旅游基地(如部、点、村、镇、城等)的用地,如零售商业、餐饮、旅馆等用地	
		乙11 食宿服务用地	旅游点内的食宿服务用地	
		乙12 道路交通用地	旅游点内的道路、广场、交通及铺装场地	▲
		乙13 游购娱健用地	旅游点内的游览、购物、娱乐、休闲设施用地	
		乙14 绿地	旅游点内的绿化用地	
		乙15 其他用地	旅游点内除上述四项以外的用地	
	乙2 游娱文体用地		独立于旅游点外的游戏娱乐、文化体育、艺术表演用地	
		乙21 文化设施用地	文化馆、会堂、图书馆等	
		乙22 艺术表演用地	影剧院、音乐厅、表演场等	△
		乙23 游戏娱乐用地	游乐场、歌舞厅、俱乐部、各种活动中心	
		乙24 体育运动用地	室内外各类体育运动健身竞技场地	
		乙25 其他游娱文体用地	上述四类以外的其他游娱文体设施	
	乙3 休养保健用地		独立设置的避暑避寒、度假、休养、疗养、保健、康复等用地	
		乙31 避暑避寒及其它度假功能用地	避暑避寒等旅游度假设施用地	
		乙32 休疗养用地	休养所、疗养所及其设施用地	△
		乙33 救护用地	卫生防疫、急救中心、检验中心	
		乙34 康复用地	康养设施用地	
		乙35 其他保健用地	未能归入上述四类的用地	

续表

用地类别及名称			概念与范围	规划限定
大类	中类	小类		
	乙4 解说设施用地		独立设置的宣传、展览、科普、教育设施用地,含游客中心	
		乙41 游客信息服务用地	包括游客中心在内的旅游信息咨询服务设施	
乙 旅游服务设施用地		乙42 宣传展示用地	博物馆、展览馆等	▲
		乙43 教育用地	纪念馆、教育馆等	
		乙44 科普用地	科普馆、科技馆等	
		乙45 其他用地	未能归入上述四类的用地	
	乙5 其他旅游服务设施用地		上述四类用地之外,独立设置的旅游服务设施用地,如公共浴场等用地	△
			间接为游人服务而又独立设置的居民社会、管理等用地	△
	丙1 城市建设用地		城市和县人民政府所在地镇内的建设用地	
		丙11 住宅用地		
		丙12 道路交通用地		○
		丙13 公共设施用地		
		丙14 绿地		
		丙15 商业及其他用地		
丙 居民社会用地	丙2 镇建设用地		非县人民政府所在地镇的建设用地	
		丙21 住宅用地		
		丙22 道路交通用地		○
		丙23 公共设施用地		
		丙24 绿地		
		丙25 商业及其他用地		
	丙3 村庄建设用地		农村居民点的建设用地	
		丙31 宅基地用地		
		丙32 道路交通用地		○
		丙33 公共设施用地		
		丙34 绿地		
		丙35 其他功能建筑用地		

用地类别及名称			概念与范围	规划限定
大类	中类	小类		
丙 居民社会用地	丙4 管理设施用地		独立设置的风景区管理机构、行政机构用地	▲
	丙5 科研设施用地		独立设置的用于观察、监测、研究风景区的设施用地	▲
	丙6 特殊用地		特殊性质的用地,包括军事、安保、外事等用地	△
	丙7 其他居民社会用地		上述六类用地之外,其他城乡建设与居民社会用地	○
丁 交通与工程用地			风景区自身需求的对外、内部交通通信与独立的基础工程用地	▲
	丁1 对外道路和交通设施用地		风景区入口同外部沟通的交通用地,以及各类穿越风景区的交通设施用地	
		丁11 铁路用地	铁路站场和线路用地	
		丁12 公路用地	各种公路线路和站场用地	▲
		丁13 港口码头用地	河湖海港的陆域用地	
		丁14 机场站场用地	机场及附属用地	
		丁15 其他交通设施用地	维修、加油站、通讯设施用地	
	丁2 游览道路与交通设施用地		独立于风景点、旅游点、居民点之外的风景区内部联系交通,如游览道路、游览交通设施、停车场等用地	
		丁21 车行交通用地	各种机动交通道路及公交场站、调度、加油等配套设施用地	
		丁22 停车场用地	停车场、车库及附属设施用地	▲
		丁23 游览步道用地	步行等非机动交通用地	
		丁24 水运交通用地	水运游览、码头及附属设施用地	
		丁25 其他方式交通用地	索道、缆车、电梯等快捷交通及其他交通设施用地	
	丁3 供应工程用地		独立设置的水、电、气、热、通讯等工程及其附属设施用地	
		丁31 供水用地	独立的水厂或站场及其附属设施	
		丁32 供电用地	变电站所、高压塔基等	△
		丁33 供燃气用地	储气站、调压站、罐装站、地面输气管廊	
		丁34 供热用地	大型锅炉房、调压调温站和地面输热管廊	
		丁35 通讯设施用地	移动通讯、网络基站等通讯设施	

用地类别及名称			概念与范围	规划限定
大类	中类	小类		
丁 交通与工程用地	丁4 环境工程设施用地		独立设置的环保、雨污、环卫、水保、垃圾、污物处理设施用地	△
	丁5 其他工程用地		如防洪水利、消防防灾、工程施工、养护管理设施等工程用地	△
戊 林地			生长乔木、竹类、灌木的土地,及沿海生长红树林的土地。包括迹地,不包括居民点内部的绿化林木用地,铁路、公路征地范围内的林木,以及河流、沟渠的护堤林。不包括风景林	△
	戊1 有林地		树木郁闭度≥0.2的乔木林地,包括红树林地和竹林地	△
	戊2 灌木林地		灌木覆盖度≥40%的林地	△
	戊3 其他林地		包括疏林地(指树木郁闭度≥0.1、<0.2的林地)、未成林地、迹地、苗圃等林地	○
己 园地			种植以采集果、叶、根、茎、汁为主的集约经营的多年生木本和草本作物,覆盖度大于50%或每亩株树大于合理株树70%的土地,包括用于育苗的土地	△
	己1 果园		种植果树的园地	△
	己2 茶园		种植茶园的园地	○
	己3 其他园地		种植桑树、橡胶、可可、吗啡、油棕、胡椒、药材等其他多年生作物的园地	○
庚 耕地			种植农作物的土地,包括熟地,新开发、复垦、整理地,休闲地(含轮歇地、轮作地);以种植农作物(含蔬菜)为主,间有零星果树、桑树或其他树木的土地;平均每年能保证收获一季的已垦滩地和海涂。耕地中包括南方宽度<1.0 m、北方宽度<2.0 m固定的沟、渠、路和地坎(埂);临时种植药材、草皮、花卉、苗木等的耕地,以及其他临时改变用途的耕地	○
	庚1 水田		用于种植水稻、莲藕等水生作物的耕地,包括实行水生、旱生农作物轮种的耕地	○
	庚2 水浇地		有水源保证和灌溉设施,在一般年景能正常灌溉,种植旱生农作物的耕地,包括种植蔬菜等的非工厂化的大棚用地	○
	庚3 旱地		无灌溉设施,主要靠天然降水种植旱生农作物的耕地,包括没有灌溉设施,仅靠引洪淤灌的耕地	○

续表

用地类别及名称			概念与范围	规划限定
大类	中类	小类		
			生长草本植物为主的土地	△
辛 草地	辛1 天然牧草地		以天然草本植物为主,用于放牧或割草的地	○
	辛2 人工牧草地		人工种植牧草的草地	○
	辛3 其他草地		树木郁闭度<0.1,表层为土质,生长草本植物为主,不用于畜牧业的草地	△
			未列入各景点或单位的水域	△
壬 水域	壬1 江、河			△
	壬2 湖泊、水库		包括坑塘	△
	壬3 海域		海湾	△
	壬4 滩涂、湿地		包括沼泽、水中苇地	△
	壬5 其他水域用地		冰川及永久积雪地、沟渠等	△
			非风景区需求,但滞留在风景区内的用地	×
癸 滞留 用地	癸1 滞留工厂仓储 用地			×
	癸2 滞留事业单位 用地			×
	癸3 滞留交通工程 用地			×
	癸4 未利用地		因各种原因尚未使用的土地	○
	癸5 其他滞留用地			×

注:▲表示应该设置;△表示可以设置;○表示可保留,不宜新置;×表示禁止设置。
风景点建设用地中不得包括营利性餐馆、住宿功能的建筑用地。

规划时可依据工作性质、内容、深度的不同要求,采用其大类和中类分类的全部或部分类别,但不得增设新的大中类别。相比于《风景名胜区规划规范》,《风景名胜区总体规划标准》取消了工副业生产用地这一中类,区分了城市、镇、村庄各级居民点建设用地,体现了风景区用地主体为非建设用地的性质和第二产业与风景区关系的定位。

11.1.2 风景区土地利用规划

风景区土地利用规划应是以生态环境保护和风景资源保护优先为原则,合理利用风景资源,统筹保护与观赏、休憩娱乐、各种服务及工程设施等各种用地需求,明确风景区的土地在未来发展的利用模式。良好的风景区土地利用规划是在对风景区土地的组成、结构等综合分析和评价的基础上,以风景资源为核心,对各类土地的位置、规模、时空布局、形状的有序协调,对各类土地利用行为的合理管控。旨在协调人与地、资源保护与开发建设的关系,构建风景区用地的合理组织方式及布局,从而保证风景区内各种用地需求的合理配置和良性循环。

规划原则

由于我国的基本国情是人均土地和人均风景区面积少,因此,必须充分合理利用风景区土地,综合协调、有效控制各类土地利用方式,突出体现风景区土地的特有价值和特有功能。

风景区土地利用规划应遵循以下基本原则:

1)突出风景区土地利用的重点和特点,扩大风景用地。

2)保护风景游赏用地、林地、水源地、湿地和基本农田。

3)因地制宜地合理调整土地利用,发展符合风景区特征的土地利用方式与结构。

规划内容

风景区土地利用规划的主要工作内容包括三个方面:

土地资源分析评估,包括从风景资源保护和利用的角度对土地资源的特点、数量、质量与潜力进行综合评估或专项评估。为评估土地利用潜力、平衡用地矛盾及土地开发提供依据。风景区规划不允许发挥与保护景源需要冲突的其他土地开发潜力,评估工作也主要集中在保护和利用存在矛盾的区块。

土地利用现状分析,是从风景区各类土地的不同利用方式及其结构所作的分析,包括风景、社会、经济三方面效益的分析,以表明土地利用现状特征,尤其是风景用地与生产生活用地之间的关系,总结土地利用变化规律,以及保护、利用和管理存在的现状问题。

土地利用规划是在上述分析基础上,研究土地利用策略,根据规划的目标与任务,对各种用地进行需求预测和反复协调平衡,拟定各类用地指标,编制规划方案和规划图纸。明确各类土地利用规划分区及其用地范围。

其成果体现为土地利用现状分析图及其汇总表、土地利用规划图及规范用地平衡表。规划用地平衡表应表明土地利用方式和结构的前后变化,可同时混合采用大类和中类统计,如需要详细管控的旅游服务设施用地采用中类,草地等采用大类,以区别不同区块的规划需求(表11-2)。

表11-2　风景区规划用地平衡表

序号	用地代号	用地名称	面积/km²		占总用地/%		人均面积/(m²·人⁻¹)		备注
			现状	规划	现状	规划	现状	规划	
	合计	风景区规划用地							
1	甲	风景游赏用地							
2	乙	旅游服务设施用地							
3	丙	居民社会用地							
4	丁	交通与工程用地							
5	戊	林地							
6	己	园地							
7	庚	耕地							
8	辛	草地							
9	壬	水域							
10	癸	滞留用地							
备注	_____年,现状总人口_____万人。其中:(1)游人_____;(2)职工_____;(3)居民_____。 _____年,现状总人口_____万人。其中:(1)游人_____;(2)职工_____;(3)居民_____。 _____年,现状林地面积_____km²;_____年,规划林地面积_____km²,其中风景游赏用地中的林地_____km²。								

土地利用规划应扩展甲类用地,保护戊类、庚类、辛类、壬类用地,控制乙类、丁类、己类用地,缩减癸类用地;应严格控制丙类用地。相对集中的乙类用地,应明确建设用地规模,并结合容积率、建筑高度、建筑体量、建筑色彩、建筑风貌等控制性指标或要求来进一步管控后续的规划和建设行为。对丙类中的城乡居民点建设用地应从为风景区旅游服务出发考虑乡村发展,与风景区互相促进,不搞工业、污染企业、大规模外来建设等。

表中数据不应只有规划结果,而是应将现状与规划的数字并列,反映规划前后土地利用方式的变化情况,体现规划的管控和引导取向。

11.1.3　协调与衔接要求

风景区是国土空间的一部分,其土地利用规划体现了风景区的特点和功能需求,但也需要与国土空间规划衔接,以符合更大范围的土地利用和管控需要。

规划应落实《中华人民共和国土地管理法》等相关规定,与县级以上国土空间规划做好衔接,严格保护耕地,禁止占用永久基本农田。适当增加风景游赏用地。

规划用地分类应明确与《国土空间调查、规划、用途管制用地用海分类指南(试行)》的相关用地分类的对应关系。规划获批后,应将规划范围、核心景区范围等矢量数据纳入国土空间基础信息平台,叠加到国土空间规划"一张图"上。风景区规划安排的建设用地布局规模应与在编的县级以上国土空间规划充分衔接(表11-3)。

表11-3 风景区用地分类与城乡用地分类、用地用海分类的对应关系参考表

风景区用地分类		用地用海分类	备注
大类	中类	一级类	
甲 风景游赏用地	风景保护用地 风景恢复用地 野外游憩用地 其他观光用地 风景点用地	特殊用地、绿地与开敞空间用地,以及林地、园地、耕地、草地、湿地、特殊用地、陆地水域、游憩用海等	风景游赏用地不改变用地用海分类确定的用地性质
乙 旅游服务设施用地	旅游点建设用地 游娱文体用地 休养保健用地 解说设施用地 其他旅游服务设施用地	商业服务业用地、公共管理与公共服务用地、特殊用地、绿地与开敞空间用地	
丙 居民社会用地	管理设施用地 科研设施用地	特殊用地、公共管理与公共服务用地	风景区居民点详规可参考城市、镇村庄建设用地分类
	城市建设用地 镇建设用地 村庄建设用地	居住用地、商业服务业用地、公共管理与公共服务用地、仓储用地、绿地与开敞空间用地	
	特殊用地 其他居民社会用地	特殊用地	
丁 交通与工程用地	对外道路与交通设施用地 游览道路与交通设施用地	交通运输用地、农业设施建设用地、交通运输用海	
	供应工程设施用地 环境工程设施用地 其他工程用地	公用设施用地	

续表

风景区用地分类		用地用海分类	备注
大类	中类	一级类	
戊 林地	有林地、灌木林地、其他林地	林地	
己 园地	果园、茶园、其他园地	园地	
庚 耕地	水田、水浇地、旱地	耕地	
辛 草地	天然牧草地、人工牧草地、其他草地	草地	
壬 水域	江、河	陆地水域	
	湖泊、水库		
	海域	游憩用海	
	滩涂、湿地	湿地	
	其他水域用地	陆地水域	
癸 滞留用地	滞留工厂仓储用地	工矿用地、仓储用地、交通运输用地、特殊用地、公共管理与公共服务用地	
	滞留事业单位用地		
	滞留交通工程用地		
	其他滞留用地		
	未利用地	其他土地	

注：表中土地规划用途分类以《风景名胜区总体规划标准》(GB/T 0298—2018)和《国土空间调查、规划、用途管制用地用海分类指南(试行)》为依据。

11.1.4　与相关区划的衔接

与"三区三线"的衔接

风景区规划应与经批准的"三区三线"划定成果做好衔接。应说明和论证风景区边界范围与国务院已批复的生态保护红线划定方案的交叉重叠情况,明确风景区划入生态保护红线的部分,须符合生态保护红线管控要求,并附风景区范围与生态保护红线和其他自然保护地的空间关系图。

明确风景区与耕地保护红线、城镇开发边界的衔接关系,包括风景区内新增建设用地规模、开发强度、建筑风貌、生态环境保护等与在编的国土空间规划的协调关系。建设项目不得占用耕地、禁止占用永久基本农田。

与其他自然保护地规划衔接

明确风景区与其他自然保护地的整合优化方式，按照"一个保护地、一套机构、一块牌子"要求，依据自然保护地整合优化方案进行整合，解决自然保护地的交叉重叠等问题，明确和相关自然保护地规划的关系。

江郎山风景名胜区总体规划（2021—2035年）

与国土空间规划的协调：

用地分类对照表

风景名胜区规划用地分类	"三调"用地分类		国土空间规划用地用海分类
园地	园地	茶园	园地
		果园	
		其他园地	
林地	林地	灌木林地	林地
		乔木林地	
		竹林地	
		其他林地	
耕地	耕地	水田	耕地
		旱地	
草地	草地	其他草地	草地
旅游服务设施用地	商业服务业用地	商业服务业设施用地	商业服务业用地
滞留用地	工矿用地	工业用地	工矿用地
居民社会用地	住宅用地	城镇住宅用地	居住用地
		农村宅基地	
居民社会用地	公共管理与公共服务用地	机关团体新闻出版用地	公共管理与公共服务用地
		科教文卫用地	
交通与工程用地		公用设施用地	公用设施用地
居民社会用地	特殊用地	特殊用地	特殊用地
		公路用地	交通运输用地
交通与工程用地	交通运输用地	城镇村道路用地	
		交通服务场站用地	
		农村道路	农业设施建设用地

续表

风景名胜区规划 用地分类	"三调"用地分类		国土空间规划用地 用海分类
水域	水域及水利设施 用地	河流水面	陆地水域
		水库水面	
		坑塘水面	
		沟渠	
交通与工程用地		水工建筑用地	公用设施用地
居民社会用地		养殖坑塘	农业设施建设用地
		设施农用地	农业设施建设用地
滞留用地	其他土地	裸土地	其他土地
		裸岩石砾地	
风景游赏用地	根据风景点用地、风景保护用地、风景恢复用地、野外游憩用地及其他观光用地对应的用地类型划定,不具体对应"三调"用地分类或国土空间规划用地用海分类中的某一类用地		

四川天台山风景名胜区总体规划(2021—2035年)

国土空间规划协调的内容如下:

根据2021年6月报国务院生态保护红线划定方案,风景区内涉及邛崃市生态红线面积11.24 km²,主要位于正天台以上的森林地带和花石海、观音院遗址区域,均位于风景区的一级保护区(核心景区)、二级保护区内,且主要位于风景区的一级保护区(核心景区)内;对比2018年版生态保护红线,风景区北侧(大熊猫栖息地外围生境)的一级保护区基本包含北侧的生态保护红线,中部的二级保护区基本包含中部的生态保护红线。经风景区管理机构核实,风景区内无矿业权分布。

落实《中华人民共和国土地管理法》等相关规定,做好与当地国土空间规划等的实施协调,严格保护耕地,禁止占用永久基本农田。适当增加风景游赏用地。风景区总体规划批复后按要求纳入国土空间基础信息平台,叠加到国土空间规划"一张图"上。

风景区范围内涉及天台山镇三角社区等城镇规划区、村庄居民点的相关建设,可依据天台山镇国土空间总体规划、村规划确定的各项内容和程序执行,但应与风景名胜区总体规划相协调。

风景名胜区用地平衡表

序号	用地代号	用地名称	对应的国土空间调查、规划、用途管制用地分类	现状		规划	
				面积/km²	占总用地/%	面积/km²	占总用地/%
	合计	风景区规划用地	—	193.0	100	193.00	100
1	甲	风景游赏用地	02园地、03林地、06农业设施建设用地、15特殊用地	17.93	9.3	36.63	19.0
2	乙	旅游服务设施用地	09商业服务业用地	0.28	0.1	0.98	0.5
3	丙	居民社会用地	06农业设施建设用地、07居住用地、08公共管理与公共服务用地、09商业服务业用地	3.07	1.6	3.27	1.7
4	丁	交通与工程用地	12交通运输用地、13公用设施用地	3.56	1.8	4.32	2.2
5	戊	林地	03林地	135.9	70.4	115.54	59.9
6	己	园地	02园地	9.54	4.9	9.54	4.9
7	庚	耕地	01耕地	20.35	10.5	20.35	10.5
8	壬	水域	17陆地水域、05湿地	2.37	1.2	2.37	1.2

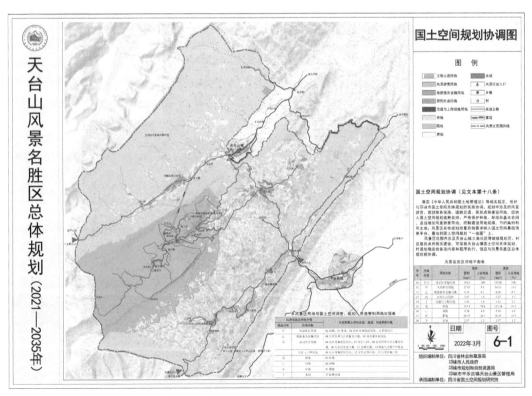

四川天台山风景名胜区国土空间协调图

梅岭—滕王阁风景名胜区总体规划（2022—2035年）

土地利用调控规划的内容如下：

1. 基本原则

（1）突出风景区土地利用的重点与特点，扩大风景用地。

（2）保护风景游赏地、林地、水源地和基本农田。

（3）因地制宜的合理调整土地利用，发展符合风景区特征的土地利用方式与结构。

2. 调控措施

规划依据《风景名胜区总体规划标准》用地分类要求，结合风景区土地利用实际情况，合理调整用地，形成符合风景区特征的土地利用方式与结构，促进风景资源的保护和旅游事业发展。风景区规划用地类型可分为风景游赏用地、旅游服务设施用地、居民社会用地、交通与工程用地、林地、园地、耕地和水域共八类。

（1）风景游赏用地：向游客开放且游览欣赏对象集中区的用地，包括风景点建设、风景保护用地、野外游憩用地和其他观光用地。规划因地制宜，通过对现状居民社会用地的改造，以及现状有景观价值用地、人文景观周边保护用地、景点间游览走廊的林地、草地、园地等纳入风景游赏用地。规划新增风景游赏用地主要为新挖掘的景点，为278.97 hm²。

（2）旅游服务设施用地：直接为游客服务而又独立于景点之外的旅游接待、游览服务等服务设施建设用地，包括旅游点建设用地、游娱文体用地、休养保健用地和解说设施用地。规划在保护风景资源的前提下，合理利用风景区旅游接待中心、旅游村、服务部等旅游接待基地区域的部分荒草地、残次林地等用地，适当增加旅游服务设施用地，布局上结合了国土空间规划和由住建部已批复的风景区详细规划。

风景区现状旅宿接待设施多为村民利用自建房开展的民宿、农家乐，反应在土地利用现状中呈现用地少、数量多的局面。风景区中高端旅宿、商业、文娱等发展迟缓，但随着社会经济水平的发展，风景区已逐渐引入如已在建的桃花源、悦隆庄等中高端接待设施，规划将加强风景区中高端旅游接待设施的配置，提升风景区接待品质。

规划按照《风景名胜区总体规划标准》中级旅馆床位用地指标100~200 m²/床平均数150 m²/床布局11 700床位，为175 hm²，考虑康养、商业、餐饮、文娱休闲等业态与旅宿业态建设规模1∶1左右配置，得出风景区所需旅游服务设施用地约350 hm²，规划实际布局287.5 hm²，相对现状58.33及在建项目（11 hm²）新增218 hm²左右。

（3）居民社会用地：风景区内的镇村居民点用地，包括镇建设用地、村建设用地。规划对现状居民点进行整合迁并，依据《镇规划标准》中人均100 m²左右建设用地测算，合理安排居民社会用地，减少土地资源的浪费。现状居民社会用地包含居住用地和乡村道路用地，规划居民社会用地以实际居住用地为主，包含少量村镇内部道路。规划对绝大部分乡村道路用地进行了改造提升，作为风景区游览道路，居民社会用地的减少主要体现在对乡村道路用地的利用。规划相对现状居民社会用地减少了108.99 hm²，相对现状居住用地增加了36.46 hm²。

（4）交通与工程用地：风景区自身需求的对外交通、内部交通通信与独立的基础工程用地，包括游览道路与交通设施用地、环境工程设施用地。规划分期加大交通与工程用地的选线、选点措施，严格保护风景资源，确保游览线路的畅通，方便游人和当地居民的出行。规划相对现状新增了59.8 hm²，主要为新规划的次干路、停车场、基础工程设施等。

（5）林地：主要指生长乔木、竹类、灌木等林木的土地。严格保护和大力培育风景区林地，选择有游赏价值的林地纳入游赏用地，部分用地根据实际情况进行林相改造。规划林地的减少主要为将景点周边林地转化为风景游赏用地，退林还耕、村镇周边残次林的利用、道路交通工程的发展等综合因素，相对现状减少了643.92 hm²。

（6）园地：主要指种植果树、油茶等经济作物的果园。规划对旅游服务基地、景点等周边部分低产园地进行了合理利用，相对现状减少了62.78 hm²。

（7）耕地：主要指永久基本农田。严格保护耕地，发展生态农业，提高农业生产效益。第三次国土调查耕地仅为现状已利用的水田、旱地，规划耕地是根据自然资源部门提供的永久基本农田分布矢量图进行布局，其包含有部分现状闲置的耕地，因此相对现状耕地数据增加247.75 hm²。

（8）水域：主要指河湖水系。在合理利用并有效保护水域资源前提下，使之成为供游人游赏的观光地。

规划将《风景名胜区总体规划标准》中规定的风景区土地利用分类与《国土空间调查、规划、用途管制用地用海分类指南》中规定的土地利用分类进行对应，便于规划管理。

风景区用地分类与国土空间调查、规划、用途管制用地用海分类对应关系一览表

风景区用地分类		国土空间规划用地用海分类	
用地代号	用地名称	代码	名称
甲	风景游赏用地	0201	果园
		0202	茶园
		0204	其他园地
		0301	乔木林地
		0302	竹林地
		0303	灌木林地
		0304	其他林地
		0403	其他草地
		1503	宗教用地
		1504	文物古迹用地

风景区用地分类		国土空间规划用地用海分类	
用地代号	用地名称	代码	名称
甲	风景游赏用地	1702	湖泊水面
		1703	水库水面
		1704	坑塘水面
		1705	沟渠
		2307	裸岩石砾地
乙	旅游服务设施用地	0801	机关团体用地
		0803	文化用地
		0805	体育用地
		0901	商业用地
		0902	商务金融用地
		0903	娱乐康体用地
		0904	其他商业服务业用地
丙	居民社会用地	0601	乡村道路用地
		0701	城镇住宅用地
		0703	农村宅基地
		0801	机关团体用地
		0802	科研用地
		0803	文化用地
		0804	教育用地
		0805	体育用地
		0806	医疗卫生用地
		0901	商业用地
		0902	商务金融用地
		0903	娱乐康体用地
		0904	其他商业服务业用地
丁	交通与工程用地	1001	工业用地
		1002	采矿用地
		1101	物流仓储用地
		1202	公路用地
		1208	交通场站用地
		1209	其他交通设施用地
		1312	水工设施用地

续表

风景区用地分类		国土空间规划用地用海分类	
用地代号	用地名称	代码	名称
丁	交通与工程用地	1403	广场用地
戊	林地	0301	乔木林地
		0302	竹林地
		0303	灌木林地
		0304	其他林地
己	园地	0201	果园
		0202	茶园
		0204	其他园地
庚	耕地	0101	水田
		0103	旱地
壬	水域	1702	湖泊水面
		1703	水库水面
		1704	坑塘水面
		1705	沟渠

3. 土地利用调控

结合风景区的实地情况,在总体布局的指导下,对风景区用地进行区划调控。

风景名胜区土地利用调控表

用地代码	用地类型	现状		规划	
		面积/hm²	百分比/%	面积/hm²	百分比/%
甲	风景游赏用地	2 422.13	16.93	2 701.1	18.87
乙	旅游服务设施用地	58.33	0.41	287.5	2.01
丙	居民社会用地	407.99	2.85	299	2.09
丁	交通与工程用地	158.95	1.11	218.75	1.53
戊	林地	10 201.12	71.28	9 557.2	66.78
巳	园地	117.16	0.82	54.38	0.38
庚	耕地	661.39	4.62	909.14	6.35
壬	水域	283.72	1.98	283.72	1.98
	合计	14 310.79	100	14 310.79	100

注:上表不含滕王阁片区。规划用地位置及界线可根据详细的地形地貌情况、地质条件、资源保护等要求,结合实际情况,通过相关调整论证,进行动态管理。

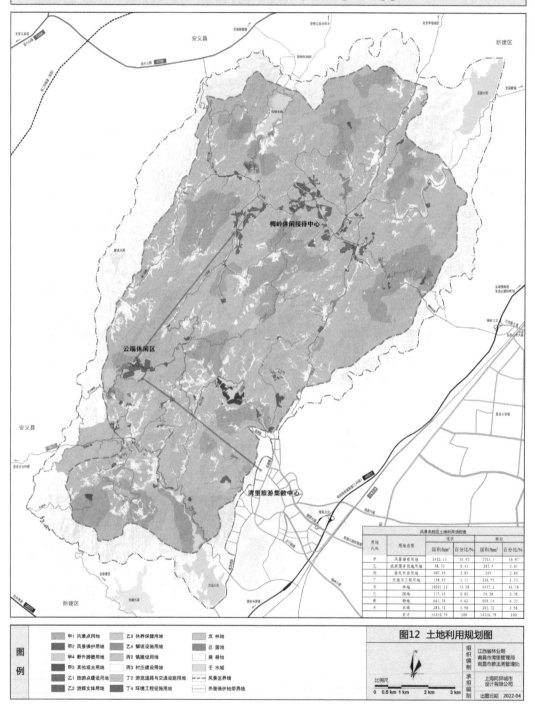

梅岭—滕王阁风景名胜区国土空间协调图

11.2　其他协调要求

风景区规划涉及要素众多，需要落实各项法律法规的要求，做好与各有关部门以及各专项规划的衔接。包括：与宗教部门做好衔接，明确申请登记和未申请登记的宗教活动场所及有关要求；与水利部门做好对接，核实风景区的防洪标准，与相关规划做好协调；对涉及重要人文资源的风景区，应与文物部门做好对接，梳理风景区内各级文物保护单位的保护范围和保护要求，建立不可移动文物名录。此外，规划对于风景区涉及的水资源保护、水土保持、矿业权、生态林保护、旅游管理等方面协调也应提出相关措施。常见内容如下：

水资源保护与利用

与环境保护部门和水利水务部门等相关部门做好衔接，明确涉及饮用水源地、水资源利用、水域岸线管理、山洪地质灾害防御等方面的相关措施，做好与相关流域规划、防洪规划、水资源综合规划、岸线保护利用规划的衔接，明确水域占用情况，并做好占补平衡措施要求。说明风景区内水利基础设施的分区管控要求，各项设施的防洪标准及其依据。

生态环境保护

做好与各项生态环境保护相关规划的衔接，明确总体规划环境影响的相关措施和要求，以及生态环境保护与恢复措施。

水土保持

做好区域水土保持规划的协调，加强水土流失防治的相关措施，明确水土保持的相关要求。

林地保护

明确各项用地布局与各级生态公益林地等保护区划的关系，协调相关保护和利用措施。

文物保护

与各级文物保护单位、历史建筑等不可移动文物保护规划以及历史文化名城名镇名村保护规划的衔接，明确文物资源价值评估、保存现状，并依据保护文物本体及周边环境的真实性和完整性的原则，提出针对性的保护措施和管理规定。

矿业权

核实风景名胜区内已有矿业权的情况，包括涉及战略性矿产种类、数量、重叠面积等，提出明确处置意见，保障矿业权人合法权益。

旅游管理

与区域旅游发展和相关旅游规划做好衔接,规范旅游和经营活动,提升风景区的旅游服务水平。

此外根据风景区的特色,还有与海域海岛保护的协调。在城市建成区中的以及与城市接壤的风景区,则涉及城景协调等等问题,需要规划对于紫线、绿线、蓝线、黄线、红线等"五线"的协调和风貌控制等方面给予研究,做出相应规定和说明。

云台山风景名胜区总体规划(2011—2030年)

1. 生态环境保护

落实《中华人民共和国环境保护法》等相关规定,做好与生态环境保护相关规划的实施协调,加强生态环境保护,落实规划环评的相关措施和要求。

2. 水资源保护

落实《中华人民共和国水资源保护法》等相关规定,做好与《江苏省地表水环境功能区划》的实施协调,加强水资源保护,严格水域岸线管理,做好山洪地质灾害防御。

3. 林地保护和特定区域协调

落实《中华人民共和国森林法》《中华人民共和国自然保护区条例》等有关规定,严格保护林地和林木资源,做好与云台山省级自然保护区总体规划、云台山省级森林公园总体规划的实施协调。

4. 文物保护

落实《中华人民共和国文物保护法》等相关规定,做好与文物保护专项规划的实施协调,落实文物保护范围和建设控制地带的管理要求。涉及文物古迹修复、复建和新建的项目,严格履行相关审批程序。

5. 宗教活动管理

落实《宗教事务条例》等相关规定,明确风景区内依法登记的宗教活动场所,维护宗教活动场所周边环境和景观风貌。

6. 旅游管理

落实《中华人民共和国旅游法》等相关规定,规范旅游和旅游经营活动,提升旅游服务水平。

7. 城景协调规划

落实《中华人民共和国城乡规划法》等相关规定,加强风景区规划与城市规划在实施环节的协调与管理,做好风景区范围界线和城市"四线"的协调控制,优化风景名胜区周边区域的功能定位和用地布局,通过严格保护景观节点(入口型节点、对景型节点、连接型节点)、构筑特色景观视廊、控制自然山海景观面、保护周边低山地区、协调城景结合地带、突出生态斑块综合作用等措施和手段，杜绝侵占风景区土地行为，整治现有违章和影响景观的建筑，实现对外围保护地带景观风貌的有效控制，缓解城景矛盾，推进城景协调发展。

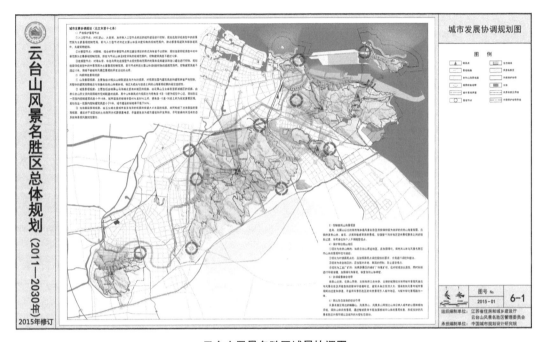

云台山风景名胜区城景协调图

猛洞河风景名胜区总体规划（2021—2035）年

其他相关规划和管理规定协调：

1. 国土空间规划协调

猛洞河风景名胜区与现行城镇开发边界划定成果有部分重叠，主要分布在风景名胜区二级保护区芙蓉镇古镇保护区。重叠面积共 2.70 km²，包括城镇集中建设区 1.43 km²，城镇弹性发展区 1.17 km²，特别用途区 0.10 km²。

风景名胜区有永久基本农田 12.67 km²。严格保护风景名胜区内的永久基本农田，严禁占用永久基本农田。永久基本农田内重点用于发展粮食生产，保障主粮种植面积。

2. 生态环境保护

落实《中华人民共和国环境保护法》等相关规定，做好与生态环境保护相关规划的实施协调，加强生态环境保护，按照《规划环境影响评价条例》和《中华人民共和国环境影响评价法》落实规划环评的相关措施和要求。

风景名胜区范围已划入生态红线共 122.66 km²。规划道路交通、旅游服务及基础设施建设项目禁止占用生态红线,除符合总体规划外,还必须严格执行水土保持方案审批制度,减少地貌植被破坏和可能造成的水土流失,有效保护生态环境和风景名胜资源。风景名胜区内已划入生态红线的部分按照《关于划定并严守生态保护红线的若干意见》《关于在国土空间规划中统筹划定落实三条控制线的指导意见》中的生态保护红线管理办法进行管控。

3. 水资源保护

落实《中华人民共和国水法》等相关规定,做好与《湖南省主要地表水系水环境功能区划》的实施协调,加强水资源保护,严格水域岸线管理,做好山洪地质灾害防御。

风景名胜区内河流、水库等保护对象的保护范围与保护措施应按照湖南省实施《中华人民共和国河道管理条例》办法,堤防、水库管理等有关规定执行。风景名胜区内涉水工程建设时,应取得水行政主管部门的同意。现有水利工程按原管理范围和管理要求执行。

4. 林地保护和特定区域协调

落实《中华人民共和国森林法》有关规定,严格保护林地和林木资源。做好与湖南省相关林业规划的实施协调。风景名胜区旅游活动涉及林地和林木资源的使用时,应按照相关规定和程序办理林地征占用手续,支付权益人一定补偿。风景区范围内有公益林146.87 km^2,其中重点公益林109.11 km^2,一般公益林地37.76 km^2。

5. 文物保护

落实《中华人民共和国文物保护法》等相关规定,落实对老司城遗址、溪州铜柱等文保单位保护要求。落实文物核心保护范围和建设控制地带的管理要求。涉及文物古迹修复、复建和新建的项目,严格履行相关审批程序。

落实《传统村落保护发展规划编制基本要求(试行)》的相关规定,编制风景名胜区内传统村落保护发展规划并严格执行。

6. 宗教活动管理

落实《宗教事务条例》等相关规定,对风景区内的宗教活动场所及其相关宗教活动依法进行管理,保护宗教活动场所周边环境和景观风貌。

7. 旅游管理

落实《中华人民共和国旅游法》等相关规定,规范旅游和旅游经营活动,提升旅游服务水平。做好与永顺县旅游规划等相关规划的实施协调,推广猛洞河、芙蓉镇游览宣传,丰富旅游活动。

8. 自然保护地保护

风景名胜区与自然保护地重叠的区域除按照风景名胜区保护分级进行管控外,还应遵循相关法律法规的管控要求。

9. 历史文化名镇名村保护

落实《历史文化名城名镇名村保护条例》的相关规定，协调实施《湖南省永顺县老司城遗址保护规划（2009—2025年）》《永顺县芙蓉镇保护规划》等保护规划，编制风景名胜区内历史文化名镇、名村保护规划并严格执行，落实核心保护范围和建设控制地带的管理要求。

11.3　规划环境影响评价

风景区总体规划相关措施实施之后，必然对环境产生影响。《风景名胜区总体规划标准》要求对规划造成的环境影响作相关分析、预测和评估。通过风景区总体规划对生态与景观环境影响的评估和对不良环境影响采取相应的政策、管理措施和技术方法的说明，有助于规划者对规划的回顾和检验。

内容包括：

1）分析和评估规划实施对水环境、生态环境、基础设施、社会发展等方面可能造成的影响，主要包括资源环境承载能力分析、不良环境影响的分析和预测以及与相关规划的环境协调性分析等。

2）提出预防或减轻因规划实施带来的不良环境影响的对策和措施。

3）明确风景区总体规划对环境影响的总体结论。

在《国家级风景名胜区总体规划编制大纲指南（试行）》和现行管理中，规划环境影响评价应对重大项目和重点建设区域，依据《中华人民共和国环境影响评价法》，按照具体情况从规划的实施阶段和运营阶段进行预测论证、评估并明确相关措施，并形成独立的篇章。

胶东半岛海滨风景名胜区总体规划（2015—2030年）

1. 环境影响预测

（1）对水环境的影响

规划实施后，将完善风景名胜区内游览服务设施及村镇污水排除与处理系统建设，提高污水处理率，并对风景名胜区内重点水域及海域环境进行综合整治，保证重点区域的水质按保护分区达标。

（2）对城市基础设施的影响

规划对风景名胜区未来的游客容量进行了预测，发展风景旅游需要解决游客的吃、住、游、行、购等需求，给城镇基础设施建设提出了新的要求。但游客产生的需求相对于城镇的生产、生活产生的需求只占很小的比重，故规划实施后不会对城市基础设施造成不利影响。

（3）对生态环境的影响

规划的实施，将进一步减少污水的未达标排放，有利于风景名胜区生态环境的保护。违章建筑的拆除和村镇居民点的控制，也有利于风景名胜区生态环境的恢复。景区内少量新增道路、游览服务设施的建设会不可避免地造成局部植被的破坏，影响生态环境。

（4）对社会经济发展的影响

规划实施后，将大大缓解风景名胜区保护与地方经济建设之间的矛盾，有利于风景名胜区的有效保护，保持生态环境处于良好的状况，有利于生态环境的逐步提高。

2. 预防或者减轻不良环境影响的对策和措施

风景名胜区内少量新建游览道路和服务设施，会不可避免地造成局部植被的破坏，生态环境会受到一定程度的影响，为了预防或者减轻对生态环境造成的影响应采取以下措施：

（1）建立生态环境保护监管体系；加大执法力度，依法保护生态环境；加大科研支持能力，建立生态环境监测体系；加强生态环境保护的科学研究和新技术的推广应用，保障生态环境保护的科技支持能力。

（2）规划要求施工时尽量减少植被破坏，施工结束后对开挖区和弃碴区应覆土绿化，恢复植被。

3. 综合评价结论

风景名胜区总体规划是一个有利于生态环境保护，风景资源保护和合理利用的规划，其有利影响是主要的，不利影响是暂时的、次要的、局部的，且可采取一定措施加以减轻或改善的。从环境角度考虑，规划严格落实《规划环境影响评价条例》有关要求，是可行的。

米仓山大峡谷风景名胜区总体规划（2021—2035年）

规划环境影响评价的内容如下：

依据《规划环境影响评价条例》第十条"编制综合性规划，应当根据规划实施后可能对环境造成的影响，编写环境影响篇章或者说明"以及《规划环境影响评价技术导则总纲》（HJ 130—2019）的要求，对规划实施可能造成的环境影响进行预测、分析和评价。

风景区在后续控制性详规编制中应开展规划环评，并落实规划环评中各项环保措施和要求；建设项目应按《中华人民共和国环境影响评价法》《建设项目环境影响评价分类管理名录（2021年版）》要求编写建设项目环境影响评价文件并报有审批权的生态环境主管部门审批或备案。

1. 环境影响评价指标

根据风景区规划实施与环境要素之间的因果关系，建立环境影响评价指标体系，对风景区总规环境影响进行预测及评价。

环境影响评价指标体系

环境要素	环境目标	评价指标
水环境	保持水环境自然程度,维护与改善地表水水质及水体环境。风景区一级保护区水质达到GB 3838—2002规定的Ⅰ类标准,二级保护区水质达到Ⅱ类标准,三级保护区水质优于Ⅲ类标准	地表水水质达标率、污水处理后排放水质达标率
声环境	保持自然声环境,控制人为噪声污染源。风景区一级保护区应达到GB 3096—2008规定的0类声环境功能区标准要求,二、三级保护区达到1类声环境功能区标准要求	车流量变化、游客规模
大气环境	保持自然大气环境,改善能源结构,控制空气污染。风景区一、二级保护区空气质量达到GB 3095—2012规定的环境空气功能区一级标准,三级保护区优于二级标准	机动车尾气排放、清洁能源利用率、垃圾焚烧控制
固体废物	减少固体废弃物,保持水土,改善土壤环境	生活垃圾无害化处理、生活垃圾收集率
生态系统和生物多样性	保护风景区特有的生态系统	绿化覆盖率,动植物种类、数量及比例,保护措施
景点景物	保护景点景物自身资源价值及周边景观环境	人工设施可见程度、人工设施与景观相容性、景观视觉廊道通畅程度、游人控制
社会经济	促进区域社会经济的发展,协调周边社区受益	旅游服务设施及基础设施完善程度、旅游服务设施数量及分布合理性

2. 环境影响预测与分析

(1) 对水体环境的影响

规划实施对风景区水体环境的影响主要源于设施建设产生的废水、居民生活污水及旅游服务基地排放的污水。污水处理、给排水、河道整治等工程的实施将会给水体环境带来正、负两方面的影响。

① 正面影响:目前风景区内产生的污水主要以自然排放为主,给周围的水体环境造成了一定的影响,规划环境保护相关项目的实施,要求风景区污水处理率达到100%,且污水须经处理达到《城镇污水处理厂污染物排放标准》(GB 18918—2002)一级 A 标后综合利用,水体环境能得到有效保护。

② 负面影响:规划项目在施工过程中如果营地布置不当,产生的施工人员生活污水

和生产污水,可能污染风景区水环境。

（2）对声环境的影响

规划实施对风景区声环境的影响以负面影响为主。

其中建设期的噪声主要来自施工过程中使用施工机械和运输工具产生的噪声;运营期的噪声主要来自交通噪声,影响程度与距离远近、汽车类型、汽车行驶状态及交通量等因素有关。由于G5京昆高速扩容线、S302、S303均从风景区内穿过,故除了旅游车辆外,还有大量社会车辆经过,交通噪声对风景区的影响较大。

（3）对大气环境的影响

规划实施对风景区大气环境的影响以负面影响为主。主要表现为施工期工程爆破、平整土地、材料运输、装卸等环节的扬尘和废气对大气环境的影响;运营期旅游接待设施产生的餐饮油烟及交通车辆排放尾气对环境空气的影响。

（4）对土壤的影响

风景区规划的绿化、风景林培育、垃圾处理、旅游服务设施、停车场、旅游公路及游步道等工程项目的实施对土壤环境的影响体现在正、负两个方面。

① 正面影响:绿化和风景林培育等能增加风景区的绿化覆盖率、提升森林质量和生态功能;垃圾处理将有效降低固体废弃物对风景区土壤的污染。

② 负面影响:基础设施建设扰动原地貌,破坏、占用土地及植被,可能导致土壤侵蚀加剧,造成水土流失;工程弃土、弃石、弃碴若处置不合理,可能增加水土流失;工程开挖可能影响地质地貌稳定性。

（5）对生态系统和生物多样性的影响

规划实施对风景区生态系统和生物多样性的影响体现在正、负两个方面。

① 正面影响:绿化和风景林培育、环卫设施等工程建设将降低原有的一些威胁因素,对动植物及其栖息地产生正面影响。

② 负面影响:旅游公路及游步道等交通工程项目建设会使沿线地区的生态环境发生变化,使动物的活动区域缩小,领地被重新划分,一些有特殊要求的生物和种群向偏僻地方或其他地区迁移,导致种群变小和种群间的交流减少;公路建设和营运对局部地区生态环境的影响往往是永久性的,路基、路面、挖填方区域、工程施工区以及永久性建筑等,可能在不同路段、不同程度地破坏森林、草地等生态系统,伤害该地段植物物种。若道路布局不合理,也可能对风景区产生不利影响。

（6）对景点景物的影响

① 正面影响:绿化、风景林培育、环卫设施等规划的实施对改善景点景物周围环境以及景点景物保护都有着积极的作用。

② 负面影响:旅游服务设施和基础设施建设可能会对敏感脆弱的资源以及生态环

境产生一定的不利影响。

（7）对社会经济的影响

规划实施对区域社会经济的影响以正面的为主。目前，风景区内居民生活环境较差，基础设施不够完善，居民经济来源以传统耕种和养殖为主，收入不高。风景区规划实施将完善基础设施，改善居民生活环境，增加居民收入来源，从而对社会经济产生正面积极的作用。

3. 环境保护措施

（1）土壤环境保护

严格按照项目施工方案开挖，把表层土堆放在一起；用于绿化的土壤，施工取土时采取平行作业，边开挖、边平整、边绿化。

尽量减少挖填方和临时弃土弃渣，最大限度避免工程施工破坏土壤环境；施工完成后及时选用乡土植物对临时占地进行植被恢复；及时清除建筑垃圾，严禁就地覆压植被；及时采用工程措施＋生物措施处理人工开挖断面，减少水土流失。

（2）水体环境保护

整治清理风景区内污染源，特别是居民聚居地，严格控制排污量。在敏感地段建立水质安全预警系统，定期发布水质监测信息；现有排污口应按规划接入就近的污水管网，经污水处理设施处理达标后排放，以保证受纳水体水质稳定达到规定要求。

施工期风景区内不得设置取料场、弃渣场等。修建沉淀池以减少施工废水排放或实现零排放；施工人员生活污水应建临时化粪池进行收集并集中妥善处理，严禁直接排入水体，污泥应及时清运至就近的污水处理厂统一进行处理。

项目运营期间的生产、生活污水主要产生于各旅游镇、旅游村、旅游点和独立公共厕所。旅游镇、旅游村、旅游点均须配置相应的污水处理设施，污水处理达到《城镇污水处理厂污染物排放标准》（GB 189182002）一级A标排放；独立公厕则采用生态厕所，确保不污染环境。

（3）大气环境保护

施工期运输和临时存放建筑材料都应采取防风遮挡措施，以减少起尘量。定期养护、清扫施工便道，无雨日应经常洒水、保证路况良好；在地面风速大于四级时禁止灰土拌和施工作业，石灰等散体材料装卸必须采取降尘措施。施工单位必须使用符合国家有关标准的施工机械设备和运输工具以减少尾气排放。

（4）声环境保护

严格控制施工期噪声，一是必须选用符合国家有关标准的施工用具运输车辆噪声符合《机动车辆允许噪声》（GB 1495—79），其他施工机械符合《建筑施工场界环境噪声排放标准》（GB 12523—2011），从根本上降低噪声源。二是加强设备的维护和保养，保持机械润滑,降低运行噪声,对扰动较大的机械设备使用减震机座降低噪声。

运营期间要根据实际有针对性地采取降噪措施,有效减低噪声污染:加强游客教育,控制景区内娱乐设施和商业摊点等使用高噪声的设备设施,以降低区域社会噪声。

（5）固体废弃物处理

建立完善的垃圾收集—运输—中转—无害化处理系统,生活垃圾分类袋装,统一收集并分类处理,严禁随地堆放。

（6）景区景点施工保护

人文资源周边区域的设施建设应确保风格相互协调,不能孤立景点景物,同时考虑环境设计和整治。

针对自然资源,在各种设施施工中要配套相应的环境工程,减小施工对生态环境的破坏。

加强施工废水与施工污水的处理,防止污染水体。施工材料运输及施工过程中要防止对大气和土壤的污染。工程废弃物及生活垃圾要及时运出风景区。

（7）生态系统和生物多样性保护

以保护风景区良好的自然生态环境为前提,限制开发行为,保护景观资源,改善自然环境,维护生态多样性,保护珍稀保护野生动植物栖息地环境。明确施工承包者的保护责任,提高施工人员环保意识,预防森林火灾。具体采取以下保护措施:

① 公路通过林地时,应严格控制林木砍伐量,严禁砍伐公路用地范围之外的林木。公路用地范围内,应按设计要求完成公路绿化,填方边坡的绿化覆盖率宜达到70%以上。停车场选址尽量选择地形较为平坦的区域,减小建设开挖量,地面铺装采用嵌草砖等生态方式。

② 任何单位和个人不得违反风景区规划,严禁擅自占用风景区林地或改变林地性质。

③ 风景区管理机构应高度重视和落实风景区植被培育、护林防火和有害生物防治工作。严禁挖掘树根制作树桩盆景,禁止乱砍滥伐,严格按照《四川省古树名木保护条例》要求保护古树名木。

④ 在风景区内采集物种、标本、野生药材和其他林副产品,应当经风景区管理机构同意,按规定报有关部门批准,并在指定的地点范围内限量采集。严禁在风景区内捕猎野生动物,林区内禁止吸烟和燃放爆竹等行为。

⑤ 任何部门、单位和个人不得在风景区内进行或批准开山采石,挖沙取土及其他任何形式严重破坏地形、地貌和自然环境的活动。

4.环境影响评价结论

环境影响评价结论风景区总体规划坚持"科学规划、统一管理、严格保护、永续利用"的原则，规划的旅游服务设施、绿化工程、环卫设施、停车场建设工程、旅游公路及游览步道、河道整治工程、给排水设施、污水处理设施、垃圾处理工程、区域交通、游人控制等建设内容对水环境、声环境、大气环境、土壤环境、生态系统和生物多样性、景点景物、社会经济等环境要素所带来的有利影响比较明显，但在规划实施过程中也不可避免地会对环境带来一定的压力。应通过合理控制建设规模、采取有效的环境保护措施，同时从加强管理、公众宣传教育等方面进行强化约束，尽可能减缓和消除这些不利影响。

第十二章 >>>
近期规划实施（分期发展规划）

近期规划实施——分期发展规划

在规划总则确定的规划期限及近远分期的基础上，分期发展规划应进一步梳理风景区建设项目，从风景区自身发展特色和规律出发，明确分期发展目标和重点项目，包括基础设施、资源保护、风景游览、旅游设施、居民社会等各类建设的清单，形成一览表。

近期发展规划应明确近期实施重点，包括具体建设项目、规模、性质、布局、投资估算和实施措施等。重点项目应明确建设控制要求，以便衔接下一步的规划设计。近期规划项目与投资估算应包括风景游赏、旅游服务居民社会三个职能系统的内容以及实施保护、保育措施所需这四个方面的投资。

远期规划的目标应提出风景区总体规划所能达到的最终状态和目标，并应提出发展期内的发展重点、主要内容、发展水平、健全发展的步骤与措施。由于社会发展背景的预测复杂，投资规模实施涉及因素复杂，远期规划的投资匡算可以相对概要。同时，规划的分期发展目标和实施的具体年限之间应留有相应的弹性。

大盘山风景名胜区总体规划（2021—2035年）

近期规划实施的内容如下：

1. 近期实施重点

根据总体规划确定的原则和风景区的建设现状，近期的工作重点主要包括以下几个方面：

（1）实施一级保护区的生态恢复和居民点调控措施，对一级保护区中的生态环境进行恢复和抚育，为风景区可持续发展打好基础。

（2）建设和恢复有一定资源代表性和吸引力的景点和游赏项目，凸显大盘山风景区的风景资源特点。

（3）沿主要游赏线路建成关键性基础设施和基本的旅游服务设施，加强景区之间的交通联系，通过景区内部机动车道、慢行道、绿道的建设，架构交通体系以解决风景区内部交通不畅的现实问题。

近期建设项目投资估算

类别	序号	主要项目及规模	单价	投资/万元
保护培育	1	风景区标桩定界	—	400
	2	植被抚育，面积约5 km²	1 000万元/km²	5 000
	3	景区资源保护与监测	—	800
	4	风景区环境监控系统	—	1 200
	5	文保单位、历史名村、遗产挖掘保护与管理	30万元/处	500
	6	古树名木等保护管理	3万元/棵	189
小计				8 089
拆迁整治	1	工矿企业迁出与场地整理	—	1 500
	2	夹溪沿线水电站	—	5 000
	3	一级保护区内商业设施	—	5 000
小计				11 500
景点建设	1	古茶场、乌石村、孔氏家庙等二级以上人文景点挖掘与建设提升	80万元/处	1 520
	2	百杖潭、十八涡等二级以上自然景点建设与提升	100万元/处	1 000
	3	湖田村、小坑姆、葛依尖、榉溪村、百杖新村等10处村落风貌整治建设	100万元/村	1 000
	4	新增风景建筑、游赏点建设	—	5 000
小计				8 520
游览设施	1	皇城湖休闲度假村（2 000床）	100万元/床	20 000
	2	墨新线、台地服务点，榉溪、百杖潭服务中心	3 000万元/个	12 000

类别	序号	主要项目及规模	单价	投资/万元
游览设施	3	服务点(7处)、服务部建设	—	20 000
	4	静态交通(上下交通、停车位)	0.9万元/车位	2 700
游览设施	5	风景解说引导系统、标识解说牌	—	800
	6	风景区门户提升	—	2 000
小计				57 500
	1	车行道	500万元/km	7 500
	2	慢行道	400万元/km	13 400
	3	游步道	150万元/km	8 550
	4	水上游线	—	100
	5	绿道(结合慢行道)	10万元/km	335
	6	缆车、地轨小火车等其他设施	3万元/m	7 500
	7	给水排水	—	8 000
	8	电力电讯	—	5 000
	9	环境卫生	—	1 000
小计				51 385
居民社会调控	1	疏解4个行政村	—	4 000
小计				4 000
合计				140 994
未预见费用	1	按合计5%计算		7 049.7
总计				148 043.7

2. 规划实施建议

(1) 风景区管理机制

设置具有高度权威性的管理机构,形成高效率的风景区管理机制,充分协调风景区内部各行政区域之间、风景区与外部相邻行政区之间的矛盾与问题。理顺风景区的内外关系,消除风景区内部的行政区域分割,高度强化风景区的整体管理职能,在风景资源开发利用、生态环境保护、风景区对外宣传、旅游线路组织与游程安排、交通网络的组织、景区景点规划设计方面进行宏观控制与协调。

（2）风景区法规制定

制定风景区管理条例为核心的完善的法规规章体系,对风景区的发展研究、规划设计、项目建设、运营操作、管理监督、法律责任进行法制管理,做到有法可依。

（3）规划地位

规划编制完成,经审查批准后具备法律效力,具有法律的严肃性,是规划区域内保护、利用、建设和管理的技术性法律依据,任何单位、个人都不得擅自修改,所有的其它规划都要与之相协调。总体规划确需进行局部调整的,必须按相应程序进行操作。

（4）风景区规划深化与延续

开展以景区为单位的详细规划和相关专项规划的编制工作。进一步确定景区入口范围,对景区主要入口区、旅游服务设施集中区、旅游服务村镇等涉及建设活动的区域进行建设引导与控制;深化细化景区重要景观保护与游赏利用内容。

详细规划应以总体规划为依据,编制过程中,具体建设项目的功能、规模、选址和用地范围不得突破总体规划分级保护规定;旅游服务设施的组织安排,应满足总体规划游览设施、土地利用协调等专项规划的规定,二级保护区范围内服务设施应控制其规模和形态与风景区整体环境相协调,建筑层数以1~2层为宜,建筑檐口高度控制在9 m以内;三级保护区内严格控制建设范围、规模和建筑风貌,并与周边自然和文化景观风貌相协调,新增建筑以3层为宜,檐口高度控制在12 m以内。

（5）特殊建设项目审批

在风景区内进行下列重大项目建设,应获得国务院相关主管部门批准,浙江省相关主管部门核发"建设项目选址意见书""建设用地规划许可证"和"建设工程规划许可证":

① 公路、索道、缆车、有轨电车和升降梯。

② 人造景观景点及其相应建筑物和构筑物;寺庙、道观、庵堂、露天佛像等宗教建筑;影剧院、歌舞厅、体育场馆、健身中心等文化、体育、游乐设施。

③ 商场、仓库及居民点。

④ 新开发的景点、标志性建筑物。

⑤ 可能对景观及环境造成不良影响的其他建设项目。

（6）风景资源利用的市场化运作

加强政府在风景区开发建设市场化运作中的调控与监督作用,切实保护风景资源。进入旅游开发市场的景点资源必须进行严格的控制,其规划设计由风景区管理部门进行严格把关。建设过程、竣工验收、运营管理过程由相关管理部门进行严格的监督管理。违反规定要求的,依据条例进行处罚。

（7）重视公众参与

在总体规划、详细规划的编制过程中,应当采取公示、征询的方式,充分听取规划涉及的单位、公众的意见。强化展示和解说系统，更好地发挥景区促进发展和社会教育的职能。

（8）人才培养

为科学合理、可持续地进行景区发展建设，须加强风景区的管理与规划设计人才培养。

① 引进有关的技术管理骨干人才。

② 通过办学培训渠道，采取送出去、请进来的方法培养当地的人才，建立一支长期稳定的专业管理队伍。

③ 加强各级管理人员的职业道德教育，和业务技能训练，提高服务意识、水平与质量。

参考书目

[1] 谢凝高.中国的名山[M].上海：上海教育出版社,1987.

[2] 谢凝高.中国的名山大川[M].北京：商务印书馆,1997.

[3] 丁文魁.风景名胜研究[M].上海：同济大学出版社,1988.

[4] 丁文魁.风景科学导论[M].上海：上海科技教育出版社,1993.

[5] 张国强,贾建中.风景规划：《风景名胜区规划规范》实施手册[M].北京：中国建筑工业出版社,2003.

[6] 弗罗斯特,霍尔.旅游与国家公园：发展、历史与演进的国际视野[M].王连勇,译.北京：商务印书馆,2014.

[7] 魏民,陈战是.风景名胜区规划原理[M].北京：中国建筑工业出版社,2008：352.

[8] 董靓.风景名胜区规划[M].2版.重庆：重庆大学出版社,2020.

[9] 彭琳.风景名胜区整体价值识别与保护[M].北京：中国建筑工业出版社,2021.

[10] 吴人韦.旅游规划原理[M].北京：旅游教育出版社,1999.

[11] 马永立,谈俊忠.风景名胜区管理学[M].北京：中国旅游出版社,2003.

[12] 张国强,贾建中.风景规划：《风景名胜区规划规范》实施手册[M].北京：中国建筑工业出版社,2003.

[13] 张国强,贾建中.风景园林设计资料集：风景规划[M].北京：中国建筑工业出版社,2006.

参考论文

[1] 王应临.基于多重价值识别的风景名胜区社区规划研究[D].北京：清华大学,2014.

[2] 严国泰,宋霖.风景名胜区发展40年再认识[J].中国园林,2019,35(3)：31-35.

[3] 臧振华,张多,王楠,等.中国首批国家公园体制试点的经验与成效、问题与建议[J].生态学报,2020,40(24)：8839-8850.

[4] 孙继琼,王建英,封宇琴.大熊猫国家公园体制试点：成效、困境及对策建议[J].四川行政学院学报,2021(2)：88-95.

[5] 张星烁,周大庆,邢圆.我国10个国家公园体制试点区对比研究[J].四川动物,2022,41(6)：672-680.

[6] 张同升,孙艳芝.我国国家公园保护的威胁因素及管理措施研究[J].安徽农业科

学,2020,48(5):65-70.

[7] 杜文武,吴伟,李可欣.日本自然公园的体系与历程研究[J].中国园林,2018,34
    (5):76-82.

[8] 侯艺珍,唐军,李亚萍,等.基于数据分析的日本三级自然公园保护与游憩利用研究
    [J].创意设计源,2021(4):4-10.

[9] 叶昌东,黄安达,刘冬妮.国家公园的兴起与全球传播和发展[J].广东园林,2020,
    42(4):15-19.

[10] 蔚东英.国家公园管理体制的国别比较研究:以美国、加拿大、德国、英国、新西兰、
     南非、法国、俄罗斯、韩国、日本10个国家为例[J].南京林业大学学报(人文社会科
     学版)2017,17(3):89-98.

[11] 高科.19世纪中后期至20世纪初美国国家公园运动兴起的历史考察[J].历史教
     学问题,2019(5):71-77.

[12] 邓毅,毛焱,蒋昕,等.中国国家公园体制试点:一个总体框架[J].风景园林,2015
     (11):85-89.

[13] 王晓洁,宋霖,周宏俊.基于边界效应理论的风景名胜区分区管控探讨[J].规划
     师,2020,36(20):32-36.

[14] 黄丽玲,朱强,陈田.国外自然保护地分区模式比较及启示[J].旅游学刊,2007,22
     (3)18-25.

[15] 金远欢.瀑布景观的综合美学评价研究——以黄果树瀑布群为例[J].旅游学刊,
     1990,5(4):38-73.